荒井正治 著

理工系
微分積分学

— 第3版 —

学術図書出版社

教科書サポート

　誤植や補遺などの教科書サポート情報を以下の本書ホームページに順次掲載する．

　　　https://www.gakujutsu.co.jp/text/isbn978-4-7806-0231-9/

序　文

　この本は，数学を専門としない理工系の学生が大学初年級で学ぶ微分積分学についての教科書である．

　微分積分学は量の変化や，さまざまな量のあいだの関係を記述し，分析（＝解析）するための強力な手段であり，理工系の学生が共通にもっておくべき素養として，どの大学においても開講されている科目である．

　微分積分学は理論の出発点に極限の概念を置いているので，この本でも，極限の説明から始める．そしてその極限の概念に基づいて関数の連続性を定義する．以上が第1章の内容であり，かなりの部分が高校で習ったことと重複しているが，高校からのスムーズな移行をめざしてていねいな記述を心がけた．第2章，第3章では1変数と多変数の微分法を，第4章，第5章では1変数と多変数の積分法を解説し，最後の章では無限級数についての話を略述した．微分法でも積分法でも，多変数の場合は，1変数の場合に比べて相当に複雑であり，また，高校では扱っていない事項であるので，理論的な証明よりも，感覚的な説明を重視した．

　数学の学習にあたっては，計算技術の習得と，数学的な見方・概念の把握とがともに重要である．

　計算技術の習得のためには，自分で手を動かして計算する以外にはない．そのため各節の終わりに練習問題をおいた．(A) には，主として計算技術習得のためのやさしい問題を集めた．(B) には，少し難しい計算問題や，理論的考察を必要とする問題，本文には書ききれなかった事項をヒントを付けながら出題している問題などを集めた．これらをじっくりと考え，自力で解いていけば，数学の力は確実に身に付くであろう．

　数学的な見方・概念などは数学を専門としない者にとっては不必要であると

誤解している諸君が多いが，決してそうではない．現象を記述する公式は数学の言葉で書かれているが，そこになぜ微分が現れるのか，なぜ積分が使われているのかを理解するのに必要なのは，微分なり積分なりの概念の理解であり，その計算技術ではない．より高度な概念についても同様である．数学の教科書には必ず定理の証明が書かれているのは，そこに数学的な物の見方が端的に表されているからである．

　しかしこの本では，わかりやすさをも心がけたので，証明に高度の理論を必要とするところでは，理論的な証明よりも，感覚的な説明を重視し，どちらにしろ数学的概念が納得されるように工夫した．例題もまた，数学的概念の理解の助けとなるであろう．数学的な見方を身に付けるには教科書をていねいに読み込んでもらいたい．数学の教科書は単なる問題集ではないのであるから．

　筆者の所属する立命館大学の数学関連の同僚諸氏からはさまざまな協力，教示を頂いた．なかでも，新屋均教授からは練習問題の収集，選択，配列に関して共著者ともいえるほどの協力を頂いたし，三木良一名誉教授には原稿を隅々まで精読頂き，多数の教えを頂いた．感謝の意を記しておきたい．京都府立医科大学の浅野弘明先生からは，練習問題に関して多くの御教示を頂いた．併せて感謝の意を記しておきたい．

　また，教科書を書くと約束もしなければ，書かないと拒否するのでもない筆者を，10年近くもねばり強く執筆の方向へと誘導してくだされ，また，校正段階では最後の最後まで赤を入れる筆者にいやな顔一つせず付き合って頂いた，(株) 学術図書出版社編集部の高橋秀治氏にお礼を申し上げたい．

　2006 年 3 月

著　者

　毎年ミスプリントの修正などの変更を加えてきたが，発行後 5 年を経過したのを機に，第 3 版においては，ミスプリントの修正や単なるてにをは程度の変更に加えて，読みやすさを求めていくつかの場所では文章を大幅に改訂した．

　2011 年 3 月

著　者

目次

第1章 極限・連続関数　　　　　　　　　　　　　　　　1
　1.1　数列の極限 1
　1.2　関数の極限値 15
　1.3　連続関数 24

第2章 1変数関数の微分法 　　　　　　　　　　　　　　42
　2.1　微分係数・導関数 42
　2.2　導関数の計算 47
　2.3　平均値の定理 59
　2.4　不定形の極限 71
　2.5　テイラーの定理 80
　2.6　近似値, 極限再論 87

第3章 多変数関数の微分法　　　　　　　　　　　　　　93
　3.1　多変数関数 93
　3.2　偏導関数 100
　3.3　合成関数の偏微分 107
　3.4　テイラーの定理 122
　3.5　陰関数定理 128

第4章 1変数関数の積分法　　　　　　　　　　　　　　138
　4.1　原始関数・不定積分 138
　4.2　定積分 152
　4.3　広義積分 166

4.4　微分積分と数理モデル 175
　　4.5　定積分の応用・面積と長さ 179

第5章　多変数関数の積分法　　　　　　　　　　　　　188
　　5.1　2重積分 188
　　5.2　累次積分 193
　　5.3　3重積分 200
　　5.4　変数変換 203
　　5.5　広義積分 212
　　5.6　重積分の応用 219
　　5.7　ストークスの定理など 224

第6章　級数　　　　　　　　　　　　　　　　　　　　235
　　6.1　級数 235
　　6.2　関数列・関数項級数 244
　　6.3　巾級数 252

付　録 A　　　　　　　　　　　　　　　　　　　　　　260
　　A.1　ギリシャ文字 260
　　A.2　二項定理 260
　　A.3　三角関数 262
　　A.4　指数関数 263
　　A.5　直線・平面 265
　　A.6　定理 1.3.6, 1.3.7 の証明 267

解　　答　　　　　　　　　　　　　　　　　　　　　　270
微積分表　　　　　　　　　　　　　　　　　　　　　　287
記　号　表　　　　　　　　　　　　　　　　　　　　　289
索　　引　　　　　　　　　　　　　　　　　　　　　　290

第1章

極限・連続関数

　この本は微分・積分学の入門書である．導関数は周知のように，極限
$$f'(x) = \lim_{h \to 0} \frac{f(x+h) - f(x)}{h}$$
によって定義される．積分もまた§4.2 で見るように，極限を使って定義される．そこで，この章は極限についての考察から始める．

　§1.1 では n が飛び飛びに大きくなっていく数列 $\{a_n\}$ の極限を，§1.2 では x がある数 a に連続的に近づく場合の関数値 $f(x)$ の極限を扱う．「連続関数」という，直感的には理解していることも，関数値 $f(x)$ の極限を使って正確に定義されるであろう（§1.3）．

§1.1　数列の極限

A．数直線

■ **数直線** ■　直線上に点 O をとり，その右側に点 E をとる．数 $x > 0$ に対して，線分 OE の長さを 1 として OX の長さが x であり，O の右側にある点 X を対応させる．数 $x < 0$ に対しては，OX' の長さが $-x$ であり，O の左側にある点 X' を対応させる．数 0 には点 O を対応させる．このようにして，すべての実数に直線上の点を対応させると，直線上のすべての点は実数と対応付けられている．このようにしてその点が数と対応付けられている直線を**数直線**といい，その上の点と対応付けられた数をその点の**座標**という．また，点 O を座標の**原点**という．

このようにして,抽象的な実数を直線上の点として表すことは,理論を幾何学的,直感的に捉えるためにも有益である.以下,しばしば,実数 x とそれを表す数直線上の点とを同一視して,「点 x」というような言いかたをする.

■ **絶対値** ■ 実数 x に対して,原点と点 x との距離を x の**絶対値**といい

$$|x|$$

で表す.$|x| \geqq 0$ である.

数直線上に 2 点 x, y があるとする.その数直線を伸び縮みしないものとして左右にずらして,点 y を原点に持ってくるとき,点 x は点 $x-y$ に移る.ゆえに

$$2 点 x, y 間の距離 = |x - y|$$

である.

図 **1.1**

次の第 1 の不等式は,数直線上に 3 点 $0, x, y$ をプロットすることにより容易に了解されるであろう(図 1.2).また,第 1 の不等式で y を $-y$ におきかえることにより,第 2 の不等式が得られる[1].

定理 1.1.1. [2]
$$|x - y| \leqq |x| + |y|, \tag{1.1.1}$$
$$|x + y| \leqq |x| + |y|. \tag{1.1.1}'$$

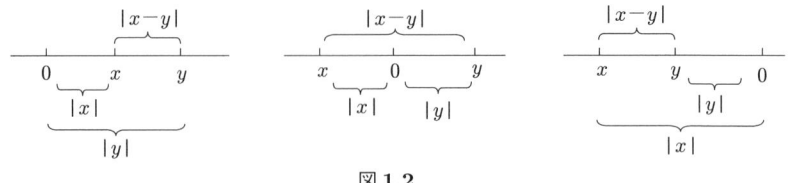

図 **1.2**

---

[1] これを計算で証明するには,両辺の 2 乗の差をとって $(|x| + |y|)^2 - (x \pm y)^2 = 2(|x||y| \mp xy) \geqq 0$ とすればよい.

[2] 数学的主張で重要なものをまとめたものが定理である.定理を証明するための準備が補助定理であり,定理から簡単に導かれるものが系である.

ただし,何を重要とするかに厳密な基準がある訳ではなく,本の著者や講義する教員なりの判断が働くから,ある本では定理であるのに別の本では単なる練習問題というのもある.この本でも,少し高度な定理を練習問題とした場合がある.

この不等式は，**三角不等式**[3] とよばれ，解析学においては基本的な役割を果たす．

B．数列の極限

数列 $\{a_n\}$ が与えられているものとする．

n を限りなく大きくしていくとき，$\{a_n\}$ が（n に無関係な）一定の数 a にいくらでも近づく場合，数列 $\{a_n\}$ は $n \to \infty$ のとき a に**収束する**という．このときの a をその数列の**極限**または**極限値**といい，$\lim_{n\to\infty} a_n$ で表す．すなわち

$$\lim_{n\to\infty} a_n = a$$

である．

$$a_n \to a \ (n \to \infty \text{ のとき})$$

とも書く[4]．

a_n が a に近づくとは，a_n と a の距離 $|a_n - a|$ が 0 に近づくことであるから

$$a_n \to a \iff |a_n - a| \to 0 \tag{1.1.2}$$

であることに注意しておこう[5]．

数列 $\{a_n\}$ がなんらかの値に収束するとき $\lim_{n\to\infty} a_n$ は収束するとか，極限 $\lim_{n\to\infty} a_n$ は存在するという．

数列 $\{a_n\}$ が収束しないとき，数列 $\{a_n\}$ は**発散する**という．

そのうちとくに，n が限りなく大きくなるとき a_n も限りなく大きくなるならば，数列 $\{a_n\}$ は $+\infty$ に**発散する**といい[6]

$$\lim_{n\to\infty} a_n = +\infty \quad \text{とか} \quad a_n \to +\infty \ (n \to \infty \text{ のとき})$$

と書く．また，$\{-a_n\}$ が $+\infty$ に発散するとき，$\{a_n\}$ は $-\infty$ に**発散する**といい，

$$\lim_{n\to\infty} a_n = -\infty \quad \text{とか} \quad a_n \to -\infty \ (n \to \infty \text{ のとき})$$

と書く．

---

[3] 三角不等式という名前の由来は，この不等式が，のちに §3.1 で説明する N 次元での三角不等式（p.94 の (D.3)）の 1 次元版であるからである．

[4] 「$n \to \infty$ のとき」という注釈は，前後の文脈から明らかな場合にはしばしば省略される．

[5] 記号 $A \Longrightarrow B$ は「A ならば B」を，$A \Longleftrightarrow B$ は両者が同値（必要十分条件）であることを表す．

[6] $+\infty$ は単に ∞ とも書く．

注意 1 $\pm\infty$ は数列の発散の状況を表す記号であって,数値ではないので,「a_n は ∞ に収束する」とは<u>言わない</u>し,下記の定理 1.1.2 などは使えない[7].

注意 2 有限の範囲を振動しつづける数列も発散数列である(このように発散数列という言葉は「発散」という日常語から受けるイメージとは多少異なるので注意を).

注意 3 $a_n > 0$ のときには,$a_n \to +\infty$ と $a_n^{-1} \to 0$ は同値である.

注意 4 極限は大きな番号にだけ依存する概念である.すなわち,

[1] ある番号以上の n に対して $a_n = b_n$ ならば $\lim_{n\to\infty} a_n$ と $\lim_{n\to\infty} b_n$ の一方が収束すれば他方も収束し,両者の極限値は一致する.

[2] たとえば $a_n = \dfrac{1}{(n-1)(n-2)(n-7)}$ は $n=1,2,7$ の 3 個の n に対しては定義されていない.このように有限個の n に対して a_n が定義されていない場合でも,極限 $\lim_{n\to\infty} a_n$ を考えることができる.

収束する数列に対しては,次の 2 つの定理が基本的である.いずれも高校で習っており,直感的にはもっともらしく見えるものばかりであるから証明は省く.

定理 1.1.2 (和差積商の極限). $\lim_{n\to\infty} a_n$ と $\lim_{n\to\infty} b_n$ がともに存在するとき,次の<u>左辺</u>の極限が存在して,右辺に等しい.

[1] $\lim_{n\to\infty} \{\alpha a_n + \beta b_n\} = \alpha \lim_{n\to\infty} a_n + \beta \lim_{n\to\infty} b_n \quad (\alpha, \beta: 定数)$.

[2] $\lim_{n\to\infty} a_n b_n = \left(\lim_{n\to\infty} a_n\right) \cdot \left(\lim_{n\to\infty} b_n\right)$.

[3] さらに,$\lim_{n\to\infty} b_n \neq 0$ ならば

$$\lim_{n\to\infty} \frac{a_n}{b_n} = \frac{\lim_{n\to\infty} a_n}{\lim_{n\to\infty} b_n}.$$

注意 1 [3] においては,$\lim_{n\to\infty} b_n \neq 0$ を仮定しているので右辺は意味をもつが,個々の n に対しては $b_n \neq 0$ を仮定していないので,左辺については説明を要する.実は,$\lim_{n\to\infty} b_n$ が存在し,かつ,その値が 0 ではないという仮定から,(何番目以降かはわからないが)ある番号以上の大きな n に対しては $b_n \neq 0$ であることが証明でき(例題 2.6.3 参照),そのような大きな番号に対しては左辺の a_n/b_n が意味をもつ.極限は大きな番

---

[7] しかし,$\pm\infty$ を極限値の仲間に入れると表現が簡潔になることがあり,そのようなときには,極限値として $\pm\infty$ を許すことがある(たとえば 練習問題 1.2 (A) 1 を見よ).

号にだけ依存する概念であるから，左辺を考えることができるのである．

注意 2 定理 1.1.2 は $\lim_{n\to\infty} a_n$ と $\lim_{n\to\infty} b_n$ がともに収束する場合を扱っているが，∞ に発散する項がからむと途端に難しくなる．

[1] （$\infty + \infty$ の場合）：$\lim_{n\to\infty} a_n = \lim_{n\to\infty} b_n = +\infty$ のとき $\lim_{n\to\infty} (a_n + b_n) = +\infty$ となることは明らかであろう．

[2] （$\infty - \infty$ の場合）：$\lim_{n\to\infty} a_n = \lim_{n\to\infty} b_n = +\infty$ のときの $\lim_{n\to\infty} (a_n - b_n)$ には，いろいろの場合がおこりうる．たとえば，$a_n = n^2$ とすると，$b_n = n$ ならば，$a_n - b_n \to +\infty$ であり，$b_n = n^2 + c$ （c：定数）ならば $a_n - b_n \to -c$ であり，$b_n = n^3$ ならば $a_n - b_n \to -\infty$ である．

[3] （$0 \cdot \infty$ の場合）：$\lim_{n\to\infty} a_n = 0, \lim_{n\to\infty} b_n = +\infty$ のときにも，$\lim_{n\to\infty} a_n b_n$ にはいろいろの場合がおこりうる．練習問題の (A) 4 を参照のこと．

定理 1.1.3 (大小関係と極限)．

[1] ある番号以上のすべての n に対して $a_n \geqq b_n$ であり，さらに，$\lim_{n\to\infty} a_n$ と $\lim_{n\to\infty} b_n$ が存在するならば，
$$\lim_{n\to\infty} a_n \geqq \lim_{n\to\infty} b_n$$
が成り立つ．

[2] (はさみうちの原理) ある番号以上のすべての n に対して $a_n \geqq c_n \geqq b_n$ であり，さらに，$\lim_{n\to\infty} a_n$ と $\lim_{n\to\infty} b_n$ が存在し，一致するならば，$\lim_{n\to\infty} c_n$ も存在し，3 者は一致する．

注意 [1] において仮定を $a_n > b_n$ に変えても，結論の方は $\geqq$ のままである（例：$a_n = 1/n, b_n = 0$）．

例題 1.1.1. $a_n > 0, a_n \to a > 0$ のとき $\lim_{n\to\infty} \sqrt{a_n}$ を求めよ（$a = 0$ のときは難しいので，あとで (例題 2.6.4) 考える）．

偽証明 [8]
$$\lim_{n\to\infty} \sqrt{a_n} = \sqrt{a} \qquad (*)$$
は明らか．

---

[8] この本には，「偽証明」と「擬証明」が現れる．(発音は同じだが意味は異なる．)「偽証明」は間違いの証明であり，あとで訂正するが，その訂正を読む前に，どこが間違いであるかを自分で考えること．「擬証明」も欠陥のある証明ではあるが，証明のエッセンスを伝えており，この本のレベルではこれで満足してもよいだろうというニュアンスで使っており，正しい証明を小活字で書いてあることもあれば，正しい証明は書いていないこともある．

解説 「明らか」の中身をもう少していねいに書くと

$$\lim_{n\to\infty}\sqrt{a_n}=\sqrt{\lim_{n\to\infty}a_n}$$

ということであろう．ここでは極限をとるという操作と平方根をとるという操作との順序を入れ替えている．一般には，2つの操作の順序を入れ替えるということは許されない．たとえば，平面上を一定のベクトル量 $\vec{a}$ だけ移動したのちに，原点のまわりを一定の角度 θ だけ回転するのと，その逆に，原点のまわりを一定の角度 θ だけ回転したのちに，一定のベクトル量 $\vec{a}$ だけ移動するのとでは結果は異なる．また，関数 $f(x)$ を微分したのちに $x=a$ を代入するのと，$x=a$ を代入したのちに微分するのとでは大違いである（後者はいつでも0である）．

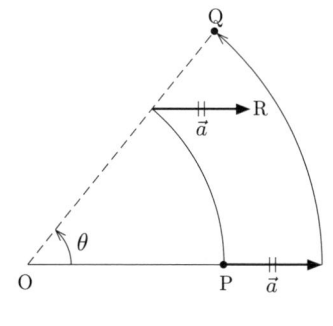

図 1.3

それでは，いま問題になっている極限をとるという操作と平方根をとるという操作との順序を入れ替えることは許されるのであろうか．それが許されることを証明せよというのが，この例題の趣旨なのである．

定理 1.1.2 は極限をとるという操作と，数学でもっとも基本的な演算である四則演算を行なうという操作との順序を入れ替えてもよろしいという，ありがたい定理なのである．

中には，

$$\lim_{n\to\infty}\sqrt{a_n}=$$

と書いたきり，いろいろ式変形を考えているのだろうが，これ以上1歩も進めない学生もいる．数学の計算がつねに等号で結ばれた式変形だけでできる訳ではない．それ以外のアイデアもいろいろ試みるべきである．ここでは，極限値が $\sqrt{a}$ であるとの予測が立っているので，(1.1.2) が有効である．

証明 $\sqrt{a_n} - \sqrt{a} = \dfrac{\sqrt{a_n} - \sqrt{a}}{1}$ の分母，分子に $\sqrt{a_n} + \sqrt{a}$ を掛けてから両辺の絶対値をとると

$$(0 \leqq) \, |\sqrt{a_n} - \sqrt{a}| = \left|\dfrac{a_n - a}{\sqrt{a_n} + \sqrt{a}}\right| < \dfrac{|a_n - a|}{\sqrt{a}}$$

であり，$n \to \infty$ のとき，右辺は 0 に収束するから，はさみうちの原理により，左辺も 0 に収束する．ゆえに $(*)$ を得る．なお，上式の最後の不等式においては分母の $\sqrt{a_n} > 0$ を使った． □[9]

例題 1.1.2. $a > 0$ とする．$\displaystyle\lim_{n\to\infty} \sqrt[n]{a} = 1$ を示せ．

解 最初に，$a > 1$ の場合を考える．$\sqrt[n]{a} = 1 + h_n$ とおくと，$h_n > 0$ である．$\sqrt[n]{a} = 1 + h_n$ の両辺を n 乗して，二項定理[10]に注意すると

$$a = (1 + h_n)^n = 1 + nh_n + \cdots > 1 + nh_n$$

であるから

$$0 < h_n < \dfrac{a-1}{n} \to 0 \quad (n \to \infty \text{ のとき})$$

である．これより，$\displaystyle\lim_{n\to\infty} h_n = 0$ であるから $\displaystyle\lim_{n\to\infty} a^{1/n} = 1$ である．

次に，$0 < a < 1$ のときは，$b = 1/a$ とおくと $b > 1$ であり

$$\lim_{n\to\infty} a^{1/n} = \lim_{n\to\infty} \dfrac{1}{b^{1/n}} = 1.$$

最後に，$a = 1$ のときは明らか． □

C．単調数列

定義 1.1.1 (単調数列)．

[1] 数列 $\{a_n\}$ が

$$a_1 \leqq a_2 \leqq a_3 \leqq \cdots \leqq a_n \leqq a_{n+1} \leqq \cdots \tag{1.1.3}$$

をみたすとき，数列 $\{a_n\}$ は**単調増加**であるという．

---

[9] 定理の証明や例題の解の終わりを示す記号として □ を使うことにする．
[10] 付録 A.2 参照．

数列 $\{a_n\}$ が

$$a_1 < a_2 < a_3 < \cdots < a_n < a_{n+1} < \cdots \quad (1.1.4)$$

をみたすとき，$\{a_n\}$ は **狭義単調増加**（または，**真に単調増加**）であるという．

なお，単調増加数列のことを，狭義単調増加数列との違いを強調するときには，**広義単調増加数列** ともいう．

[2] 数列 $\{a_n\}$ が $(1.1.3)$, $(1.1.4)$ と逆の不等式をみたすとき，それぞれ，**単調減少**（または，**広義単調減少**），**狭義単調減少**（または，**真に単調減少**）であるという[11]．

[3] 単調増加数列と単調減少数列を総称して **単調数列** という．

定義 1.1.2（有界数列）．
[1] 数列 $\{a_n\}$ に対して

$$a_n \leqq M$$

となる，n に無関係な定数 M が存在するとき，数列 $\{a_n\}$ は **上に有界** であるという．

[2] $a_n \geqq M$ となる，n に無関係な定数 M が存在するとき，数列 $\{a_n\}$ は **下に有界** であるという．

[3] 上にも下にも有界な数列を **有界** な数列という．

定理 1.1.4. 上に有界な単調増加数列は収束する．同様に，下に有界な単調減少数列も収束する．

系 単調増加数列は収束するかまたは $+\infty$ に発散するかのどちらかである．

図 **1.4**

---

[11] 数列 a_n が単調増加数列であるということを $a_n \uparrow$，数列 a_n が単調減少数列であるということを $a_n \downarrow$ と略記することがある．

この定理は，実数の本質的な性質に関わっており，その証明はこの本のレベルを超えるので証明はしない．数直線を描きながら「なるほど収束しそうだわい」と，気持ちのうえで納得してもらいたい．

この定理は，数列が収束するとはいっているがその極限値については何も述べていない．高校までに習った数学から見るとなんとも頼りない定理に見えるかもしれないが，この種の何者かが存在することを保証する定理（それらを存在定理という）は，きわめて重要な定理であり，この本でもさまざまな存在定理が現れるであろう．上に述べた存在定理の重要性を次の例題とそれにつづく定理 1.1.5 の証明などから感得してもらいたい．

例題 1.1.3. 次の漸化式で与えられる数列の極限値を求めよ．
$$a_n = \sqrt{a_{n-1} + 2}, \quad a_1 = 1. \tag{$*$}$$

偽解 極限を α とおく．漸化式の両辺の極限をとると $\alpha = \sqrt{\alpha + 2}$ [12]．両辺を 2 乗し，移項して $\alpha^2 - \alpha - 2 = (\alpha + 1)(\alpha - 2) = 0$ より，$\alpha = -1$ または $\alpha = 2$ であるが，定理 1.1.3 [1] より $\alpha \geqq 0$ であるから $\alpha = 2$．

解説 与えられる数列に極限があるかどうかわかっていないのに，「極限を α とおく」のは，幽霊を相手にしているようなものであり，してはならないことである．たとえば，漸化式 $a_n = 2a_{n-1} - 5$, $a_1 = 3$ で与えられる数列に上の方法を適用すると，極限値として 5 が得られるが，この数列は $-\infty$ に発散する数列である．

しかし，偽解の計算がまったく無駄というのではない．<u>もし，数列 $(*)$ が収束するならば，その極限が 2 であることは偽解の計算からわかっているのである</u>．

解 定理 1.1.4 を使って，$(*)$ で与えられた数列が収束することを示そう．
i)（単調性）
$$a_{n+1} > a_n \tag{$**$}$$

---

[12] ここに，例題 1.1.1 を使っているのがわかりますか．

を数学的帰納法により示そう．$n=1$ のときは $a_2 = \sqrt{3} > 1 = a_1$ より $(**)$ が成り立つ．$(**)$ で $n=k$ とした $a_{k+1} > a_k$ が成り立つと仮定すると，$a_{k+2} = \sqrt{a_{k+1}+2} > \sqrt{a_k+2} = a_{k+1}$ であるから，$(**)$ は $n = k+1$ においても成り立つ．ゆえに，数学的帰納法により $(**)$ が示され，$\{a_n\}$ は単調増加数列である．

ii)（有界性）　　[偽解] と $\{a_n\}$ の単調性より，すべての n に対して $a_n < 2$ が成り立つことが予想される．それを数学的帰納法で証明しよう．$n=1$ のときには明らかに正しい．$a_{n-1} < 2$ と仮定すると，$a_n < \sqrt{2+2} = 2$ であるから，すべての n に対して $a_n < 2$ が成り立つことが示された．

以上により，$(*)$ で与えられた数列が収束することがわかったから，あとは，[偽解] をそのまま繰り返せばよい． $\square$

別解　　（[偽解] によってか，または別のなんらかの方法によって，極限値は 2 であるとの目星がついているものとする．しかしそのことには楽屋裏に隠して）極限値が 2 であることを証明する（と，天下り的に始める）．

$$|a_n - 2| = |\sqrt{a_{n-1}+2} - 2| = \left|\frac{(a_{n-1}+2) - 2^2}{\sqrt{a_{n-1}+2}+2}\right|$$
$$\leq \frac{|a_{n-1}-2|}{2} \leq \left(\frac{1}{2}\right)^2 |a_{n-2}-2| \leq \cdots \leq \left(\frac{1}{2}\right)^{n-1} |a_1-2|$$

であり，$n \to \infty$ のとき $\left(\frac{1}{2}\right)^{n-1} \to 0$ であるから，$a_n \to 2$ である． $\square$

注　　$(1/2)^n \to 0$ は，ここでは直感的に明らかとして使ったが，証明は，問 1.1.1（p.13）としておく．

次の定理は重要である．

定理 1.1.5.　　数列
$$a_n = \left(1 + \frac{1}{n}\right)^n \tag{1.1.5}$$
は，$n \to \infty$ のとき収束する．

証明　　定理 1.1.4 を使う．

i) (単調性) 二項定理[13]により

$$a_n = \left(1 + \frac{1}{n}\right)^n$$
$$= 1 + n\frac{1}{n} + \frac{n(n-1)}{2!}\left(\frac{1}{n}\right)^2 + \cdots + \frac{n(n-1)\cdots 1}{n!}\left(\frac{1}{n}\right)^n$$
$$= 1 + \frac{n}{n} + \frac{1}{2!}\frac{n}{n}\frac{n-1}{n} + \frac{1}{3!}\frac{n}{n}\frac{n-1}{n}\frac{n-2}{n} + \cdots + \frac{1}{n!}\frac{n}{n}\frac{n-1}{n}\cdots\frac{1}{n}$$
$$= 1 + 1 + \frac{1}{2!}\left(1 - \frac{1}{n}\right) + \frac{1}{3!}\left(1 - \frac{1}{n}\right)\left(1 - \frac{2}{n}\right) + \cdots$$
$$+ \frac{1}{n!}\left(1 - \frac{1}{n}\right)\cdots\left(1 - \frac{n-1}{n}\right).$$

同様に

$$a_{n+1} = 1 + 1 + \frac{1}{2!}\left(1 - \frac{1}{n+1}\right) + \cdots + \frac{1}{n!}\left(1 - \frac{1}{n+1}\right)\cdots\left(1 - \frac{n-1}{n+1}\right)$$
$$+ \frac{1}{(n+1)!}\left(1 - \frac{1}{n+1}\right)\cdots\left(1 - \frac{n}{n+1}\right).$$

a_n と a_{n+1} の違いは分母が n から $n+1$ に変わっていることと，最後の項が追加されていることである．ゆえに，$a_n < a_{n+1}$ であり，$\{a_n\}$ は単調増加数列である．

ii) (有界性) 上の a_n の計算式の 4～5 行目より

$$a_n < 1 + 1 + \frac{1}{2!} + \cdots + \frac{1}{n!}$$
$$< 1 + 1 + \frac{1}{2} + \cdots + \frac{1}{2^{n-1}}$$
$$= 1 + \frac{1 - (1/2)^n}{1 - 1/2} < 1 + \frac{1}{1 - 1/2} = 3.$$

ゆえに，$\{a_n\}$ は上に有界である．なお，2番目の不等式では $n! = 1\cdot 2\cdot 3\cdots\cdots n > 1\cdot 2\cdot 2\cdots\cdots 2$ (($n-1$) 個の 2) を使った． □[14]

定義 1.1.3 (e の定義)． (1.1.5) で与えられた数列の極限を e と書く．

---

[13] 付録 A.2 参照．
[14] この有界性の証明からもわかるように，数列 $\{a_n\}$ が上に有界である．すなわち $a_n \leq M$ となる M が存在することを示すには，ぎりぎり小さな M をもってくる必要はない．

この e は自然対数の底とか**ネイピア数**[15]とよばれている．

注意 われわれは，(1.1.5) で定義された数列が e に収束することを証明したのではない．それを証明しようとすれば，その前に e が何者であるかを知っていなければならないが，われわれは e について何も知らないのだからその証明は不可能である．定理 1.1.4 によりこの数列が何者かに収束することを知ったので，その極限を e と名付けたのである．

D．$+\infty$ に発散する数列の例とその比較[16]

$\{a_n\}, \{b_n\}$ を $n \to \infty$ のときに $+\infty$ に発散する数列とする．

$$\lim_{n \to \infty} \frac{a_n}{b_n} = \infty \quad \text{同じことだが} \quad \lim_{n \to \infty} \frac{b_n}{a_n} = 0 \tag{1.1.6}$$

であるならば，

$$a_n = b_n \times (\infty \text{ に発散する項})$$

であり，数列 $\{a_n\}$ が無限大になる速さは，数列 $\{b_n\}$ が無限大になる速さよりも圧倒的に速いといえよう．このとき，数列 $\{a_n\}$ は数列 $\{b_n\}$ よりも**高位の無限大**であるといい

$$a_n \gg b_n \ (n \to \infty \text{ のとき})$$

と書く．なお，恒等的に 1 という数列は発散数列ではないが，$\{a_n\}$ が ∞ に発散するときには

$$\lim_{n \to \infty} \frac{a_n}{1} = \infty$$

なので，$\{a_n\}$ が ∞ に発散することを $a_n \gg 1$ と書く．

典型的な発散数列の例とその比較を次の例題で与えよう．

例題 1.1.4. $p > q > 0, a > b > 1$ とすると[17]

$$1 \ll n^q \ll n^p \ll b^n \ll a^n \ll n! \tag{1.1.7}$$

証明

(i) $1 \ll n^q$，すなわち，$\lim_{n \to \infty} n^q = \infty$ を示そう．$q > 0$ であるから数列 $\{n^q\}$ は単調増加である．それが無限大に発散しないとすると，有界である．そこで，$n^q \leqq M$ と仮定する．このとき，$n \leqq M^{1/q}$ となり，$n \to \infty$ に反する．

(ii) $\dfrac{n^p}{n^q} = n^{p-q}$ は $n \to \infty$ のとき (i) より ∞ に発散する．ゆえに，$n^q \ll n^p$ である．

---

[15] Napier
[16] この項は少し難しいので，一読目は飛ばしてよいという意味で活字を小さくしておく．
[17] n^p については付録 A.4 参照．

(iii) $n^p \ll b^n$ を示そう. $h = b-1 > 0$ とおき, k を $k \geqq p+1$ なる自然数とする. $n > 2k$ のとき, 二項定理により
$$b^n = (1+h)^n = 1 + nh + \cdots + {}_nC_k h^k + \cdots + h^n > {}_nC_k h^k$$
である.

他方, $n^p \leqq n^{k-1}$ である.

これより
$$\frac{b^n}{n^p} \geqq \frac{{}_nC_k}{n^{k-1}} h^k = n \cdot \frac{n-1}{n} \cdot \frac{n-2}{n} \cdots \frac{n-k+1}{n} \cdot \frac{h^k}{k!}$$
である. $n > 2k$ であるから, 最初の n と最後の $h^k/k!$ 以外の $(k-1)$ 個の各因子は, $1/2$ 以上であり, $n \to \infty$ のとき
$$\text{上式} > n 2^{-(k-1)} h^k / k! \to \infty \quad (n \to \infty \text{ のとき})$$
である (h と k は定数であることに注意).

(iv) $b^n \ll a^n$ はもはや容易であろう.

(v) 最後に $a^n \ll n!$ を示そう. k を $k \geqq 2a$ なる自然数とする. $n > k$ のとき
$$\begin{aligned}
\frac{n!}{a^n} &= \frac{n(n-1)\cdots(k+1)k\cdots 1}{a^{n-k} \cdot a^k} \\
&= \frac{n}{a} \cdot \frac{(n-1)}{a} \cdots \frac{(k+1)}{a} \cdot \frac{k!}{a^k} \\
&> 2^{n-k} \cdot \frac{k!}{a^k} \to \infty \quad (n \to \infty \text{ のとき})
\end{aligned}$$
である. □

問 1.1.1. $0 < a < 1$ のとき, $a^n \to 0$ を示せ.

******************** **練習問題 1.1** ********************

(A)

1. $n \to \infty$ のとき, 次の数列は収束するか. 収束するならば極限値を求めよ.

(1) $a_n = \dfrac{3n+5}{5-n}$ (2) $a_n = \dfrac{1}{n}\sin n$ (3) $a_n = \sqrt{1-(-1)^n}$

(4) $a_n = n\left(\sqrt{1+\dfrac{1}{n}} - 1\right)$

2. $a_n = \dfrac{1}{1\cdot 2} + \dfrac{1}{2\cdot 3} + \cdots + \dfrac{1}{n(n+1)}$ とするとき, $\displaystyle\lim_{n\to\infty} a_n$ を求めよ.

3. $\displaystyle\lim_{n\to\infty} \dfrac{1^2 + 3^2 + \cdots + (2n-1)^2}{n^3}$ を求めよ.

4. 次のような数列 $\{a_n\}$, $\{b_n\}$ の例をそれぞれあげよ．
  (1) $a_n \to 0$, $b_n \to \infty$ であって，$a_n b_n \to 0$ である．
  (2) $a_n \to 0$, $b_n \to \infty$ であって，$a_n b_n \to 1$ である．
  (3) $a_n \to 0$, $b_n \to \infty$ であって，$a_n b_n \to \infty$ である．

5. 次の命題は正しいか．正しければ証明せよ．正しくなければ反例をあげよ．
  (1) $x < a \Longrightarrow |x-2| < |a-2|$ (2) $|x-2| \leqq |x| - 2$ (3) $|x-2| \leqq |x| + 2$
  (4) $|x^2 + x_0 x| \leqq |x|^2 + x_0 |x|$

6. (1) 実数 a, b に対して，不等式 $||a| - |b|| \leqq |a-b|$ を証明せよ．
  (2) $a_n \to \alpha$ ならば $|a_n| \to |\alpha|$ である[18]．

7. $a_n \to \alpha$, $|a_n - b_n| \to 0$ ならば，$b_n \to \alpha$ である．

8. 数列 $\{a_n\}$ が有界数列であるための必要十分条件は，$|a_n| \leqq M$ をみたす，n に無関係な定数 M が存在することである．

9. $a_n = \left(1 - \dfrac{1}{n}\right)^n$ とするとき，$\lim\limits_{n\to\infty} a_n$ を求めよ[19]．

10. $a > 0$ のとき，$\lim\limits_{n\to\infty} \dfrac{a^{n+1}}{a^n + 1}$ を求めよ．

11. $a_1 = 1$, $a_{n+1} = \sqrt{a_n + 1}$ とするとき，
  (1) $\{a_n\}$ は単調増加数列である．
  (2) $\sqrt{2} \leqq a_n < 2$ $(n \geqq 2)$．
  (3) $\lim\limits_{n\to\infty} a_n$ が存在する理由を述べ，その極限値を求めよ．

12. $a_1 = 2$, $a_{n+1} = 2 + \dfrac{1}{a_n}$ とする．
  (1) α を $\alpha = 2 + \dfrac{1}{\alpha}$, $\alpha > 0$ の解とすると，$|a_n - \alpha| \leqq \dfrac{|a_{n-1} - \alpha|}{2\alpha}$．
  (2) $\lim\limits_{n\to\infty} a_n = \alpha$．

(B)

1. (1) $a > 0$ のとき，$\lim\limits_{n\to\infty} \dfrac{a^n - a^{-n}}{a^n + a^{-n}}$ を求めよ．
  (2) $a > 0$, $b > 0$ のとき，$\lim\limits_{n\to\infty} \dfrac{a^n - b^n}{a^n + b^n}$ を求めよ．

2. $0 < a \leqq b \leqq c$ のとき，$\lim\limits_{n\to\infty} \sqrt[n]{a^n + b^n + c^n}$ を求めよ．

3. $|p| < \dfrac{1}{2}$ で，$a_{n+1} = p(b_n + c_n)$, $b_{n+1} = p(c_n + a_n)$, $c_{n+1} = p(a_n + b_n)$ とす

---
[18] 練習問題中のこのような断定形や式だけを書いてあるときには，それを証明せよという意味である．
[19] この問題は重要．

るとき，以下を証明せよ．
   (1) $a_n + b_n + c_n \to 0$.
   (2) $a_n - b_n \to 0$, $b_n - c_n \to 0$, $c_n - a_n \to 0$.
   (3) $\lim_{n\to\infty} a_n = \lim_{n\to\infty} b_n = \lim_{n\to\infty} c_n = 0$.

4. $a_1 > b_1 > 0$, $a_{n+1} = \dfrac{a_n + b_n}{2}$, $b_{n+1} = \sqrt{a_n b_n}$ とするとき，
   (1) $\{a_n\}$ は単調減少数列，$\{b_n\}$ は単調増加数列である．
   (2) $\lim_{n\to\infty} a_n$ および $\lim_{n\to\infty} b_n$ が存在する理由を述べ，$\lim_{n\to\infty} a_n = \lim_{n\to\infty} b_n$ を示せ．

5. 数列 $a_n = \dfrac{1}{n}\left(1 + \dfrac{1}{2} + \cdots + \dfrac{1}{n}\right)$ について，
   (1) $a_n \leqq \dfrac{k}{n}a_k + \dfrac{n-k}{nk}$ $(k \leqq n)$．
   (2) $\{a_n\}$ は単調減少数列である．
   (3) $\lim_{n\to\infty} a_n$ が存在する理由を述べ，その極限値を求めよ．

6. $a_n = \sqrt[n]{n}$ とすると，$\lim_{n\to\infty} a_n = 1$．
   ヒント　$a_n = 1 + h_n$ とおけ．

7. 前問を利用して $\lim_{n\to\infty} \sqrt[n^2]{n!} = 1$ を示せ．

---

§1.2　関数の極限値

A．区間

実数全体の集合を $\mathbb{R}$ で表す．

$a, b\ (a < b)$ を定数とする．次のタイプの集合を **有界区間** といい，それぞれ左側に書いた記号で表す．

$$
\begin{array}{rcl}
[a, b] & = & \{x \in \mathbb{R};\ a \leqq x \leqq b\}, \\
(a, b) & = & \{x \in \mathbb{R};\ a < x < b\}, \\
[a, b) & = & \{x \in \mathbb{R};\ a \leqq x < b\}, \\
(a, b] & = & \{x \in \mathbb{R};\ a < x \leqq b\}.
\end{array}
$$

第1の区間を **閉区間**，第2の区間を **開区間** という．第3，第4のものはそのどちらでもない．

（a, b が区間に属しているか否かにかかわらず）a をその区間の左端点，b を右端点，両方を併せて**端点**という．

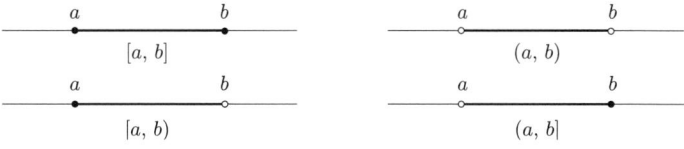

図 1.5

下記のものを総称して**無限区間**といい，それぞれ左側に書いた記号で表す．

$[a, \infty) = \{\, x \in \mathbb{R};\ a \leqq x \,\}, \quad (-\infty, a] = \{\, x \in \mathbb{R};\ x \leqq a \,\},$
$(a, \infty) = \{\, x \in \mathbb{R};\ a < x \,\}, \quad (-\infty, a) = \{\, x \in \mathbb{R};\ x < a \,\},$
$(-\infty, \infty) = \mathbb{R}.$

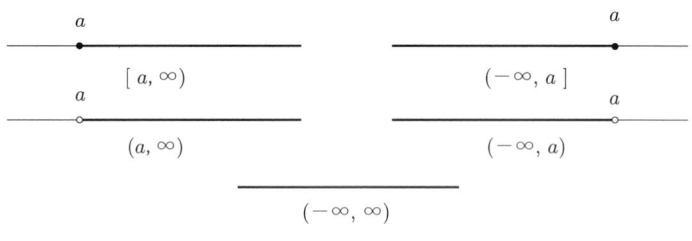

図 1.6

第 1 行目と第 3 行目のものを閉区間，第 2 行目と第 3 行目のものを開区間という（第 3 行目のものは閉区間でもあり，開区間でもあることに注意しよう）．

図 1.6 の左側の 2 つの図における a をその区間の左端点，図 1.6 の右側の 2 つの図における a をその区間の右端点という．

有界区間と無限区間を総称して**区間**という．

B．関数

■ **関数**[20] ■ 実数値をとる 2 つの変数 x, y があって，x の値が定まるごとに

---

[20] 英語は function 機能（働き）．

それに応じて y の値が1つ定まるという関係があるとき[21]，この対応関係を**関数**といい，たとえば，1つの文字 f で表す．このときの値 x に対応する y の値を $f(x)$ と書く：

$$y = f(x)$$

である[22]．

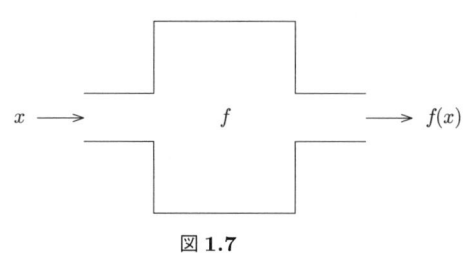

図**1.7**

■ **定義域，値域** ■ 一般に関数 f はすべての実数 x に対して $f(x)$ が意味をもっている訳ではない[23]．$f(x)$ が意味をもっている x の範囲を関数の**定義域**といい，$\mathfrak{D}(f)$ で表す．x が定義域の外にあるときには，$f(x)$ は意味をもたないのである．

f が $\mathfrak{D}(f)$ で定義されていて，値を実数にとることを

$$f : \mathfrak{D}(f) \longrightarrow \mathbb{R} \qquad (*)$$

と略記するが，この記号は f が実際に，すべての実数の値をと

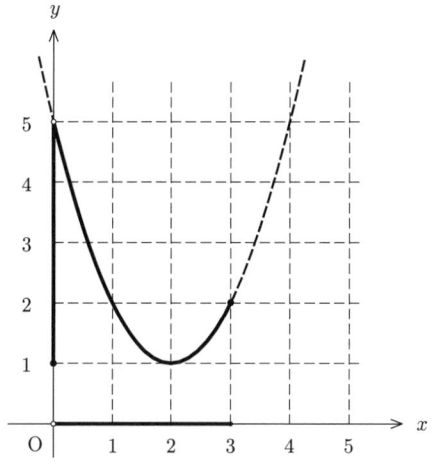

図**1.8** $y = (x-2)^2 + 1$ で定義域を $0 < x \leqq 3$ に制限したときの値域は $1 \leqq y < 5$

---

[21] 変数 x, y が実数値をとるというところは，あとでベクトルになったりするかもしれないが，一価であるということはずっと変わらず，この本では多価関数は関数とは思わない．

[22] この文章を字義どおりにとると，たとえば，$f(\ ) = (\ )^2$ が関数であって，$f(x) = x^2$ は関数ではなく ( ) に x を代入した値ということになるが，いちいちそのような区別をせず，$f(x), y = f(x), y$ なども関数を表すものとみなす．

[23] その理由はいろいろ考えられる．
 i) $y = \sqrt{x}$ は $x < 0$ では実数値ではなくなるから，定義域は $x \geqq 0$（もしくはそれより狭いもの）としなければならない．
 ii) 次の問の (4) では，x は自然数に限定されている．また，物理法則などでもそれが成り立つ変数の範囲が制限されている場合があろう．
 iii) あとに考える (p.29) 逆関数の理論では，定義域を制限することによってはじめて考えられるものもある．

るということを意味しているのではない．たとえば，
$$y = \sin x : \mathbb{R} \longrightarrow \mathbb{R}$$
ではあるが，$y = \sin x$ が実際にとる値は $-1 \leqq y \leqq 1$ である．関数 f が実際にとる値の全体を f の**値域**といい，$\mathfrak{R}(f)$ で表す：
$$\mathfrak{R}(f) = \{f(x) \mid x \in \mathfrak{D}(f)\}$$
である．関数の値域は，その関数について深く考察しなければわからない（深く考察してもわからないこともある）ものであるから，取りあえず，値は実数ですよということを表しているのが (∗) なのである．

> **問 1.2.1.** 次の量は（ ）内の量の関数か．
> (1) 正方形の面積（1 辺の長さ）
> (2) 三角形の面積（周の長さ）
> (3) 均一料金区間内の市バスの料金（乗車距離）
> (4) 自然数 x を割り切る最大の素数 y（x は 2 以上の自然数）

この例のように，関数は必ずしも，式で表されるものではない．

■**グラフ**■　関数 f が与えられているとき，xy 平面に点 $(x, f(x))$ をプロットしたものを関数 f の**グラフ**という．たとえば，前問の (4) のグラフは，図 1.9 のように飛び飛びの点からなる．

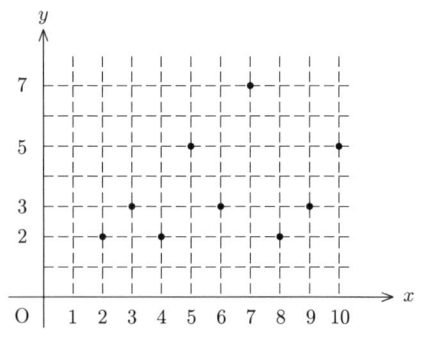

図 **1.9**

C．関数の極限値

関数 $y = f(x)$ が $x = a$ の近くで定義されているものとする．ただし，$x = a$ では定義されていてもいなくてもよいものとする．変数 x が <u>a 以外の値をとりながら</u> a に限りなく近づくときに，$f(x)$ がある値 A に限りなく近づくならば

$$x \text{ が } a \text{ に近づくときの } f(x) \text{ の極限値は } A \text{ である}$$

といい，
$$\lim_{x \to a} f(x) = A$$
または
$$f(x) \to A \ (x \to a \text{ のとき})$$
と書く．このとき，$\lim_{x \to a} f(x)$ は**収束する**とか，**存在する**という．収束しないときには**発散する**という．

x が a 以外の値をとりながら a に近づくときに，$f(x)$ が限りなく大きくなるならば，$\lim_{x \to a} f(x)$ は $+\infty$ に発散するといい，
$$\lim_{x \to a} f(x) = +\infty \quad \text{とか} \quad f(x) \to +\infty \quad (x \to a \text{ のとき})$$
と書く．また $-f(x)$ が $+\infty$ に発散するときには，$\lim_{x \to a} f(x)$ は $-\infty$ に発散するといい
$$\lim_{x \to a} f(x) = -\infty \quad \text{とか} \quad f(x) \to -\infty \quad (x \to a \text{ のとき})$$
と書く．

補足説明 $\qquad x \to a$ のとき $y = f(x) \to A$
というとき，左側の「$x \to a$」では $x = a$ となることを禁止しているのに，右側の「$y \to A$」では $y = A$ であることを禁止していないことに注意せよ．$f(x)$ が $x = a$ で定義されているとき，左側の「$x \to a$」で $x = a$ を許すとすると，図 1.10 (a) の場合極限値は存在しなくなるが，それは，「x が a に近づくときの極限」というイメージとは異なるであろう．

他方，右側の「$y \to A$」でも $y = A$ であることを禁止すると，$f(x)$ が $x = a$ の近くで定数である場合には極限値が存在しなくなるが，それも「極限値」のイメージとは異なるであろう（図 1.10 (b) 参照）．

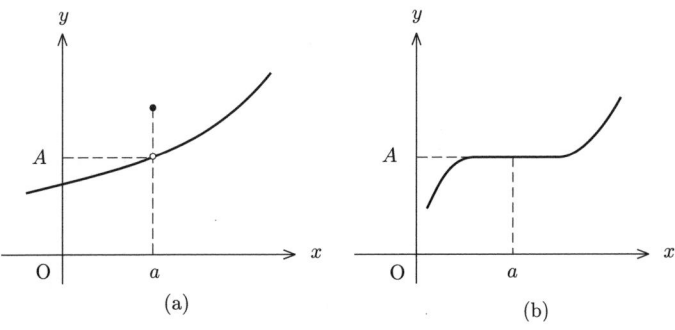

図 **1.10**

関数の極限値においても数列の極限と同様，次の定理が基本的である．

定理 1.2.1 (和差積商の極限). $\lim_{x \to a} f(x)$ と $\lim_{x \to a} g(x)$ が存在するとき，次の左辺の極限が存在して，右辺に等しい．

[1] $\lim_{x \to a} \{\alpha f(x) + \beta g(x)\} = \alpha \lim_{x \to a} f(x) + \beta \lim_{x \to a} g(x)$ $(\alpha, \beta : 定数)$.

[2] $\lim_{x \to a} f(x)g(x) = \left(\lim_{x \to a} f(x)\right) \cdot \left(\lim_{x \to a} g(x)\right)$.

[3] さらに，$\lim_{x \to a} g(x) \neq 0$ ならば
$$\lim_{x \to a} \frac{f(x)}{g(x)} = \frac{\lim_{x \to a} f(x)}{\lim_{x \to a} g(x)}.$$

定理 1.2.2 (大小関係と極限).

[1] $f(x) \leqq g(x)$ (a の近くで $x \neq a$ なる点 x において) であり，$\lim_{x \to a} f(x)$ と $\lim_{x \to a} g(x)$ が存在するならば，
$$\lim_{x \to a} f(x) \leqq \lim_{x \to a} g(x)$$
である．

[2] はさみうちの原理 $f(x) \leqq h(x) \leqq g(x)$ (a の近くで $x \neq a$ なる点 x において) であり，
$$\lim_{x \to a} f(x) \ \ \text{と} \ \ \lim_{x \to a} g(x)$$
が存在して一致するとき，
$$\lim_{x \to a} h(x)$$
も存在して，3つの極限は一致する．

注意 定理 1.1.3 のあとの注意と同様に，[1] において仮定を $f(x) < g(x)$ に変えても結論の方は $\leqq$ のままである．

$x \to a$ というのは x が連続的に a に近づくことであるが，それと，x が a に飛び飛びに近づいたときとの関係はどうなっているのであろうか．両者の関係は次の定理で与えられる．

定理 1.2.3. $\lim_{x \to a} f(x) = A$ であるための必要十分条件は, $x_n \neq a$, $x_n \to a$ となるすべての点列 $\{x_n\}$ に対して

$$\lim_{n \to \infty} f(x_n) = A$$

が成り立つことである.

直感的には明らかであろうが, 証明は難しいので省略する.

■ **片側極限** ■ 関数 $f(x)$ が $x = a$ の近くにある $x > a$ の範囲で定義されているものとする. 変数 x が $x > a$ でありつつ a に限りなく近づくときに, $f(x)$ がある値 A に限りなく近づくならば, その値 A を f の $x = a$ における**右極限値**といい,

$$\lim_{x \to a+0} f(x) = A, \ \lim_{x \searrow a} f(x) = A, \ f(x) \to A \ (x \to a+0 \ \text{のとき})$$

などと書く. まったく同様にして**左極限値**と記号

$$\lim_{x \to a-0} f(x), \ \lim_{x \nearrow a} f(x), \ f(x) \to A \ (x \to a-0 \ \text{のとき})$$

が定義される. 左極限, 右極限を総称して**片側極限**という.

なお, $a = 0$ のときには, $x \to 0+0$, $x \to 0-0$ をそれぞれ $x \to +0$, $x \to -0$ と書くのが一般的である.

定理 1.2.4. 極限 $\lim_{x \to a} f(x)$ が存在するための必要十分条件は, 2 つの片側極限 $\lim_{x \to a+0} f(x)$, $\lim_{x \to a-0} f(x)$ が存在して, その極限値が一致することである. このとき, 3 つの極限値は一致する.

■ **$x \to +\infty$ のとき** ■ 変数 x が限りなく大きくなるとき $f(x)$ がある値 A に限りなく近づくならば, その値 A を $x \to +\infty$ のときの極限値といい,

$$\lim_{x \to +\infty} f(x) = A \ \text{または} \ f(x) \to A \ (x \to +\infty \ \text{のとき})$$

と書く. まったく同様にして $x \to -\infty$ のときの極限も考えることができる.

定理 1.2.5. 定理 1.2.1, 1.2.2, 1.2.3 において, $\lim_{x \to a}$ を片側極限や $\lim_{x \to +\infty}$ におきかえても, 公式はそのまま成り立つ.

D．単調関数

定義 1.2.1 (単調関数)．

[1] 関数 f が区間 I で定義されているとする．I 内のどの 2 点 x_1, x_2 に対しても

$$x_1 < x_2 \text{ ならば } f(x_1) \leqq f(x_2)$$

が成り立っているとき，$f(x)$ は区間 I において**単調増加**であるという．I 内のどの 2 点 x_1, x_2 に対しても

$$x_1 < x_2 \text{ ならば } f(x_1) < f(x_2)$$

が成り立っているとき，$f(x)$ は区間 I において**真に単調増加** である，または，**狭義単調増加** であるという．単調増加を，狭義単調増加との違いを強調して，**広義単調増加** ということがある．

[2] 単調減少，広義単調減少，真に単調減少，狭義単調減少 も同様に定義される．

[3] 単調増加関数と単調減少関数を総称して**単調関数**という．

定義 1.2.2 (有界性)．　関数 $f(x)$ に対して，$x \in \mathfrak{D}(f)$ に無関係な数 M で

$$f(x) \leqq M \, \text{【} f(x) \geqq M \text{】} \quad (\text{すべての } x \in \mathfrak{D}(f) \text{ において})$$

をみたすものが存在するとき[24]，$f(x)$ は**上に有界** 【**下に有界**】な関数であるという[25]．

上にも下にも有界な関数を**有界関数**という．

次の定理は定理 1.1.4 の連続変数版である．

---

[24] p.11 の脚注と同様，M は最良のものである必要はない．たとえば，「$\sin x + \cos x$ が上に有界であることを証明せよ」という問の答えとして，「$\sin x \leqq 1$ であるから，$\sin x + \cos x = \sqrt{2}\sin(x+\pi/4) \leqq \sqrt{2}$．ゆえに，$\sin x + \cos x$ は上に有界」というのはもちろん正しいが，「$\sin x \leqq 1$，$\cos x \leqq 1$ であるから，$\sin x + \cos x \leqq 1+1 = 2$．ゆえに，$\sin x + \cos x$ は上に有界」というのも正しい．

[25] 「$\cdots$ A 【A′】$\cdots$ B 【B′】」というのは，「$\cdots$ A $\cdots$ B 」という文章と，「$\cdots$ A′ $\cdots$ B′ 」という文章を一度にまとめて書いたものである．

定理 1.2.6. $f(x)$ を $I=(a,b)$ ($a=-\infty$, $b=+\infty$ も許す) で定義された関数とする.

[1] $f(x)$ が単調増加で上に有界, または単調減少で下に有界ならば, 極限
$$\lim_{x \nearrow b} f(x)$$
は存在する.

[2] $f(x)$ が, 単調増加で下に有界, または単調減少で上に有界ならば, 極限
$$\lim_{x \searrow a} f(x)$$
は存在する.

********************** 練習問題 1.2 **********************

(A)

1. 次の極限値を求めよ (ただし, ここでは $\pm\infty$ も極限値とみなすものとする).

(1) $\displaystyle\lim_{x \to \infty} \frac{2x^4 + x^3 - 6}{6x^4 + 3x^2 + x}$ (2) $\displaystyle\lim_{x \to -1-0} \frac{x^3}{x+1}$

(3) $\displaystyle\lim_{x \to \infty} \sqrt{x}(\sqrt{x+1} - \sqrt{x})$ (4) $\displaystyle\lim_{x \to 0} \frac{\sqrt{x+4} - 2}{x}$

(5) $\displaystyle\lim_{x \to \infty} \frac{a_0 x^m + a_1 x^{m-1} + \cdots + a_{m-1}x + a_m}{b_0 x^n + b_1 x^{n-1} + \cdots + b_{n-1}x + b_n}$ $(a_0 b_0 \neq 0,\ m, n = 1, 2, \ldots)$

(6) $\displaystyle\lim_{x \to 0} \frac{\sqrt{x^2 + x + 1} - \sqrt{x^2 - x + 1}}{x}$.

2. $f(x)$ が有界かつ狭義単調増加とする. $a < c < b$ のとき, 次の不等式を示せ.
$$\lim_{x \to a+0} f(x) < f(c) < \lim_{x \to b-0} f(x)$$

(B)

1. $\displaystyle\lim_{x \to 0} \frac{1 - (1-ax)\sqrt{1+x}}{x^2 \sqrt{1+x}}$ が極限をもつように a を定め, その極限値を求めよ.

2. 点 a を含むどんな開区間 I をとってもその中に $f(x) > 0$ である点 $x (\neq a)$ も $f(x') < 0$ である点 $x' (\neq a)$ もあるとする. このとき, もし $\displaystyle\lim_{x \to a} f(x) = A$ が存在するならば, $A = 0$ であることを証明せよ.

3. $f(x)$ は区間 $I = (a,b)$ で定義され, 狭義単調増加, かつ有界な関数とすると, $f(x) \leqq M$ ($a < x < b$) となる最小の定数 M (同様に, $N \leqq f(x)$ ($a < x < b$) となる最大の定数 N) があることを証明せよ.

§1.3 連続関数

A. 連続関数

定義 1.3.1 (連続関数).

[1] 1) $f(x)$ が $x = x_0$ とその近くにおいて定義されており,
2) $\lim_{x \to x_0} f(x)$ が存在し,
3) その極限値が f の x_0 における値に等しいとき, すなわち,

$$\lim_{x \to x_0} f(x) = f(x_0) \tag{1.3.1}$$

が成り立っているとき, f は点 x_0 において連続であるという.

[2] 区間 I で定義された関数 $f(x)$ が, I 内のどの点においても連続であるとき, 関数 $f(x)$ は区間 I において連続であるという.

ただし, I の左端 a が I に属しているときには, a における極限 (1.3.1) は右極限におきかえるものとし, I の右端 b が I に属しているときには, b における極限 (1.3.1) は左極限におきかえるものとする.

注意 1 極限の定義においては, $x \neq x_0$ であったが, 関数の連続性を考える場合には, $x = x_0$ を除外する必要はない事に注意しよう.

注意 2 たとえば,「$\lim_{x \to 1} \log(x + 2)$」を求めよ.」という問題に, 諸君たちは苦もなく,

$$\lim_{x \to 1} \log(x + 2) = \log\left(\lim_{x \to 1} (x + 2)\right) = \log 3 \tag{$*$}$$

と答えるであろうが, 第1の等号では極限をとるという操作と log をとるという操作との順序を入れ替えている. 例題 1.1.1 のあとでも述べたように, 一般には, 2つの操作の順序を入れ替えるということは許されない.

(1.3.1) は象徴的には

$$\lim_{x \to x_0} f(x) = f(\lim_{x \to x_0} x)$$

と書ける. これは極限をとるという操作と関数の値を計算するという操作を入れ替えることができることを意味しているが, それはすべての関数について許されるのではなく, それが許される関数のことを連続関数とよんでいるのである. したがって, ($*$) の第1の等号には関数 $y = \log x$ が点 $x = 3$ において連続であるということ (のちに証明する) を使っているのである.

定理 1.2.1 より容易に，次の定理が従う．

定理 1.3.1. $f(x)$, $g(x)$ が $x = x_0$ で連続であり，c が定数であるとするとき，$f(x) + g(x)$, $cf(x)$, $f(x) \cdot g(x)$ も $x = x_0$ で連続である．さらに，$g(x_0) \neq 0$ ならば $f(x)/g(x)$ も $x = x_0$ で連続である．

例 [1] **多項式** 関数 $y = x$ は $\mathbb{R}$ 全体で定義された連続関数である．ゆえに，定理 1.3.1 より，$x^2 = x \cdot x$ も連続関数であり，$x^3 = x \cdot x^2$ も連続関数である．以下，これを繰り返して，x^n が $\mathbb{R}$ 全体で定義された連続関数であることがわかる．それの定数倍も連続関数であり，多項式はそれらの有限個の和であるから $\mathbb{R}$ 全体で定義された連続関数である．

[2] **有理関数** 有理式（分子，分母がともに多項式である分数式）は，分母が 0 となる点を除いて定義されている連続関数である．

■ **片側連続** ■ 関数 $f(x)$ が $x = x_0$ の近くにある $x \geqq x_0$ の範囲で定義されているものとする（$x < x_0$ では定義されていてもいなくてもよい）．(1.3.1) の代わりに
$$\lim_{x \to x_0 + 0} f(x) = f(x_0)$$
が成り立っているとき，f は点 x_0 において**右連続**であるという．同様に，**左連続**が定義される．

■ **合成関数** ■ 2 つの関数 $z = f(y)$ と $y = g(x)$ が与えられており，$\mathfrak{R}(g) \subset \mathfrak{D}(f)$ であるとする．このとき，x が定まれば関数 g により y が定まり，$y \in \mathfrak{D}(f)$ であるから，その y から関数 f により z が定まる．このようにして得られる対応 $x \mapsto z$ を，f と g との合成関数といい，$f \circ g$ と書く：
$$(f \circ g)(x) = f(g(x)).$$

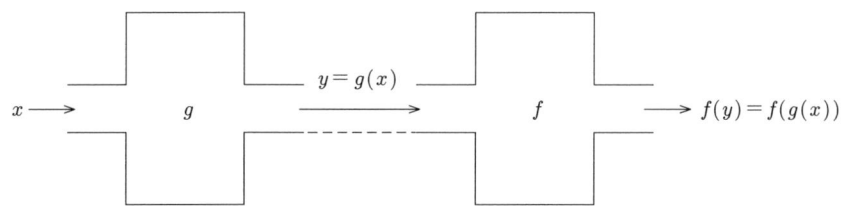

図 1.11

定理 1.3.2. 関数 $y = g(x)$ が x_0 で連続であり，関数 $z = f(y)$ が $y_0 = g(x_0)$ で連続であれば，その合成関数 $f \circ g$ は x_0 で連続である．

証明 関数 $y = g(x)$ が x_0 で連続であるとは，
$$x \to x_0 \text{ のとき } y = g(x) \to y_0 = g(x_0)$$
のことであり，関数 $z = f(y)$ が y_0 で連続であるとは，
$$y \to y_0 \text{ のとき } z = f(y) \to f(y_0)$$
のことであった．この 2 式より，
$$x \to x_0 \text{ のとき } (y \to y_0 \text{ であるから})$$
$$z = f(y) \to f(y_0) = f(g(x_0)) = (f \circ g)(x_0)$$
である． □

B．連続関数の基本的性質 2 つ

定理 1.3.3 (中間値の定理). $f(x)$ を有界閉区間 $I = [a, b]$ で定義された連続関数とし，$\alpha = f(a)$, $\beta = f(b)$ とおく．このとき，$\alpha = f(a)$ と $\beta = f(b)$ の間にあるどのような数 γ ($\alpha \leqq \gamma \leqq \beta$ または $\alpha \geqq \gamma \geqq \beta$) に対しても
$$f(c) = \gamma$$
となる数 $c \in I$ が存在する．

解説 図を書いてみれば，しごくあたり前の定理に見えるであろう（図 1.12 (a), (b) 参照）．また，$f(x)$ が連続関数でないときには，定理が成り立たないことも容易に了解されるであろう（図 1.12 (c) 参照）．この定理は実は関数の連続性とともに，実数の連続性とも深く係わった定理である．実際，数直線上に穴があいていて，たとえば，$\sqrt{2}$ というものがこの世に存在しないならば，$f(x) = x^2$, $I = [0, 3]$, $\gamma = 2$ としたときに，$f(c) = \gamma$ となる数 c は存在しない（図 1.12 (d)）．この本では，実数の連続性については直感的に了解されているものとして扱っているが，それを論理的に扱おうとすればやさしくはなく，中間値の定理の証明には実数の連続性の理論的取り扱いが不可欠であるので，この本では述べない．図を描いてみて，正しいことを了解してもらう以

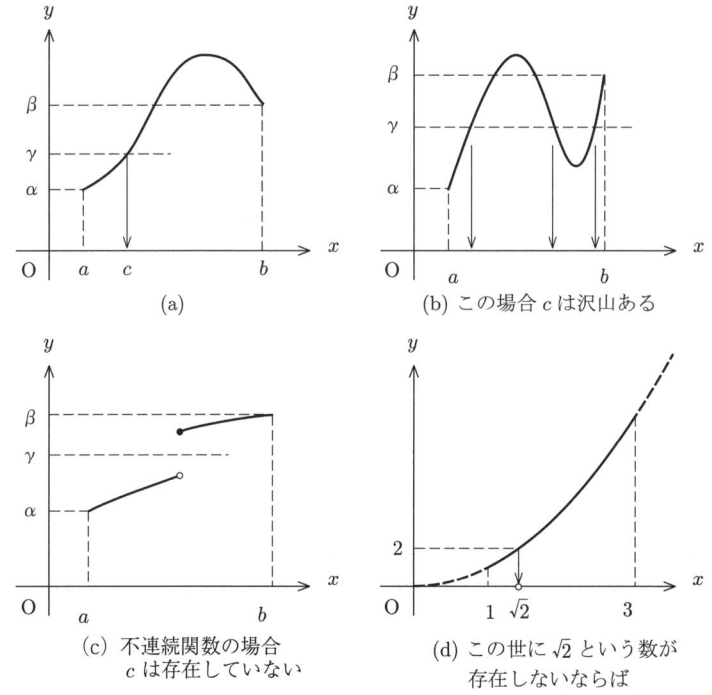

図 **1.12**

外にはない．

この定理は，定理 1.1.4 のあとで述べた存在定理の 1 つであり，解析学で基本的な役割を果たすことが次第に明らかになるであろう．

定理 1.3.4 (最大値・最小値の存在)．　有界閉区間 $I = [a, b]$ で定義された連続関数は，最大値，最小値をとる．すなわち，次の性質をもつ $c_1, c_2 \in [a, b]$ が存在する：

1) すべての $x \in [a, b]$ に対して $f(x) \leqq f(c_1)$,
2) すべての $x \in [a, b]$ に対して $f(x) \geqq f(c_2)$.

証明には中間値の定理の証明と同様に実数の連続性の理論的取り扱いが不可欠であるので，証明はしない．

この定理においては，仮定のどの 1 つが欠けても，結論は正しくはなくなる．

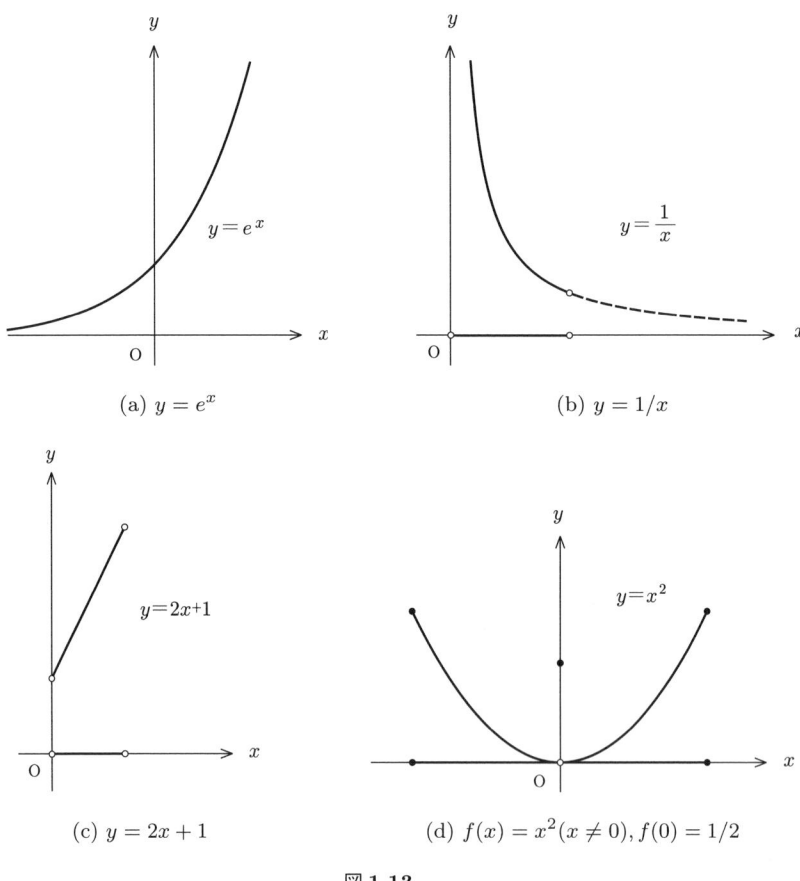

図 1.13

そのことを例をあげて説明しよう．

図 1.13 (a) の無限区間 $(-\infty, +\infty)$ で定義された関数は，いくらでも大きな値をとるから最大値は存在せず，正でいくらでも小さな値はとりうるが，0 にはなりえないので，最小値ももたない．

図 1.13 (b), (c) は有限区間ではあるが閉ではない区間 $(0,1)$ で定義されていて，最大値，最小値をもたない関数の例である．

図 1.13 (d) は，有界閉区間で定義されているが，連続ではない関数の例である．

C．逆関数

関数 f の定義域を $\mathfrak{D}(f)$ で，値域を $\mathfrak{R}(f)$ で表すのであった．このとき，どの $y \in \mathfrak{R}(f)$ に対しても，$f(x) = y$ となる $x \in \mathfrak{D}(f)$ が存在するが，それが（y ごとに）唯一つであるとき，対応

$$y \mapsto x$$

は新しい関数を定める．この関数を f の**逆関数**といい，f^{-1} で表す[26]．すなわち

$$y = f(x) \iff x = f^{-1}(y)$$

であり，

$$f(f^{-1}(y)) = y, \quad f^{-1}(f(x)) = x \tag{1.3.2}$$

である．

例 $y = f(x) = x^2$ には，$x^2 = 4$ となる x が ± 2 の 2 個あるから，逆関数は存在しないが，f の定義域を $[0, +\infty)$ に制限すると逆関数が存在する．それを $x = \sqrt{y}$ と書くのであった．

定理 1.3.5. $f(x)$ を区間 I で定義された狭義単調増加（または減少）な連続関数とするとき，逆関数 f^{-1} が存在して，逆関数も狭義単調増加（または減少）な連続関数である．

証明 $f(x)$ が狭義単調増加である場合を証明する．狭義単調減少の場合も同様である．

Step 1：まず，区間 I が有界閉区間 $I = [a, b]$ である場合を考え，逆関数の存在を示す．$\alpha = f(a)$，$\beta = f(b)$ とおく．中間値の定理（定理 1.3.3）より，任意の $y \in [\alpha, \beta]$ に対して $f(x) = y$ となる $x \in I$ が存在する．

このような x がただ 1 つであるならば，逆関数が存在することになる．このような x が 2 つ以上存在したとして，そのうちの 2 つを x_1, x_2（$x_1 < x_2$）とする．このとき，f が狭義単調増加であることより $y = f(x_1) < f(x_2) = y$ となるが，これは矛盾である．

---

[26] f インヴァースと読む．高校では，さらに x と y とを入れ替えて $y = f^{-1}(x)$ としたものを逆関数とよんでいるが，大学ではここで述べたようにいちいち x と y とを入れ替えないのがふつうである．

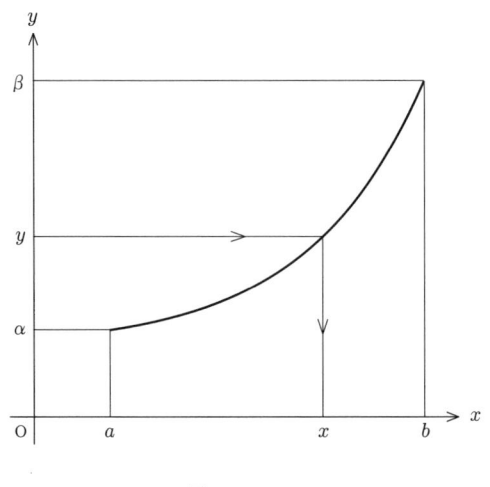

図1.14

　この f^{-1} は狭義単調増加関数である．実際，$y_1 < y_2$ で $x_1 = f^{-1}(y_1) \geqq x_2 = f^{-1}(y_2)$ とすると f が単調増加であることから $y_1 = f(x_1) \geqq f(x_2) = y_2$ となり，矛盾を得るからである．

　最初に読むときは逆関数が連続であるということは直感的に了承して証明の以下の部分は読み飛ばしてもよいという意味で活字を小さくする．

Step 2：引きつづき $I = [a, b]$ として，逆関数が連続関数であることを示す．そのために，$\alpha < y_0 \leqq \beta$, $x_0 = f^{-1}(y_0)$ として，y が下から y_0 に近づくとき，$x = f^{-1}(y)$ が下から x_0 に近づくことを示そう．これが示されると，同様にして，$\alpha \leqq y_0 < \beta$ のとき，y が上から y_0 に近づくとき $x = f^{-1}(y)$ も上から x_0 に近づくことが示され，定理 1.2.4 より f^{-1} が $y = y_0$ で連続であることがわかるからである．

　さて，y を下から y_0 に近づけよう．このとき，$x = f^{-1}(y)$ も大きくなっていくが，x_0 を超えることはないので，定理 1.2.6 より x はある値 $x_1 \leqq x_0$ に近づく．$x_1 = x_0$ であることを示せばよい．x_1 における f の連続性より $y = f(x) \to f(x_1)$ であるが，$y = f(x) \to y_0 = f(x_0)$ でもあるから $f(x_1) = f(x_0)$ であり，Step 1 より $x_1 = x_0$ である．

Step 3：区間 I が有界閉区間でない場合．たとえば，$I = [a, b)$ としよう．$\alpha = f(a)$, $\beta = \lim_{x \to b-0} f(x)$ とおく（$\beta = +\infty$ かもしれない）．$a < b' < b$ となる任意の b' に対して，$\beta' = f(b')$ とおくと，$I' = [a, b']$ では定理が成り立ち，$[\alpha, \beta']$ で逆関数 f^{-1} が定義できる．$b' \to b$ のとき $\beta' \to \beta$ であるから，逆関数が $[\alpha, \beta)$ で定義される． □

この定理により，$x = y^2 \ (y \geqq 0)$ の逆関数 $y = \sqrt{x} \ (x \geqq 0)$ は連続関数である．

D．三角関数，逆三角関数

三角関数 $\sin x, \cos x, \tan x$ については高等学校ですでに学んでいる．加法定理とそれから従う公式を付録 A.3 にまとめておいた．

次の不等式は三角関数の連続性の証明や，微分・積分の公式の導出において基本的な役割を果たす．

定理 1.3.6. $0 < x < \pi/2$ とすると
$$0 < \sin x < x < \tan x$$
である[27]．

証明 図において

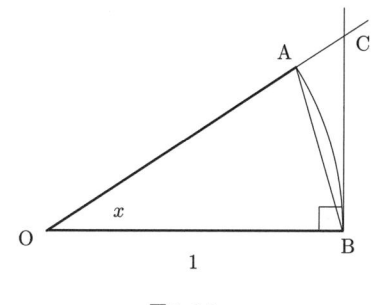

図 1.15

$$\triangle \text{OAB の面積} < \text{扇形 OAB の面積} < \triangle \text{OCB の面積}$$

であり，それぞれの面積は
$$\frac{1}{2}\sin x, \ \frac{1}{2}x, \ \frac{1}{2}\tan x$$
であるから目的の不等式を得る[28]． □

---

[27] 角度を測る単位としては，度（直角 $= 90°$）とラジアン（直角 $= \pi/2$）の2つを習っている．付録 A.3 に書いた範囲ではどちらを使ってもよいが，この定理以降は，角度はラジアンで測らなければならない．「扇形 OAB の面積 $= x/2$」というところに弧度法を使っているからでる．

[28] 多くの本にこのような証明が書かれているが，実は，この証明は擬証明である．なぜこの証明が擬証明なのかということと，正しい証明を付録 A.6 に書いておくが，興味のある学生だけが，第4章の学習を終えたあとに読めばよい．

系 すべての x において $|\sin x| \leqq |x|$ である.

証明 $0 \leqq x < \pi/2$ のときは上に見たとおりであり,$x \geqq \pi/2$ のときは $|\sin x| \leqq 1 < \pi/2 < x$ である.

$x < 0$ のときは,x が正のときの結果を使って $|\sin x| = |\sin(-|x|)| = |\sin |x|| \leqq |x|$ である. □

連続性 $\sin x$ は連続関数である.実際,和・差 → 積の公式(定理 A.3.3)と定理 1.3.6 の系を使って

$$
\begin{aligned}
|\sin x - \sin x_0| &= \left|2\cos\left(\frac{x+x_0}{2}\right) \cdot \sin\left(\frac{x-x_0}{2}\right)\right| \\
&\leqq 2\left|\sin\left(\frac{x-x_0}{2}\right)\right| \leqq |x-x_0|
\end{aligned}
$$

を得るからである.

同様にして,$\cos x$ が連続関数であることが示せる.$\tan x = \dfrac{\sin x}{\cos x}$ は分母が 0 となる $x = (n+1/2)\pi$ を除いて連続である.

問 1.3.1. $\cos x$ が連続関数であることを示せ.

定理 1.3.7.
$$\lim_{x \to 0} \frac{\sin x}{x} = 1$$
が成り立つ.

証明 $0 < x\ (< \pi/2)$ のとき,定理 1.3.6 の第 1 の不等式より $\dfrac{\sin x}{x} < 1$ であり,第 2 の不等式より $\cos x < \dfrac{\sin x}{x}$ であるから

$$\cos x < \frac{\sin x}{x} < 1$$

である.$\cos(-x) = \cos x$,$\dfrac{\sin(-x)}{-x} = \dfrac{\sin x}{x}$ であるから,上の不等式は $-\pi/2 < x < \pi/2,\ x \neq 0$ において成り立ち,$x \to 0$ のとき $\cos x \to 1$ であるからはさみうちの原理によって定理が示される. □

1.3 連続関数

■逆三角関数■　$y = f(x) = \sin x$ は逆関数をもたない．$y \in \Re(f) = [-1, +1]$ が与えられたとき，$y = \sin x$ をみたす x が無数に存在するからである．しかし，$\sin x$ の定義域を $[-\pi/2, +\pi/2]$ に制限すると（すなわち，図 1.16 のグラフの太線部分だけを考えると），そこでは，$\sin x$ は狭義単調増加関数であるから定理 1.3.5 より連続な逆関数 $f^{-1}(y)$ をもつ．それを $\sin^{-1} y$ [29] とか，$\arcsin y$ [30] と書く．図 1.17 で，角 x が与えられたときに，AH の長さ y を求めるのが，$y = \sin x$ であり，逆に，この y が与えられたとき，角 x，同じことだが，弧長 x を与えるのが $\arcsin y$ である（arc=弧）．$\sin(\sin^{-1} y) = y$ ではあるが，

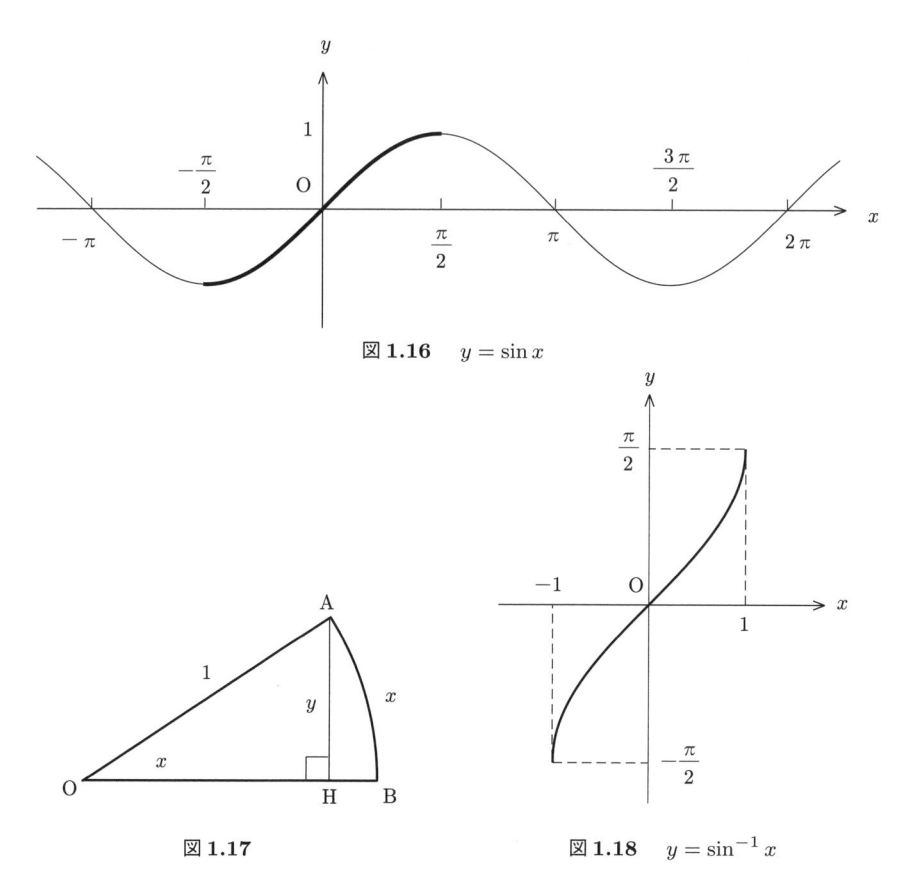

図 1.16　$y = \sin x$

図 1.17

図 1.18　$y = \sin^{-1} x$

---

[29] サイン・インヴァースと読む．$\dfrac{1}{\sin y}$ ではないので注意を．

[30] アーク・サインと読む．

$$\sin^{-1}(\sin x) = x \qquad (\times)$$

ではないことに注意しよう．これは一見 (1.3.2) の第 2 式が正しいことと矛盾するように見えるが，そうではない．(×) に現れる sin は $(-\infty, +\infty)$ 全体で定義されているが，$\sin^{-1}$ は sin そのものの逆関数ではなく，その定義域を $[-\pi/2, +\pi/2]$ に制限したものの逆関数だからである．

$x = \sin^{-1} y$ の x, y を入れ替えた $y = \sin^{-1} x$ のグラフは図 1.18 のとおりである．

$y = \cos x$ は，$[0, \pi]$ に制限すると（図 1.19 の太線部），そこでは真に単調減少であるから逆関数がある．それを，$\cos^{-1} y$ とか $\arccos y$ と書く．$x = \cos^{-1} y$ の x, y を入れ替えた $y = \cos^{-1} x$ のグラフは図 1.20 のとおりである．

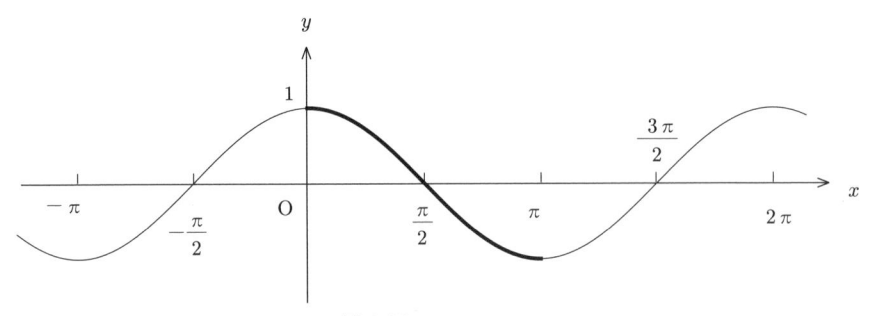

図 1.19　$y = \cos x$

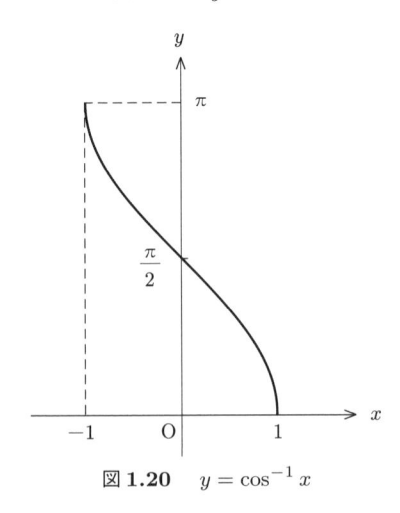

図 1.20　$y = \cos^{-1} x$

$y = \tan x$ を $(-\pi/2, +\pi/2)$ に制限したもの（図 1.21 の太線部）の逆関数は $\tan^{-1} y$ とか $\arctan y$ と書かれる [31]．$y = \tan^{-1} x$ のグラフは図 1.22 のとおりである．

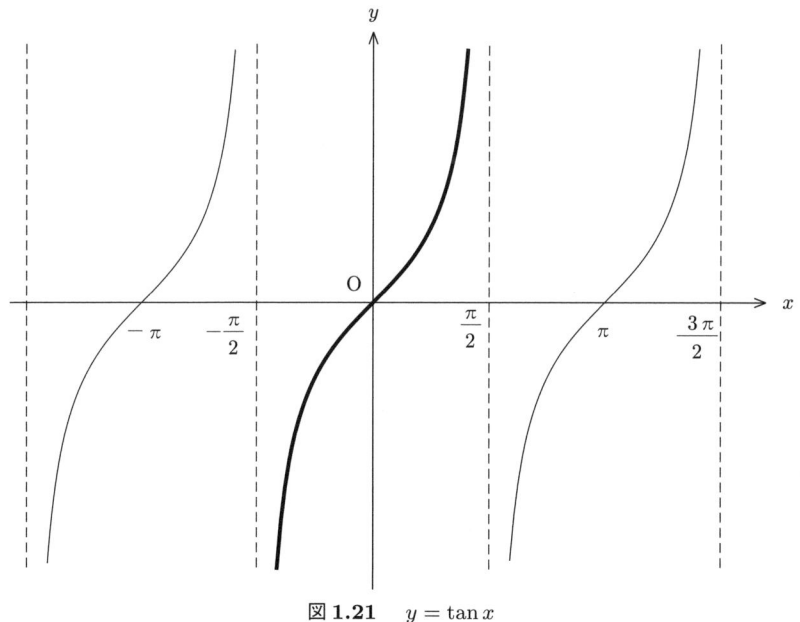

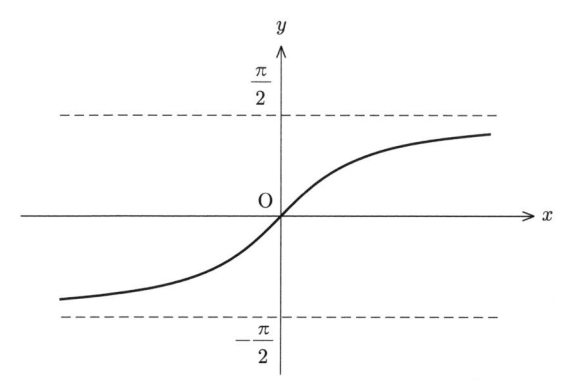

図 **1.21** $y = \tan x$

図 **1.22** $y = \tan^{-1} x$

---

[31] それぞれの関数で x の範囲をどこに制限するかは，論理的というよりも心理的である．その心理を納得しておかずに，制限範囲を機械的に暗記していたのではすぐに忘れるであろう．

以上をまとめると

$$y = \sin^{-1} x \iff x = \sin y \text{ かつ } -\pi/2 \leqq y \leqq +\pi/2,$$
$$y = \cos^{-1} x \iff x = \cos y \text{ かつ } 0 \leqq y \leqq +\pi,$$
$$y = \tan^{-1} x \iff x = \tan y \text{ かつ } -\pi/2 < y < +\pi/2$$

である.

例題 1.3.1. $\tan^{-1} \dfrac{1}{2} + \tan^{-1} \dfrac{1}{3} = \dfrac{\pi}{4}$.

偽証明
$$\alpha = \tan^{-1} \frac{1}{2}, \; \beta = \tan^{-1} \frac{1}{3} \quad (*)$$
とおくと,$\tan \alpha = 1/2$, $\tan \beta = 1/3$ であり,求めるべきものは $\alpha + \beta$ である.
$$\tan(\alpha + \beta) = \frac{\tan\alpha + \tan\beta}{1 - \tan\alpha \cdot \tan\beta} = \frac{1/2 + 1/3}{1 - 1/2 \cdot 1/3} = 1. \quad (**)$$
ゆえに,$\alpha + \beta = \pi/4$.

証明 上の $(**)$ までは正しい.これから,$\alpha + \beta = \pi/4$ と結論付けたのが早計なのである.$\alpha + \beta = 5\pi/4$ かもしれないし,$\alpha + \beta = -3\pi/4$,その他かもしれないからである.
$$-\frac{\pi}{2} < \alpha + \beta < \frac{\pi}{2} \quad (***)$$
が証明できれば,この間にあり $(**)$ をみたすものは $\pi/4$ しかないから,めでたく証明は完了する.

さて,$\tan^{-1}$ の値域に注意すると,$(*)$ より $-\pi/2 < \alpha, \beta < \pi/2$ であるから,$-\pi < \alpha + \beta < \pi$ を得るが,まだ $(***)$ までは狭まっていないのでさらなる考察が必要になる.$0 < 1/2, 1/3 < 1$ であるから,$0 < \alpha, \beta < \pi/4$ であることに着目すれば,$(***)$ を得て証明が完了する. □

E. 指数関数,対数関数

指数関数 $a > 0$ を定数とする.指数関数 $y = a^x$ も高校ですでに習っている[32].そのグラフの概形は $a > 1$ のときは図 1.23 (a) のとおりであり,$0 < a < 1$ のときは図 1.23 (b) のとおりである.

---

[32] 付録 A.4 で簡単に復習しておく.

(a) $a > 1$ のとき   (b) $0 < a < 1$ のとき

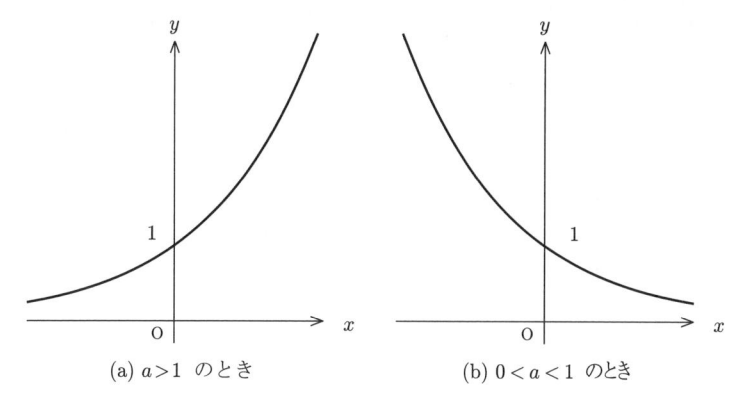

図 **1.23**

関数 $y = a^x$ は $-\infty < x < \infty$ を定義域，$y > 0$ を値域とする連続関数であり，$a > 1$ のときは真に単調増加であり，$0 < a < 1$ のときは真に単調減少であるから，定理 1.3.5 より，$a > 0$, $a \neq 1$ のとき $y = a^x$ は連続な逆関数をもつ．それを a を**底**とする**対数関数**とよび $\log_a y$ と書く：

$$y = a^x \iff x = \log_a y, \ y > 0.$$

とくに，底が e であるときには**自然対数**とよび，底を省略して $\log x$ と書く[33]．

> 問 **1.3.2.** 次を証明せよ．
> (1) $x, y > 0$ のとき $\log(xy) = \log x + \log y$.
> (2) $a, b, x > 0$; $a, b \neq 1$ のとき $\log_a x = \dfrac{\log_b x}{\log_b a}$.
> （ヒント　指数法則 (A.4 参照) を使え．）

例題 1.3.2. $\displaystyle\lim_{x \to \infty} \left(1 + \frac{1}{x}\right)^x = e.$

注意　(1.1.5) では n は飛び飛びの値をとりつつ ∞ に飛んでいくが，ここでは，x は連続的に動いている．$y = (1 + 1/x)^x$ のグラフを描くと，(1.1.5) では図 1.24 の黒丸だけを考えていることになる．これだけの知識では，例題の極限が収束するかどうかさえ不明である．この関数のグラフは図の細線のようで

---

[33] 自然対数は $\ln x$ とも書く．

あるかもしれないし，もしそうなら，この例題の極限は存在しないことになるからである．

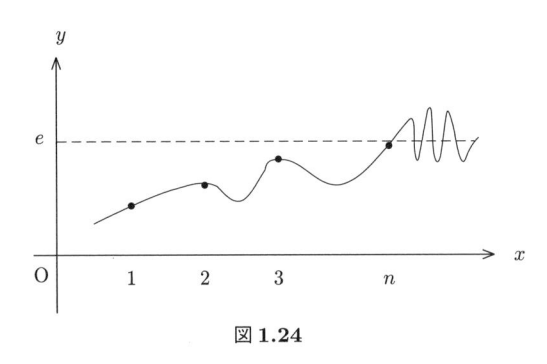

図 1.24

証明 x の整数部分を n とおく．$n \leqq x < n+1$ であるから
$$1 + \frac{1}{n+1} < 1 + \frac{1}{x} \leqq 1 + \frac{1}{n}$$
である．
$$1 + \frac{1}{n+1} < 1 + \frac{1}{x} \quad \text{と} \quad 1 + \frac{1}{x} > 1$$
と $n \leqq x$ より
$$\left(1 + \frac{1}{n+1}\right)^n < \left(1 + \frac{1}{x}\right)^n \leqq \left(1 + \frac{1}{x}\right)^x$$
であり，
$$1 + \frac{1}{x} \leqq 1 + \frac{1}{n} \quad \text{と} \quad 1 + \frac{1}{n} > 1$$
と $x < n+1$ より
$$\left(1 + \frac{1}{x}\right)^x \leqq \left(1 + \frac{1}{n}\right)^x < \left(1 + \frac{1}{n}\right)^{n+1}$$
であるから
$$\left(1 + \frac{1}{n+1}\right)^n < \left(1 + \frac{1}{x}\right)^x < \left(1 + \frac{1}{n}\right)^{n+1},$$
すなわち
$$\left(1 + \frac{1}{n+1}\right)^{n+1}\left(1 + \frac{1}{n+1}\right)^{-1} < \left(1 + \frac{1}{x}\right)^x < \left(1 + \frac{1}{n}\right)^n\left(1 + \frac{1}{n}\right)$$
である．$x \to \infty$ のとき，$n \to \infty$ であり，そのとき，上式の左辺と右辺は定理 1.1.5 より e に収束するからはさみうちの原理により中辺も e に収束する．□

****************** **練習問題 1.3** **********************
(A)

1. 次の極限値を求めよ．
(1) $\displaystyle\lim_{x\to +0}\frac{\sin x}{\sqrt{x}}$ (2) $\displaystyle\lim_{x\to \pi/6}\frac{\sin(2x-\pi/3)}{x-\pi/6}$ (3) $\displaystyle\lim_{x\to 0}\frac{1-\cos 2x}{x^2}$

2. 次の極限値を求めよ．
(1) $\displaystyle\lim_{x\to 0}\frac{\sin bx}{\sin ax}\ (a\neq 0)$ (2) $\displaystyle\lim_{x\to \pi/2}\frac{\sin(\cos x)}{\cos x}$ (3) $\displaystyle\lim_{x\to 0}\frac{\cos 3x-1}{x^2}$

3. 次の極限値を求めよ．
(1) $\displaystyle\lim_{x\to 0}\frac{\tan x}{x}$ (2) $\displaystyle\lim_{x\to 1}\frac{\tan(x^2-1)}{x-1}$ (3) $\displaystyle\lim_{x\to \pi}\frac{1+\cos x}{(\pi-x)^2}$

4. 次の極限値を求めよ．
(1) $\displaystyle\lim_{x\to 0}\frac{e^{2x}-1}{e^{3x}-1}$ (2) $\displaystyle\lim_{x\to 0}\sqrt{|x|}\sin\frac{1}{x}$ (3) $\displaystyle\lim_{x\to 0}\frac{\sin(x^2)}{x}$

5. 次を証明せよ[34]．
(1) $\displaystyle\lim_{x\to -\infty}\left(1+\frac{1}{x}\right)^x=e$ (2) $\displaystyle\lim_{x\to 0}(1+x)^{1/x}=e$
(3) $\displaystyle\lim_{x\to 0}\frac{\log(1+x)}{x}=1$ (4) $\displaystyle\lim_{x\to 0}\frac{e^x-1}{x}=1$

6. 次の極限値を求めよ．
(1) $\displaystyle\lim_{x\to 1}x^{1/(1-x)}$ (2) $\displaystyle\lim_{x\to \pm\infty}\left(1+\frac{a}{x}\right)^x$ (3) $\displaystyle\lim_{x\to 0}(1+\sin x)^{1/x}$
(4) $\displaystyle\lim_{x\to 0}(1+x+x^2)^{1/x}$ (5) $\displaystyle\lim_{x\to 0}(1+ax)^{1/x}$

7. 次の値を求めよ．
(1) $\sin^{-1}1$ (2) $\sin^{-1}\dfrac{1}{2}$ (3) $\sin^{-1}\dfrac{\sqrt{2}}{2}$ (4) $\cos^{-1}0$
(5) $\sin^{-1}\left(-\dfrac{\sqrt{3}}{2}\right)$ (6) $\cos^{-1}\left(-\dfrac{\sqrt{3}}{2}\right)$ (7) $\tan^{-1}1$

8. $-1\leqq x\leqq 1$ とする．
(1) $\cos(\sin^{-1}x)=\sqrt{1-x^2}$ を示せ．
(2) $\sin^{-1}(-x)=-\sin^{-1}x,\ \cos^{-1}(-x)=\pi-\cos^{-1}x$ を示せ．
(3) $\sin^{-1}x+\cos^{-1}x=\dfrac{\pi}{2}$ を示せ．
(4) $\sin^{-1}\sqrt{1-x^2}=\begin{cases}\cos^{-1}x & (0\leqq x\leqq 1)\\ \pi-\cos^{-1}x & (-1\leqq x\leqq 0)\end{cases}$ を示せ．

---

[34] この結果はのちに使う．[ヒント] (1)–(4) の順に解け．

(B)

1. (1) 定数 a, b について,a と b の大きい方を $\max\{a,b\}$,小さい方を $\min\{a,b\}$ で表すとき,次の等式を確かめよ.
$$\max\{a,b\} = \frac{a+b+|a-b|}{2}, \quad \min\{a,b\} = \frac{a+b-|a-b|}{2}$$
(2) 関数 $f(x)$ が連続であれば $|f(x)|$ も連続であることを示せ.
(3) 関数 $f(x), g(x)$ が連続であるとき,$h(x) = \max\{f(x), g(x)\}$ で定義される関数 $h(x)$,および,$k(x) = \min\{f(x), g(x)\}$ で定義される関数 $k(x)$ は連続であることを証明せよ.
(4) 関数 $f(x)$ に対して,
$$f_+(x) = \begin{cases} f(x) & (f(x) \geqq 0) \\ 0 & (f(x) < 0) \end{cases}, \quad f_-(x) = \begin{cases} 0 & (f(x) \geqq 0) \\ -f(x) & (f(x) < 0) \end{cases}$$
とおく.$f(x)$ が連続であれば $f_+(x)$,$f_-(x)$ も連続であることを示せ.

2. 関数 $f(x)$ が閉区間 $I = [a,b]$ で連続ならば,その値域 $\mathfrak{R}(f) = \{f(x) \mid a \leqq x \leqq b\}$ は閉区間または 1 点となることを証明せよ.

3. n を奇数とするとき,n 次方程式 $a_0 x^n + a_1 x^{n-1} + \cdots + a_{n-1} x + a_n = 0$ は実数解をもつことを証明せよ.

4. $f(x)$ が $I = [0,1]$ で連続で,I 上 $0 \leqq f(x) \leqq 1$ であるならば,方程式 $f(x) = x^n$ (n は自然数)は I において少なくとも 1 つの解をもつことを示せ.

5. $f(x)$ を $-\infty < x < \infty$ で定義されている関数とする.すべての x に対して $f(-x) = f(x)$ が成り立つとき,$f(x)$ を**偶関数**であるという.すべての x に対して $f(-x) = -f(x)$ が成り立つとき,$f(x)$ を**奇関数**であるという.

任意の関数は偶関数と奇関数の和に表され,その表しかたはただ 1 通りであることを示せ.

6. 次の式で定義された関数を**双曲線関数**という [35].
$$\sinh x = \frac{e^x - e^{-x}}{2}, \ \cosh x = \frac{e^x + e^{-x}}{2}, \ \tanh x = \frac{\sinh x}{\cosh x}.$$
(1) $y = \sinh x$, $y = \cosh x$ のグラフの概形を描け [36].
(2) $y = \sinh x$, $y = \tanh x$ の逆関数を求めよ.
(3) $y = \cosh x$ の定義域を $x \geqq 0$ に制限したときの逆関数を求めよ.

---

[35] 順にハイパボリック・サイン,ハイパボリック・コサイン,ハイパボリック・タンジェントと読む.ハイパボリック (hyperbolic) とは双曲線の意味である.$x = \cos t$, $y = \sin t$ は円のパラメータ表示であるが,$x = \cosh t$, $y = \sinh t$ が双曲線 $x^2 - y^2 = 1$ のパラメータ表示であることが,この問の (4) i) の第 1 式よりわかる.

なお,$y = e^x$ を前問により偶関数と奇関数の和に分けたときの偶関数が $\cosh x$,奇関数が $\sinh x$ である.

[36] 両端を持って垂らした鎖や電柱と電柱の間の電線のたわみの形は $y = \cosh x$ のグラフの形をしていることが知られているので,$y = \cosh x$ のグラフは懸垂曲線とよばれている.

(4) sin, cos, tan の場合と（微妙に符号が異なるが）よく似た次の公式が成り立つ[37].
   i) $(\cosh x)^2 - (\sinh x)^2 = 1,\ 1 - (\tanh x)^2 = 1/(\cosh x)^2$.
   ii) (**加法定理**)
   $$\sinh(x+y) = \sinh x \cdot \cosh y + \cosh x \cdot \sinh y,$$
   $$\cosh(x+y) = \cosh x \cdot \cosh y + \sinh x \cdot \sinh y.$$

7. $\tan^{-1} x + \tan^{-1} \dfrac{1}{x} = \begin{cases} \dfrac{\pi}{2} & (x > 0) \\ -\dfrac{\pi}{2} & (x < 0) \end{cases}$ を示せ.

8. $\lim\limits_{x \to \infty} x^{\frac{1}{x}} = 1$ を示せ.

ヒント 練習問題 1.1 (B) 6 より $\lim\limits_{n \to \infty} n^{1/n} = 1$ である.

9. a を定数とする. $x \neq n\pi$（n は整数）に対して $f(x) = \dfrac{\sin ax}{\sin x}$ を考える. このとき, すべての正数 n に対して $x = n\pi$ で連続になるように $f(n\pi)$ を定めることができるための a の条件は何か. また, そのときの $f(n\pi)$ をどう定めたらよいか.

---

[37] 導関数についても, 微妙に符号は異なるが sin, cos, tan の場合とよく似た公式が成り立つ. 練習問題 2.2 (A) 1 参照.

第2章

1変数関数の微分法

この章では1変数関数の微分法とその応用について学ぶ．§2.1 では微分係数の意味を復習し，§2.2 では1階および高階の導関数の計算について学ぶ．§2.3 以降では微分法の応用について学ぶ．

§2.1 微分係数・導関数

A．正比例

同じ大きさ（同じ単価）のリンゴを x 個買ったときの値段を y 円とし，$y = f(x)$ とおくと，買う個数を2倍，3倍，一般に λ 倍にすると，値段も2倍，3倍，一般に λ 倍になるであろう．式で書けば

$$f(\lambda x) = \lambda f(x) \tag{2.1.1}$$

となる．このような性質をもつ関数を **正比例**（比例関数）という．

(2.1.1) において，$x = 1$ とおき，λ を x に書き換えると，

$$f(x) = ax \tag{2.1.2}$$

を得る．ここで

$$a = f(1) \tag{2.1.3}$$

とおいた．この a を比例係数という．買い物の例では，a は1個 ($x = 1$) あたりの値段 y，すなわち単価である．

逆に，(2.1.2) で表される関数が性質 (2.1.1) をもつことは簡単に示せるであ

ろう．正比例のグラフは原点を通る直線となる[1]．

上にあげた買い物が正比例の典型的な例ではあるが，諸君たちは理工系の学生であるのだから

> **問 2.1.1.** 物理学に現れる正比例の例を5つ以上あげよ．またそのときの比例係数はそれぞれ何とよばれているか．

B．微分係数のイメージ

1本の針金を考える．一方の端点 O からの長さが x である点 P までの間のこの針金の質量を $y = f(x)$ とおく．

その針金が均質な場合には，長さが2倍，3倍になれば質量も2倍，3倍になるであろうから，$y = f(x)$ は正比例であり，(2.1.2) が成り立つ（このときの比例係数 a は線密度とよばれている）．

次に，必ずしも均質ではない針金を考えよう．端点 O からの距離が x_0 である点 P と端点 O からの距離が $x_0 + \Delta x$ である点 Q の間の，長さ Δx の部分の質量

$$\Delta y = f(x_0 + \Delta x) - f(x_0)$$

は，その点 x_0 の近くで組成や太さなどに急激な変化がないとすれば，Δx が小さい範囲では，Δx にほぼ比例していると見てよいであろうから

$$\Delta y \fallingdotseq a \Delta x \quad (\Delta x\text{ が小さいとき}) \tag{2.1.4}$$

となるような定数 a があるだろう．この a を求めるために，上の式の両辺の差を $\varepsilon = \varepsilon(\Delta x)$ とおく：

$$\Delta y = a \Delta x + \varepsilon. \tag{2.1.5}$$

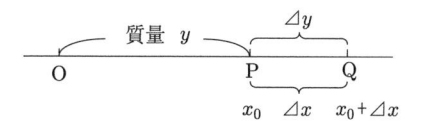

図 2.1

---

[1] 正比例を単調増加関数のことだとか，$y = ax + b$ で表されるものだとかと誤解している学生が多いので注意すること．

さて，(2.1.4) の '≒' を '(2.1.5) の ε が小さい' と解釈するべきであろうか. Δx が小さいときを考えており，材質や太さなどに急激な変化がないとしているのであるから Δy も小さい．だから ε が小さいのは当然であり，この解釈からは a についての情報は何も得られない．(2.1.4) の '≒' は

誤差 ε は小さな量 Δx に比べてももっと小さい

と理解するべきである．すなわち

$\varepsilon = \Delta x \times$ (小さな量)　　同じことだが　$\dfrac{\varepsilon}{\Delta x}$ は小さい

ということになる．最後の文章を数学の言葉で書くと

$$\lim_{\Delta x \to 0} \frac{\varepsilon}{\Delta x} = 0 \tag{2.1.6}$$

となる．このとき (2.1.5) の両辺を Δx で割り，$\Delta x \to 0$ とすると

$$a = \lim_{\Delta x \to 0} \frac{\Delta y}{\Delta x} \tag{2.1.7}$$

が得られ，比例係数 a が求まる[2]．

C．微分係数

一般の関数 $y = f(x)$ を考える．x が $x = x_0$ から $x = x_0 + \Delta x$ に増加したときの y の増加量を

$$\Delta y = f(x_0 + \Delta x) - f(x_0)$$

とおき，極限

$$\lim_{\Delta x \to 0} \frac{\Delta y}{\Delta x} = \lim_{\Delta x \to 0} \frac{f(x_0 + \Delta x) - f(x_0)}{\Delta x}$$

が<u>存在するとき</u>，$f(x)$ は $x = x_0$ で**微分可能**であるといい，その極限値を

$$f'(x_0)$$

と書き，$y = f(x)$ の $x = x_0$ における**微（分）係数**という[3]．

---

[2] いまの場合，a は点 x_0 における線密度である．

[3] 微分法によって得られた比例係数という意味．極限をとる前の比 $\dfrac{f(x_0 + \Delta x) - f(x_0)}{\Delta x}$ を，$x = x_0$ と $x = x_0 + \Delta x$ とのあいだの**平均変化率**という．

問 2.1.2. $f(x)$ が $x = x_0$ で微分可能であることと，
$$\Delta y = a\Delta x + \varepsilon, \ \lim_{\Delta x \to 0} \frac{\varepsilon}{\Delta x} = 0$$
となる定数 a が存在することとは同値である．また，このとき $a = f'(x_0)$ である．

定理 2.1.1. $f(x)$ が点 x_0 で微分可能であるとき，$f(x)$ は x_0 において連続である．

証明 連続性を証明するには定義 1.3.1 より，
$$\lim_{\Delta x \to 0} f(x_0 + \Delta x) = f(x_0)$$
を示せばよいが，それは，定理 1.2.1 (3) を使って得られる
$$\lim_{\Delta x \to 0} \Delta y = \lim_{\Delta x \to 0} \frac{\Delta y}{\Delta x} \cdot \Delta x$$
$$= \lim_{\Delta x \to 0} \frac{\Delta y}{\Delta x} \cdot \lim_{\Delta x \to 0} \Delta x$$
$$= f'(x_0) \cdot 0 = 0$$
から従う．

注意 逆は必ずしも正しくはない．たとえば，$f(x) = |x|$ は，$-\infty < x < \infty$ 全体で連続ではあるが，$x = 0$ においては微分できない．

問 2.1.3. 上の注意を証明せよ．

D．接線

関数 $y = f(x)$ のグラフを，その上の点 $(x_0, f(x_0))$ を通る直線
$$y = A(x - x_0) + f(x_0) \qquad (*)$$
でもって，$x = x_0$ の近くで近似することを考えよう．誤差を ε とおく：
$$f(x) = A(x - x_0) + f(x_0) + \varepsilon.$$
$f(x)$ が $x = x_0$ で連続であれば，A が何であっても，$x \to x_0$ のとき $\varepsilon \to 0$ になるという意味では，$(*)$ の右辺は $x = x_0$ の近くで $f(x)$ を近似している．

もっとよい近似として，$\varepsilon = (x-x_0) \times$ (小さい量)，すなわち
$$\lim_{x \to x_0} \frac{\varepsilon}{x-x_0} = 0$$
となることを要請しよう．これが可能である必要十分条件は，$f(x)$ が x_0 で微分可能であり，かつ $A = f'(x_0)$ なることである．

問 2.1.4. 上のことを証明せよ．

こうして得られた直線
$$y = f'(x_0)(x-x_0) + f(x_0)$$
を，点 $(x_0, f(x_0))$ における関数 $y = f(x)$ の**接線**という．

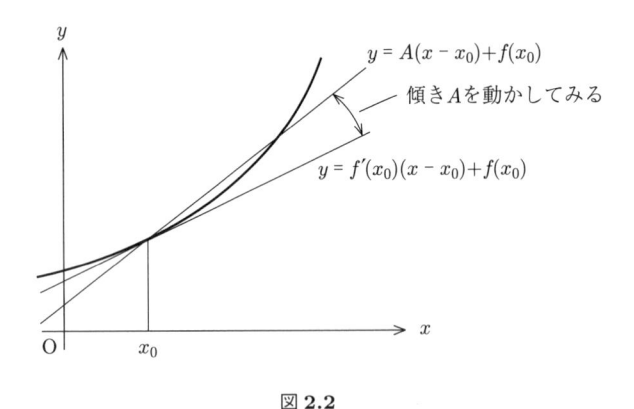

図 2.2

******************** **練習問題 2.1** ********************

(A)

1. 関数 $y = x^2$ の $x = a$ での微分係数を定義に従って計算せよ．
2. $f(x)$ が $x = 0$ で連続ならば，$g(x) = xf(x)$ は $x = 0$ で微分可能であることを証明せよ．
3. $f(x)$ が $x = x_0$ で微分可能であるとき，$g(x) = xf(x)$ も $x = x_0$ で微分可能であることを定義に従って示せ．また，$g'(x_0)$ を求めよ．
4. $f(x)$ が有界ならば，$g(x) = x^2 f(x)$ は $x = 0$ で微分可能であることを証明せよ．
5. $f(x) = x^2 \sin \frac{1}{x}$ $(x \neq 0)$，$f(0) = 0$ とするとき，$f(x)$ は $x = 0$ で微分可能か．微分可能であれば $f'(0)$ を求めよ．

(B)

1. $f(x)$ は $x = a$ で微分可能とする．点 $(a, f(a))$ を通る傾き m の直線の方程式を $y = g(x)$ とおく．$f'(a) < m$ とするとき，
$$f(x) \begin{cases} > g(x) & (a - \delta < x < a) \\ < g(x) & (a < x < a + \delta) \end{cases}$$
となるような $\delta > 0$ がとれることを示せ．

[ヒント] 背理法．そうでなかったとして，ある性質をもつ無限点列 $\{x_n\}$ を構成せよ．

2. $\{c_n\}$ をある数列とする．関数
$$f(x) = \begin{cases} c_n & (1/(n+1) < x \leq 1/n, \quad n = 1, 2, \ldots) \\ 0 & (x \leq 0) \end{cases}$$
が $x = 0$ で微分可能であるための必要十分条件は $\{nc_n\}$ が 0 に収束することである．

§2.2　導関数の計算

A．導関数[4]

関数 $y = f(x)$ が，開区間 I の各点で微分可能であるとき，I の各点 x にその点における微分係数 $f'(x)$ を対応させる関数を f の**導関数**とよび，$f'(x)$ の他に
$$\frac{df}{dx},\ \frac{d}{dx}f(x),\ y',\ \frac{dy}{dx}$$
などの記号で表す．

$f(x)$ の導関数を求めることを，$f(x)$ を**微分する**という．

B．諸公式

導関数を計算するのに使われる公式をまとめておこう．ほとんどが高校の復習であろう．

定理 2.2.1 (和・差・積・商の導関数)．　　$f(x),\ g(x)$ が微分可能である点 x においては左辺の導関数が存在して，次の公式が成り立つ．
[1] $(f(x) + g(x))' = f'(x) + g'(x)$．
[2] c を定数とするとき $(cf(x))' = cf'(x)$．

---

[4] 微分法によって導かれた関数という意味．

[3] $(f(x)g(x))' = f'(x)g(x) + f(x)g'(x).$

[4] さらに，$g(x) \neq 0$ である点においては
$$\left\{\frac{f(x)}{g(x)}\right\}' = \frac{f'(x)g(x) - f(x)g'(x)}{g(x)^2}.$$

証明 [1], [2] は微分係数の定義と定理 1.2.1 より明らかであろう．

[3] の証明:
$$\Delta(fg) = f(x+\Delta x)g(x+\Delta x) - f(x)g(x)$$
$$= f(x+\Delta x)g(x+\Delta x) - f(x)g(x+\Delta x) + f(x)g(x+\Delta x) - f(x)g(x)$$
$$= \{f(x+\Delta x) - f(x)\}g(x+\Delta x) + f(x)\{g(x+\Delta x) - g(x)\}$$

と変形して，
$$\lim_{\Delta x \to 0} \frac{\Delta(fg)}{\Delta x} = \lim_{\Delta x \to 0} \frac{f(x+\Delta x) - f(x)}{\Delta x} \cdot \lim_{\Delta x \to 0} g(x+\Delta x)$$
$$+ f(x) \lim_{\Delta x \to 0} \frac{g(x+\Delta x) - g(x)}{\Delta x}$$
$$= f'(x)g(x) + f(x)g'(x).$$

を得る．ここで，$\lim_{\Delta x \to 0} g(x+\Delta x) = g(x)$ を使ったが，これが成り立つことは定理 2.1.1 から従う．

[4] の証明:
$$\Delta\left(\frac{f}{g}\right) = \frac{f(x+\Delta x)}{g(x+\Delta x)} - \frac{f(x)}{g(x)}$$
$$= \frac{f(x+\Delta x)g(x) - f(x)g(x+\Delta x)}{g(x+\Delta x)g(x)}$$
$$= \frac{\{f(x+\Delta x) - f(x)\}g(x) - f(x)\{g(x+\Delta x) - g(x)\}}{g(x+\Delta x)g(x)}$$

と変形して，[3] の証明と同様のことを行なえばよい． □

定理 2.2.2 (合成関数の微分法). $z = f(y)$, $y = g(x)$ がともに微分可能で，合成関数 $z = f(g(x))$ が意味をもつならば，合成関数 $z = f(g(x))$ は微分可能で，その導関数は

$$\{f(g(x))\}' = f'(g(x)) \cdot g'(x), \ (f \circ g)' = (f' \circ g) \cdot g', \ \frac{dz}{dx} = \frac{dz}{dy} \cdot \frac{dy}{dx} \quad (2.2.1)$$

で与えられる（この 3 式は同じことの異なる表現である）．

第 3 式の左辺の dz/dx は z を x の関数と見て，すなわち，$z = f(g(x))$ を x で微分したものであり，右辺の第 1 因子 dz/dy は z を y の関数と見て，すなわち，$f(y)$ を y で微分したあとに $y = g(x)$ を代入したものである．

擬証明
$$\Delta y = g(x + \Delta x) - g(x) \tag{$*$}$$
と $y = g(x)$ より，$g(x + \Delta x) = y + \Delta y$ であるから
$$\Delta z = f(g(x + \Delta x)) - f(g(x)) = f(y + \Delta y) - f(y)$$
であり
$$\frac{\Delta z}{\Delta x} = \frac{\Delta z}{\Delta y} \cdot \frac{\Delta y}{\Delta x} = \frac{f(y + \Delta y) - f(y)}{\Delta y} \cdot \frac{\Delta y}{\Delta x} \tag{$**$}$$
である．$\Delta x \to 0$ とすると $\Delta y \to 0$ であるから，目的の式を得る． □

解説 実は，この証明には落とし穴があるが，それは細かい話であるし，上の証明が証明のエッセンスをよく伝えているので，それで満足していてもよいだろう．

落とし穴は $(**)$ において Δy で割ったところにある．$\Delta x \to 0$ を考えるのであるから，$\Delta x \neq 0$ であるが，Δy は $(*)$ で定めたものであるから 0 になることがあるかもしれないのである．そこで割り算を使わない方法を考えよう．

証明
$$\Delta y = g'(x)\Delta x + \varepsilon_1(\Delta x) \tag{$\dagger$}$$
とおくと，問 2.1.2 より
$$\varepsilon_1(\Delta x)/\Delta x \to 0 \quad (\Delta x \to 0 \text{ のとき})$$
である．次に
$$\Delta z = f'(y)\Delta y + \varepsilon_2(\Delta y) \tag{$\dagger\dagger$}$$
とおくとき，
$$\varepsilon_2(\Delta y)/\Delta y \to 0 \quad (\Delta y \to 0 \text{ のとき})$$
は $(*)$ を忘れて，関数 $z = f(y)$ だけを考えているときには正しいが，いまの場合は $\Delta y = 0$ もありうるので次のように工夫する．
$$\tilde{\varepsilon}_2(\Delta y) = \begin{cases} \varepsilon_2(\Delta y)/\Delta y & (\Delta y \neq 0 \text{ のとき}) \\ 0 & (\Delta y = 0 \text{ のとき}) \end{cases}$$
とおくと
$$\varepsilon_2(\Delta y) = \tilde{\varepsilon}_2(\Delta y)\Delta y \tag{$\dagger\dagger\dagger$}$$
であり，$\tilde{\varepsilon}_2 \to 0$ である．$(\dagger\dagger)$ に $(\dagger)$ と $(\dagger\dagger\dagger)$ を代入して
$$\begin{aligned}\Delta z &= f'(y)\{g'(x)\Delta x + \varepsilon_1\} + \tilde{\varepsilon}_2\Delta y \\ &= f'(y)g'(x)\Delta x + f'(y)\varepsilon_1 + \tilde{\varepsilon}_2\Delta y\end{aligned}$$
を得る．この両辺を Δx で割り $\Delta x \to 0$ とすると，$\Delta y/\Delta x$ は収束するので，目的の式を得る． □

定理 2.2.3 (逆関数の導関数).　$y = f(x)$ が開区間 I で，微分可能，狭義単調，かつ $f'(x) \neq 0$ であるならば，逆関数 f^{-1} も微分可能で[5]，
$$\frac{d}{dy}f^{-1}(y) = \frac{1}{f'(x)} \quad \text{すなわち} \quad \frac{dx}{dy} = 1 \bigg/ \frac{dy}{dx} \tag{2.2.2}$$
である．

擬証明　$x = f^{-1}(y)$ とおくと $y = f(x)$ である．$x = f^{-1}(y)$ の両辺を x で微分すると，合成関数の微分法の公式より $1 = \dfrac{d}{dy}f^{-1}(y) \cdot \dfrac{dy}{dx}$ であるが，$\dfrac{dy}{dx} = f'(x)$ であるから (2.2.2) の第 1 式が得られる．　□

解説　逆関数 $g(y) = f^{-1}(y)$ が微分可能であることが証明されていれば，この証明は正しいが，定理の趣旨は $f^{-1}(y)$ の微分可能性も証明せよということである．証明の本質は [擬証明] で述べたとおり，合成関数の微分法であり，この定理の証明は合成関数の微分法の公式の証明を繰り返すだけである．

証明　$y = f(x)$, $y + \Delta y = f(x + \Delta x)$ とおくと，
$$\frac{\Delta x}{\Delta y} = 1 \bigg/ \frac{\Delta y}{\Delta x}$$
であり，f の狭義単調性より
$$\Delta x \neq 0 \to 0 \iff \Delta y \neq 0 \to 0$$
である．$\Delta y \to 0$ とすると，右辺は収束するから左辺も収束し，目的の式を得る．　□

C．具体的な関数の導関数

具体的な関数の導関数を高校の復習も含めて述べておこう．

■ 多項式の導関数 ■

1. $y = $ 一定値，$y = x$ ならそれぞれ $y' = 0$, $y' = 1$ となることは明らかであろう．

2. $y = x^n$ ($n = 0, 1, \cdots$) のときは，$y' = nx^{n-1}$.

実際，積の導関数の公式を使って，順次
$$(x^2)' = (x \cdot x)' = x' \cdot x + x \cdot x' = 1 \cdot x + x \cdot 1 = 2x,$$
$$(x^3)' = (x^2 \cdot x)' = (x^2)' \cdot x + x^2 \cdot x' = 2x \cdot x + x^2 \cdot 1 = 3x^2$$

---

[5] f が狭義単調であるから，定理 1.3.5 より，連続な逆関数 f^{-1} が存在する．

を得る．以下これを繰り返せばよい．「以下これを繰り返せばよい」ではいかにもインチキ臭いので

問 2.2.1. 数学的帰納法を使って証明を完成せよ．

多項式の導関数は，これと定理 2.2.1 の [1], [3] を使って求まる．**有理関数の導関数**は，商の導関数の公式を使って容易に計算できる．

三角関数・逆三角関数の導関数

三角関数の導関数の公式

定理 2.2.4.
[1] $(\sin x)' = \cos x,$
[2] $(\cos x)' = -\sin x,$
[3] $(\tan x)' = \dfrac{1}{\cos^2 x}$

は既知であろうが，念のため第 1 式だけを証明しておこう．

定理 A.3.3 と定理 1.3.7 を使って

$$\begin{aligned}(\sin x)' &= \lim_{\Delta x \to 0} \frac{\sin(x + \Delta x) - \sin x}{\Delta x} \\ &= 2 \lim_{\Delta x \to 0} \cos(x + \Delta x/2) \sin(\Delta x/2)/\Delta x \\ &= \lim_{\Delta x \to 0} \cos(x + \Delta x/2) \cdot \frac{\sin(\Delta x/2)}{\Delta x/2} \\ &= \cos x.\end{aligned}$$

問 2.2.2. 上の定理の [2], [3] を示せ．

逆三角関数の導関数は次式で与えられる．

定理 2.2.5.
[1] $\dfrac{d}{dx} \sin^{-1} x = \dfrac{1}{\sqrt{1-x^2}} \quad (-1 < x < 1),$
[2] $\dfrac{d}{dx} \cos^{-1} x = -\dfrac{1}{\sqrt{1-x^2}} \quad (-1 < x < 1),$
[3] $\dfrac{d}{dx} \tan^{-1} x = \dfrac{1}{1+x^2}.$

証明 [1] $y = \sin^{-1} x$ とおくと，$-1 < x < 1$, $-\pi/2 < y < \pi/2$ であるから $\cos y > 0$ であることに注意する．$x = \sin y$ であるから，定理 2.2.3 を使って

$$\frac{dy}{dx} = 1 \bigg/ \frac{dx}{dy} = 1/\cos y = 1 \bigg/ \sqrt{1 - \sin^2 y} = \frac{1}{\sqrt{1-x^2}}.$$

[2] $y = \cos^{-1} x$ とすると，$0 < y < \pi$ であるから $\sin y > 0$ であり

$$\frac{dy}{dx} = 1 \bigg/ \frac{dx}{dy} = -1/\sin y = -1 \bigg/ \sqrt{1 - \cos^2 y} = -\frac{1}{\sqrt{1-x^2}}. \quad \square$$

[別証] [1] と練習問題 1.3 (A) 8 (3) より従う．

[3] $y = \tan^{-1} x$ とすると

$$\frac{dy}{dx} = 1 \bigg/ \frac{dx}{dy} = 1 \bigg/ \frac{1}{\cos^2 y} = \frac{1}{1 + \tan^2 y} = \frac{1}{1+x^2}. \quad \square$$

■ **指数関数・対数関数の導関数** ■ 指数関数と対数関数の導関数は次式で与えられる．

定理 2.2.6.
[1] $(e^x)' = e^x$,   [2] $(\log |x|)' = 1/x$ $(x \neq 0)$.

証明 [1] の証明：練習問題 1.3 (A) 5 (4) より

$$\lim_{h \to 0} \frac{e^h - 1}{h} = 1$$

であったことに注意する[6]．

$$(e^x)' = \lim_{h \to 0} \frac{e^{x+h} - e^x}{h} = \lim_{h \to 0} \frac{e^x e^h - e^x}{h} = e^x \lim_{h \to 0} \frac{e^h - 1}{h} = e^x$$

である．

[2] の証明：$x > 0$ とすると $y = \log x$ は $x = e^y$ の逆関数であるので

$$\frac{dy}{dx} = 1 \bigg/ \frac{dx}{dy} = 1/e^y = 1/x$$

であり，$x < 0$ のときは

$$(\log |x|)' = [\log(-x)]' = \frac{(-x)'}{-x} = \frac{1}{x}$$

である． $\square$

---

[6] いままで Δx と書かれていたものが，次行では h と書かれている．

問 **2.2.3.**
   (1) $(\log_a x)' = \dfrac{1}{x \log a}$ $(a > 0, a \neq 1)$ (2) $(a^x)' = a^x \log a$ $(a > 0)$

■ **対数微分法** ■ $f(x) > 0$ とする．$f(x)$ が微分可能ならば，合成関数 $\log f(x)$ も微分可能であり
$$(\log f(x))' = \frac{f'(x)}{f(x)}$$
が成り立つ．この事実は $f'(x)$ を直接計算できなかったり，その計算が $(\log f(x))'$ の計算に比べて難しいときに，$(\log f(x))'$ を求めることにより $f'(x)$ を求めるのに使われる．$f'(x)$ を求めるこの方法を**対数微分法** という．

例題 2.2.1. 次の関数を微分せよ．
   (1) x^a ($x > 0$ において) [7]   (2) x^x $(x > 0)$
   (3) $\sqrt[3]{(1+e^x)/(1-x^2)}$ $(|x| < 1)$

解 (1) $y = x^a$ とおく．両辺の対数をとって，$\log y = a \log x$. この両辺を x で微分して $\dfrac{y'}{y} = \dfrac{a}{x}$. ゆえに，$y' = y\dfrac{a}{x} = ax^{a-1}$.

(2) $y = x^x$ とおく．両辺の対数をとって，$\log y = x \log x$. この両辺を x で微分して
$$\frac{y'}{y} = \log x + x\frac{1}{x} = \log x + 1.$$
ゆえに，$y' = x^x(\log x + 1)$.

(3) $y = \sqrt[3]{\dfrac{1+e^x}{1-x^2}}$ の両辺の対数をとって，
$$\log y = \frac{1}{3}\{\log(1+e^x) - \log(1-x) - \log(1+x)\}.$$
この両辺を x で微分して
$$\frac{y'}{y} = \cdots.$$

---

[7] これの導関数は a が自然数のときは既知であるが，a が無理数のときは既知ではないであろう．A.4を参照せよ．$x > 0$ と仮定したのは，たとえば $a = 1/2$ なら $x < 0$ のとき y が実数でなくなるからである．次の x^x において $x > 0$ としたのも同様の理由による．

問 2.2.4. 上の (3) の計算を完成せよ．また，(3) を $y = u^{1/3}$ と $u = \dfrac{1+e^x}{1-x^2}$ の合成関数と見て微分せよ．そして，2 つの方法でどちらが好みかを考えよ．

D．媒介変数表示された関数の導関数

曲線が媒介変数 t を用いて，$x = \varphi(t)$, $y = \psi(t)$ と表されているとしよう．$x = \varphi(t)$ が狭義単調で $\varphi'(t) \neq 0$ とすると，定理 2.2.3 より，逆関数 $t = \varphi^{-1}(x)$ は微分可能で，その導関数は (2.2.2) で求められるから，$y = \psi(\varphi^{-1}(x))$ は微分可能で，その導関数は合成関数の微分法の公式と逆関数の微分法の公式を用いて求まる．すなわち，

$$\frac{dy}{dx} = \frac{dy}{dt} \cdot \frac{dt}{dx} = \frac{dy/dt}{dx/dt} = \frac{\psi'(t)}{\varphi'(t)}. \tag{2.2.3}$$

である．

E．高階導関数

$y = f(x)$ の導関数 $y' = f'(x)$ が微分可能であるとき，f は 2 回微分可能であるといい，その導関数 $(y')'$ を y の **2 階の導関数**といい，

$$y'', \quad \frac{d^2y}{dx^2}\left(= \frac{d}{dx}\frac{dy}{dx}\right); \quad f''(x), \quad \frac{d^2f}{dx^2}(x)$$

などと書く．

さらに，$f''(x)$ が微分可能ならば，その導関数（f の **3 階の導関数**）が考えられる．それを

$$y''', \quad \frac{d^3y}{dx^3}; \quad f'''(x), \quad \frac{d^3f}{dx^3}(x)$$

などと書く．同様にして，**n 回微分可能な関数**と **n 階導関数**

$$y^{(n)}, \quad \frac{d^ny}{dx^n}\left(= \frac{d}{dx}\frac{d^{n-1}y}{dx^{n-1}}\right); \quad f^{(n)}(x), \quad \frac{d^nf}{dx^n}(x)$$

が定義される．2 階以上の導関数を総称して，**高階導関数**という．

f の n 階までの導関数が存在して，n 階導関数が連続であるとき，f は，**n 階連続的微分可能**であるとか，**C^n 級**の関数であるとかいい，そのような関数全体の集合を C^n で表す[8]．何回でも微分可能な関数を無限回微分可能な関数であ

---

[8] n 階の導関数 $y^{(n)}$ が存在すれば，定理 2.1.1 より，$y, y', \ldots, y^{(n-1)}$ は連続である．n 階連続的微分可能とは，さらに，$y^{(n)}$ の連続性までも要請しているのである．

るとか，C^∞ 級の関数であるとかいい，そのような関数全体の集合を C^∞ で表す．連続関数のことを C^0 級関数ともいい，その全体の集合を C^0 で表す．

次の例にあげる関数はすべて，$(-\infty, +\infty)$ か $(0, +\infty)$ における C^∞ 級の関数である．

例　[1] $y = x^a \ (x > 0)$ のときは
$$y' = ax^{a-1}, \ y'' = a(a-1)x^{a-2}, \ \ldots, \ y^{(n)} = a(a-1)\cdots(a-n+1)x^{a-n}.$$
[2] $y = e^x$ のときは
$$y' = y'' = \cdots = y^{(n)} = e^x.$$
[2]′ $y = a^x \ (a > 0, \ a \neq 1)$ のときは，$y = e^{x \log a}$ であるから，
$$y' = (\log a)y, \ y'' = (\log a)^2 y, \ \cdots, \ y^{(n)} = (\log a)^n y.$$
[3] $y = \log x \ (x > 0)$ のときは
$$y' = x^{-1}, \ y'' = -x^{-2}, \ \cdots, \ y^{(n)} = (-1)^{n-1}(n-1)!x^{-n}.$$
[4] $y = \sin x$ のときは
$$y' = \cos x = \sin\left(x + \frac{\pi}{2}\right), \quad y'' = \frac{d}{dx}\sin\left(x + \frac{\pi}{2}\right) = \sin\left(x + \frac{\pi}{2} + \frac{\pi}{2}\right)$$
であるから
$$\frac{d^n}{dx^n}\sin x = \sin\left(x + \frac{n\pi}{2}\right)$$
である．同様にして
$$\frac{d^n}{dx^n}\cos x = \cos\left(x + \frac{n\pi}{2}\right)$$
である．

2つの関数の積の高階の導関数を求めよう．
$(yz)' = y'z + yz',$
$(yz)'' = (y'z + yz')' = y''z + y'z' + y'z' + yz'' = y''z + 2y'z' + yz'',$
$(yz)''' = (y''z + 2y'z' + yz'')' = y'''z + y''z' + 2y''z' + 2y'z'' + y'z'' + yz'''$
$\qquad = y'''z + 3y''z' + 3y'z'' + yz'''.$

これは，$(y+z)^n$ の二項展開の公式によく似ている．実際，次の公式が成り立つ．

定理 2.2.7 (ライプニッツ[9]の公式).　　y, z がともに n 回微分可能ならば, その積 yz も n 回微分可能で,

$$(yz)^{(n)} = \sum_{i=0}^{n} {}_nC_i\, y^{(n-i)} z^{(i)} = \sum_{i=0}^{n} {}_nC_i\, y^{(i)} z^{(n-i)} \qquad (2.2.4)$$

が成り立つ．ここで，0 階導関数 $y^{(0)}$ とは y 自身であると約束する．

証明　中辺と右辺とは y と z を入れ替えたに過ぎない．

左辺と中辺が等しいことを数学的帰納法で証明する．$n = 1$ のときは既知である．$n = k$ のとき正しいとすると，

$$\begin{aligned}
(yz)^{(k+1)} &= \frac{d}{dx}(yz)^{(k)} \\
&= \sum_{i=0}^{k} {}_kC_i \left(y^{(k-i)} z^{(i)} \right)' \\
&= \sum_{i=0}^{k} {}_kC_i \left(y^{(k-i+1)} z^{(i)} + y^{(k-i)} z^{(i+1)} \right) \\
&= \sum_{i=0}^{k} {}_kC_i\, y^{(k-i+1)} z^{(i)} + \sum_{i=1}^{k+1} {}_kC_{i-1} y^{(k-i+1)} z^{(i)} \\
&= {}_kC_0\, y^{(k+1)} z^{(0)} + \sum_{i=1}^{k} \left({}_kC_i + {}_kC_{i-1} \right) y^{(k-i+1)} z^{(i)} + {}_kC_k\, y^{(0)} z^{(k+1)}
\end{aligned}$$

であるが，

$${}_kC_0 = {}_kC_k = 1, \quad {}_kC_i + {}_kC_{i-1} = {}_{k+1}C_i$$

であることに注意する[10]と (2.2.4) で $n = k+1$ とした式を得る．ゆえに，数学的帰納法により (2.2.4) が証明された．　□

例題 2.2.2. 次の関数の n 階導関数を求めよ．

(1) $x^2 e^x$　　　(2) $\log(1+x)$　　　(3) $\dfrac{1}{x^2 - 1}$

---

[9] Leibniz
[10] 付録 A.2 参照．

解 (1) $f(x) = x^2 e^x$; $y = x^2$, $z = e^x$ とおく．
$$y' = 2x,\ y'' = 2,\ y^{(k)} = 0 (k \geqq 3);\ z^{(k)} = e^x (k = 0, 1, \cdots)$$
であるから，ライプニッツの公式 (2.2.4) より
$$f^{(n)}(x) = (x^2 + {}_nC_1 2x + {}_nC_2 2)e^x = (x^2 + 2nx + n^2 - n)e^x.$$

(2) $f(x) = \log(1+x)$ とおいて，最初のいくつかの導関数を計算すると
$$f'(x) = (1+x)^{-1},\ f''(x) = (-1)(1+x)^{-2},\ f'''(x) = (-1)(-2)(1+x)^{-3}$$
であるから
$$f^{(n)}(x) = (-1)^{n-1}(n-1)!(1+x)^{-n}$$
と予想される．この予想を数学的帰納法によって証明することは容易であろう．

(3) (2) と同様にして最初のいくつかの導関数を計算していくと訳がわからなくなるであろう（実際に計算してみること）．

与式を $f(x)$ とおき
$$f(x) = \frac{1}{(x+1)(x-1)} = \frac{1}{2}\left(\frac{1}{x-1} - \frac{1}{x+1}\right)$$
と変形[11]し $g_\pm(x) = (x \pm 1)^{-1}$ とおくと，(2) と同様にして
$$g_\pm^{(n)}(x) = (-1)^n n!(x \pm 1)^{-n-1}$$
を得るから
$$f^{(n)}(x) = \frac{(-1)^n n!}{2}\left(\frac{1}{(x-1)^{n+1}} - \frac{1}{(x+1)^{n+1}}\right)$$
である． □

問 2.2.5. 上の例題の (2) の解答中「この予想を数学的帰納法によって証明することは容易」と述べた部分を実行せよ．

---

[11] この変形のテクニックの一般論は §4.1 で述べる．

練習問題 2.2

(A)

1. 双曲線関数を練習問題 1.3 (B) 6 で定義した．その導関数が次式で与えられることを示せ．

(1) $\dfrac{d}{dx}\sinh x = \cosh x$ (2) $\dfrac{d}{dx}\cosh x = \sinh x$ (3) $\dfrac{d}{dx}\tanh x = \dfrac{1}{(\cosh x)^2}$

2. 次の関数を微分せよ．

(1) $\dfrac{1}{1+x^2}$ (2) $e^x \sin x$ (3) $\sin(x^2)$ (4) $\log|\log|x||$

3. 次の関数を微分せよ．

(1) $\sqrt{1+\sin x}$ (2) $\log\left|\tan\dfrac{x}{2}\right|$ (3) $\sin^{-1}\dfrac{x}{a}$ $(a>0)$

4. 次の関数を微分せよ[12]．

(1) $\sqrt{x^2+A}$ $(A\neq 0)$ (2) $\dfrac{1}{2a}\log\left|\dfrac{x-a}{x+a}\right|$ $(a\neq 0)$

(3) $\log|x+\sqrt{x^2+A}|$ $(A\neq 0)$ (4) $x\sqrt{a^2-x^2}+a^2\sin^{-1}\dfrac{x}{a}$ $(a>0)$

5. 次の関数の n 階導関数を求めよ．

(1) $(ax+b)^p$ (2) $\cos x \cos 2x$ (3) $\dfrac{x}{(1-x)^2}$

6. 次の関数の n 階導関数を求めよ．

(1) $x^2 \sin x$ (2) $e^x \sin x$

(B)

1. 次の関数を微分せよ．

(1) $\dfrac{\sqrt{a^2+x^2}+\sqrt{a^2-x^2}}{\sqrt{a^2+x^2}-\sqrt{a^2-x^2}}$ $(a\neq 0)$ (2) $x^{\sin x}$ $(x>0)$

(3) $\log\sqrt{\dfrac{1-\cos x}{1+\cos x}}$ (4) $\tan^{-1}\left(\sqrt{\dfrac{a-b}{a+b}}\tan\dfrac{x}{2}\right)$ $(a>b>0)$

(5) $(a^x+b^x)^{\frac{1}{x}}$ $(a,b>0)$

2. $x=\varphi(t), y=\psi(t)$ がいずれも C^2 級の関数で，$\dfrac{dx}{dt}\neq 0$ のとき，次を示せ．

$$\dfrac{d^2y}{dx^2}=\dfrac{\varphi'(t)\psi''(t)-\varphi''(t)\psi'(t)}{(\varphi'(t))^3}.$$

3. $x=a\cos^3 t, y=a\sin^3 t$ $(a>0)$ のとき，$\dfrac{dy}{dx}, \dfrac{d^2y}{dx^2}$ を求めよ（答えは x の関数でも t の関数でもよい）．

---

[12] この結果はのちに積分の公式として現れる．

4. $x = a\cosh t,\ y = a\sinh t\ (a > 0)$ のとき，$\dfrac{dy}{dx}$, $\dfrac{d^2y}{dx^2}$ を求めよ（答えは x の関数でも t の関数でもよい）．

5. （線形代数の授業で行列式について習ったあとに考えよ．）

$$f(x) = \begin{vmatrix} f_{11}(x) & f_{12}(x) & \cdots & f_{1n}(x) \\ f_{21}(x) & f_{22}(x) & \cdots & f_{2n}(x) \\ \vdots & \vdots & \vdots & \vdots \\ f_{n1}(x) & f_{n2}(x) & \cdots & f_{nn}(x) \end{vmatrix}$$

とおくとき，この導関数は

$$f'(x) = \begin{vmatrix} f'_{11}(x) & f'_{12}(x) & \cdots & f'_{1n}(x) \\ f_{21}(x) & f_{22}(x) & \cdots & f_{2n}(x) \\ \vdots & \vdots & \vdots & \vdots \\ f_{n1}(x) & f_{n2}(x) & \cdots & f_{nn}(x) \end{vmatrix} + \begin{vmatrix} f_{11}(x) & f_{12}(x) & \cdots & f_{1n}(x) \\ f'_{21}(x) & f'_{22}(x) & \cdots & f'_{2n}(x) \\ \vdots & \vdots & \vdots & \vdots \\ f_{n1}(x) & f_{n2}(x) & \cdots & f_{nn}(x) \end{vmatrix}$$

$$+ \cdots + \begin{vmatrix} f_{11}(x) & f_{12}(x) & \cdots & f_{1n}(x) \\ f_{21}(x) & f_{22}(x) & \cdots & f_{2n}(x) \\ \vdots & \vdots & \vdots & \vdots \\ f'_{n1}(x) & f'_{n2}(x) & \cdots & f'_{nn}(x) \end{vmatrix}$$

である．また

$$f'(x) = \begin{vmatrix} f'_{11}(x) & f_{12}(x) & \cdots & f_{1n}(x) \\ f'_{21}(x) & f_{22}(x) & \cdots & f_{2n}(x) \\ \vdots & \vdots & \vdots & \vdots \\ f'_{n1}(x) & f_{n2}(x) & \cdots & f_{nn}(x) \end{vmatrix} + \begin{vmatrix} f_{11}(x) & f'_{12}(x) & \cdots & f_{1n}(x) \\ f_{21}(x) & f'_{22}(x) & \cdots & f_{2n}(x) \\ \vdots & \vdots & \vdots & \vdots \\ f_{n1}(x) & f'_{n2}(x) & \cdots & f_{nn}(x) \end{vmatrix}$$

$$+ \cdots + \begin{vmatrix} f_{11}(x) & f_{12}(x) & \cdots & f'_{1n}(x) \\ f_{21}(x) & f_{22}(x) & \cdots & f'_{2n}(x) \\ \vdots & \vdots & \vdots & \vdots \\ f_{n1}(x) & f_{n2}(x) & \cdots & f'_{nn}(x) \end{vmatrix}$$

でもある．

---

§2.3 平均値の定理

A．平均値の定理

最初に平均値の定理の準備としてロルの定理を述べる．

定理 2.3.1 (ロル[13]の定理). 　　有界閉区間 $[a, b]$ で定義された関数 $y = f(x)$ が次の 3 条件をみたすとする.

(i) $f(x)$ は $[a, b]$ では連続,

(ii) $f(x)$ は (a, b) では微分可能,

(iii) $f(a) = f(b)$.

このとき, $f'(c) = 0$, $a < c < b$ をみたす c が存在する.

幾何学的にいえば, 曲線 $y = f(x)$ $(a \leqq x \leqq b)$ の両端の高さが等しければ, どこかで接線が水平になるということである.

条件のどれか 1 つでも成り立たないならば, このような c が存在しないことは, 図 2.3 から明らかであろう.

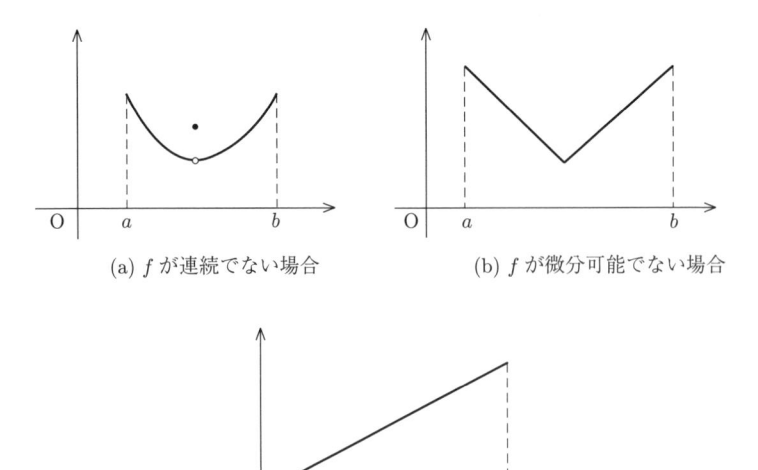

(a) f が連続でない場合　　(b) f が微分可能でない場合

(c) $f(a) \neq f(b)$ の場合

図 2.3

証明　定理 1.3.4 より, $y = f(x)$ には, 最大値をとる点 c_1 と最小値をとる点 c_2 $(a \leqq c_1, c_2 \leqq b)$ がある.

---

[13] Rolle

イ) $c_1 \neq a, b$ のとき：c_1 は $y = f(x)$ が最大値をとる点であるから $f(x) - f(c_1) \leq 0$ であり，

$$\frac{f(x) - f(c_1)}{x - c_1} \leq 0 \quad (x > c_1 \text{ のとき})$$

$$\frac{f(x) - f(c_1)}{x - c_1} \geq 0 \quad (x < c_1 \text{ のとき})$$

である．$x \to c_1$ とすると，第 1 式より $f'(c_1) \leq 0$，第 2 式より $f'(c_1) \geq 0$ であるから，$f'(c_1) = 0$，すなわち，c_1 が求めるものである．

ロ) $c_2 \neq a, b$ のとき：同様にして $f'(c_2) = 0$ を得る．

ハ) 上記のどれでもないとき：イ) でないのだから $c_1 = a$ または $c_1 = b$ であり，仮定 (iii) より $f(c_1) = f(a) = f(b)$ である．ロ) でもないから，同様にして，$f(c_2) = f(a) = f(b)$ である．これより最大値と最小値が一致するのであるから，$f(x)$ は定数であり，$f'(x) \equiv 0$ である． □

定理 2.3.2 (平均値の定理)．　有界閉区間 $[a, b]$ で定義された関数 $y = f(x)$ がロルの定理の最初の 2 つの条件

(i) $f(x)$ は $[a, b]$ では連続，

(ii) $f(x)$ は (a, b) では微分可能

をみたすとする．

このとき

$$\frac{f(b) - f(a)}{b - a} = f'(c) \text{ かつ } a < c < b$$

をみたす c が存在する．

左辺の $\dfrac{f(b) - f(a)}{b - a}$ は $y = f(x)$ の $a \leq x \leq b$ 間の平均変化率，すなわち，グラフの両端点を結ぶ直線の傾きを表している．定理は，その直線と同じ傾きをもつ接線が存在することを主張している．いいかえれば，定理は「平均変化率＝その間のどこかでの瞬間変化率」ということを主張しているのである．

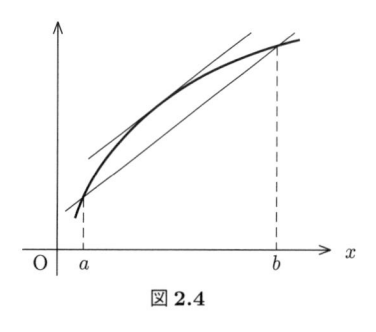

図 2.4

平均値の定理は次の形に一般化できるので，そちらの方を証明する．一般化された定理で $g(x) = x$ としたものが平均値の定理である．

定理 2.3.3 (コーシー[14]の平均値の定理). $f(x), g(x)$ が次の3条件をみたしているとする．

(i) $[a, b]$ で連続，

(ii) (a, b) で微分可能で，$f'(x)$ と $g'(x)$ は同時には0とはならない，

(iii) $g(a) \neq g(b)$.

このとき
$$\frac{f(b) - f(a)}{g(b) - g(a)} = \frac{f'(c)}{g'(c)} \quad (a < c < b) \tag{2.3.1}$$
をみたす c が存在する．

幾何学的意味 独立変数を t と書き換えておく．媒介変数表示 $x = g(t), y = f(t), (a \leqq t \leqq b)$ で表される曲線を C とおくと，(2.2.3) より，上式の右辺は $\dfrac{dy}{dx}$ の $t = c$ に対応する点での値である．また左辺は C の始点 $(g(a), f(a))$ と終点 $(g(b), f(b))$ を結ぶ線分の傾きを表しているから，それと同じ傾きをもつ接線を C 上のどこかで引けるというのがこの定理の幾何学的な意味である（図 2.5 参照）．

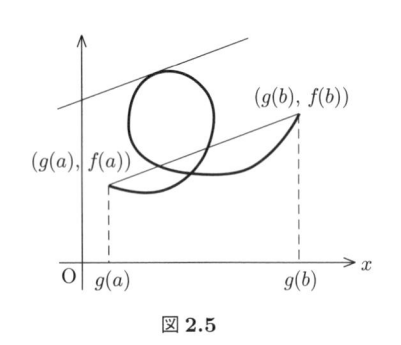

図 2.5

証明 $F(x) = f(x) - Ag(x)$ とおき，定数 A を $F(a) = F(b)$ となるように定める：
$$A = \frac{f(b) - f(a)}{g(b) - g(a)}.$$
このとき，$F(x)$ にはロルの定理が適用でき，$F'(c) = f'(c) - Ag'(c) = 0$ となる c が存在する．$g'(c) = 0$ とすると $f'(c) = 0$ となり仮定 (ii) に反するから $g'(c) \neq 0$ であり
$$A = \frac{f'(c)}{g'(c)}$$
である．この2式を等しいとおいて目的の式を得る． □

---

[14] Cauchy

B．関数の増減

定理 2.3.4. $f(x)$ は $[a,b]$ で連続，(a,b) で微分可能とする．

[1] $a < x < b$ なるすべての x において $f'(x) = 0$
$\iff f(x)$ は $[a,b]$ で定数である．

[2] $a < x < b$ なるすべての x において $f'(x) > 0$
$\implies f(x)$ は $[a,b]$ で狭義単調増加である．

[2]' $a < x < b$ なるすべての x において $f'(x) \geqq 0$
$\iff f(x)$ は $[a,b]$ で広義単調増加である．

[3] $a < x < b$ なるすべての x において $f'(x) < 0$
$\implies f(x)$ は $[a,b]$ で狭義単調減少である．

[3]' $a < x < b$ なるすべての x において $f'(x) \leqq 0$
$\iff f(x)$ は $[a,b]$ で広義単調減少である．

証明 まず，$\implies$ の部分を示す．$x_1, x_2 \in [a,b]$ を任意にとると，平均値の定理（定理 2.3.2）より

$$f(x_2) - f(x_1) = f'(c)(x_2 - x_1)$$

なる $c \in (a,b)$ が存在する．

[1] では $f'(c) = 0$ であるから，$f(x_2) = f(x_1)$ となり，x_1, x_2 は任意であったから $f(x)$ は定数である．

[2] では $f'(c) > 0$ であるから $f(x_2) - f(x_1)$ と $x_2 - x_1$ は同符号であり，$f(x)$ は狭義単調増加である．[2]' の $\implies$ もこれより明らか．

[3] では $f'(c) < 0$ であるから $f(x_2) - f(x_1)$ と $x_2 - x_1$ は異符号であり，$f(x)$ は真に単調減少である．[3]' の $\implies$ もこれより明らか．

次に，$\impliedby$ の部分を示そう．

[1] は明らかである．

[2]' の $\impliedby$ を示そう．$f(x)$ は広義単調増加関数とする．$x > x_0$ のとき

$$\frac{f(x) - f(x_0)}{x - x_0} \geqq 0$$

であるから，$x \to x_0$ として $f'(x_0) \geqq 0$ である．

[3]′ も同様である. □

注意 [2], [3] の逆は成り立たない(例 $y = x^3$ は狭義単調増加ではあるが,導関数が 0 となる点がある).

この理論を使って不等式を証明することができる.

例題 2.3.1. 次の不等式を証明せよ.
(1) $x > 0$ のとき $x > \log(1+x)$,
(2) $e^x + e^{-x} + 2\cos x \geqq 4 \ (-\infty < x < \infty)$.

解 (1) $f(x) = x - \log(1+x)$ とおく. $f(x)$ は $x \geqq 0$ で連続であり, $x > 0$ のとき
$$f'(x) = 1 - \frac{1}{1+x} = \frac{x}{1+x} > 0$$
であるから, $f(x)$ は $x \geqq 0$ で狭義単調増加である. したがって, $f(x) > f(0) = 0$.
(2) $f(x) = e^x + e^{-x} + 2\cos x - 4$ とおくと $f'(x) = e^x - e^{-x} - 2\sin x$. これだけでは符号がわからないのでもう一度微分する:
$$f''(x) = e^x + e^{-x} - 2\cos x.$$
$e^x + e^{-x} \geqq 2, \cos x \leqq 1$ であるから $f''(x) \geqq 0$ であり, 等号が成り立つのは $x = 0$ のときのみである. ゆえに, $f'(x)$ は $x < 0, 0 < x$ で狭義単調増加であり, $f'(0) = 0$ であるから

$f'(x) < 0 \ (x < 0); \quad f'(x) > 0 \ (x > 0)$.

これより $f(x)$ は $x < 0$ で狭義単調減少, $x > 0$ で狭義単調増加であるから, $f(0) = 0$ に注意すると $f(x) \geqq 0$ を得る. □

x		0	
f''	+	0	+
f'	↗	0	↗
	−		+
f	↘	0	↗

問 2.3.1. $x > 0$ のとき $x - x^2/2 < \log(1+x)$ であることを示せ.

C. 極大・極小

定義 2.3.1. $f(x)$ を開区間 I で定義された関数とする.

[1] $f(x)$ が $x = a \in I$ で**極大値**をとるとは, $x = a$ の近くでは, $f(x)$ が $x = a$ で最大となることをいう. すなわち, $\delta > 0$ を十分小さくとれば

$$x \in (a - \delta, a + \delta) \subset I \implies f(x) \leqq f(a) \tag{2.3.2}$$

となっているとき, $f(x)$ は $x = a$ で極大であるといい, $f(a)$ を**極大値**という.

さらに (2.3.2) において, $x \neq a$ のとき $f(x) < f(a)$ となる場合には, $f(a)$ を**狭義の極大値**という.

[2] 不等号の向きを逆にすることにより, **極小値**, **狭義の極小値**が定義される. 極大, 極小を狭義の場合と区別するためには「広義の」を冠することがある.

[3] 極大値, 極小値を総称して**極値**という[15]. □

問 2.3.2.
$$f(x) = \begin{cases} 1 & (|x| \leqq 1 \text{ のとき}) \\ |x| & (|x| \geqq 1 \text{ のとき}) \end{cases}$$
が極大値をとる点, 極小値をとる点を求む.

$f(x)$ が $x = a$ で極値をとるための必要条件や十分条件を微分可能な関数に的を絞って調べよう. まずは必要条件から

定理 2.3.5. 開区間 I で定義された微分可能な関数 $f(x)$ が $x = a \in I$ で極値をとるならば, $f'(a) = 0$ である.

周知の定理ではあるが, 念のために証明を与えておく.

証明 $f(x)$ が $x = a$ で極大値をとる場合を考える (極小値をとる場合も同様である). δ を (2.3.2) におけるそれとする.

$$\frac{f(x) - f(a)}{x - a} \leqq 0 \quad (a < x < a + \delta \text{ のとき})$$

$$\frac{f(x) - f(a)}{x - a} \geqq 0 \quad (a - \delta < x < a \text{ のとき})$$

---

[15] 極値をとる点がたくさんあるとき, δ はその点ごとに異なってもよい.

である．第1式で $x \to a$ として $f'(a) \leqq 0$，第2式で $x \to a$ として $f'(a) \geqq 0$ であるから，$f'(a) = 0$ である． □

上の定理の逆は成り立たない．$f'(a) = 0$ であっても，$x = a$ は極値である場合もあれば，極値でない場合もある[16]し，極値である場合でも，極大値である場合もあるし，極小値である場合もある．そのどれかであることを判定する方法として，f の高階導関数の符号を調べて判定する方法がある．それについては次節（§2.5.D）で学ぶ．

ここでは次の十分条件を紹介する．

定理 2.3.6. $x = a$ の近くで微分可能な関数 $f(x)$ が

$$f'(x) \geqq 0 \,\text{【}f'(x) \leqq 0\text{】} \quad (x < a \text{ において})$$
$$f'(a) = 0$$
$$f'(x) \leqq 0 \,\text{【}f'(x) \geqq 0\text{】} \quad (x > a \text{ において})$$

をみたすならば，$f(x)$ は $x = a$ において極大値【極小値】をとる．

また，不等号 $\geqq 0, \leqq 0$ を $> 0, < 0$ におきかえたものがみたされているときには，狭義の極大値【極小値】をとる．

証明 定理 2.3.4 より明らか．

系1 $x = a$ の近くで C^2 級である関数 $f(x)$ が $f'(a) = 0$ かつ $f'(x)$ が単調減少【増加】ならば，$f(x)$ は $x = a$ において極大値【極小値】をとる．

なお，関数の単調性の広義，狭義に対応して極大性，極小性も広義，狭義となる．

系2 $x = a$ の近くで C^2 級である関数 $f(x)$ が $f'(a) = 0$ かつ $f''(x) \leqq 0$ 【$f''(x) \geqq 0$】をみたすならば，$f(x)$ は $x = a$ において極大値【極小値】をとる．

また，不等号 $\leqq 0$ 【$\geqq 0$】を < 0 【> 0】におきかえたものが成り立っているときには，狭義の極値となる．

---

[16] たとえば，$f(x) = x^n (n = 2, 3, \cdots)$ のとき $f'(0) = 0$ であるが，$f(x)$ は n が偶数ならば $x = 0$ で極小値をとるが，n が奇数のときには $x = 0$ で極値をとらない．

例題 2.3.2 (フェルマー[17]の原理と屈折率).
2点間を通る光線の径路は，その2点間を結ぶ径路のうち，所要時間がもっとも短い径路であるという（フェルマーの原理）．

$y \geqq 0$ が光速が v_1，$y < 0$ が光速が v_2（v_1, v_2 は定数）である媒質でみたされているとき，2点 $A_1(a_1, b_1)$, $b_1 > 0$, $A_2(a_2, b_2)$, $b_2 < 0$ を通る光線の径路を求めることにより，屈折の法則を導け．

ただし，光速が一定である $y > 0$, $y < 0$ のそれぞれでの径路は直線であるということと，光線の径路は xy 平面内に留まるということは直感的に明らかであろうから，証明なしに使ってよいものとする．

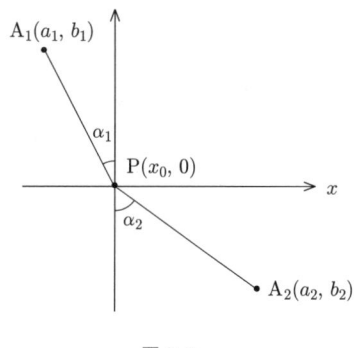

図 2.6

解 一般性を失うことなく，$a_1 < a_2$ としてよい（$a_1 = a_2$ のときは各自考えよ）．x 軸上の点 $P(x, 0)$ を通過する径路での所要時間を $f(x)$ とおく．点 A_1 から P に至るあいだは直線を通り，その所要時間は $\sqrt{(x-a_1)^2 + b_1{}^2}/v_1$ であり，点 P から A_2 に至るあいだの所要時間は $\sqrt{(x-a_2)^2 + b_2{}^2}/v_2$ であるから

$$f(x) = \frac{\sqrt{(x-a_1)^2 + b_1{}^2}}{v_1} + \frac{\sqrt{(x-a_2)^2 + b_2{}^2}}{v_2}$$

である．

$$f'(x) = \frac{x - a_1}{v_1 \sqrt{(x-a_1)^2 + b_1{}^2}} + \frac{x - a_2}{v_2 \sqrt{(x-a_2)^2 + b_2{}^2}}, \quad (*)$$

$$f''(x) = \frac{b_1{}^2}{v_1 \sqrt{(x-a_1)^2 + b_1{}^2}^3} + \frac{b_2{}^2}{v_2 \sqrt{(x-a_2)^2 + b_2{}^2}^3} > 0$$

であるから，$f'(x)$ は狭義単調増加である．$(*)$ より，$x \leqq a_1$ では $f'(x) < 0$, $x \geqq a_2$ では $f'(x) > 0$ であるから，中間値の定理により，(a_1, a_2) 内に $f'(x) = 0$ となる点がただ1つ存在し，それを x_0 とおくと，$x < x_0$ では $f'(x) < 0$, $x > x_0$ では $f'(x) > 0$ であるから，$f(x)$ は $x = x_0$ で最小値をとる．

図2.6のように，点 $P_0(x_0, 0)$ を通り x 軸に垂直な直線と A_1P, PA_2 となす角をそれぞれ，α_1, α_2 とおくと

$$\sin \alpha_1 = \frac{x_0 - a_1}{\sqrt{(x_0 - a_1)^2 + b_1{}^2}}, \quad \sin \alpha_2 = \frac{a_2 - x_0}{\sqrt{(x_0 - a_2)^2 + b_2{}^2}}$$

であるから，$f'(x_0) = 0$ より

$$\frac{\sin \alpha_1}{\sin \alpha_2} = \frac{v_1}{v_2}$$

---

[17] Fermat

を得る．これが屈折の法則である． □

D．凸関数

定義 2.3.2. 関数 $f(x)$ が区間 I において凸（または下に凸）であるとは，そのグラフ上に 3 点 $A(a, f(a)), P(c, f(c)), B(b, f(b))$ を $a < c < b,\ a, b, c \in I$ ととるとき，つねに，点 P が直線 AB 上に乗っているかその下方にあることをいう．

逆に，点 P がつねに直線 AB 上に乗っているかその上方にあるとき，$f(x)$ は凹（または上に凸）であるという．

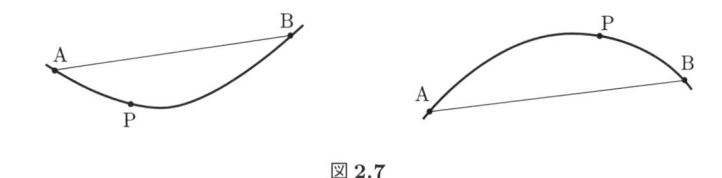

図 2.7

定理 2.3.7. C^1 級関数 f が凸【凹】であるための必要十分条件は，f' が単調増加【単調減少】であることである．

C^2 級関数 f が凸【凹】であるための必要十分条件は $f''(x) \geqq 0$【$f''(x) \leqq 0$】であることである．

証明 凸の場合だけを証明する．

後半は前半と定理 2.3.4 [2]′ から明らかであるから，前半を示そう．

点 $A(a, f(a)), B(b, f(b))\ (a < b)$ を $y = f(x)$ のグラフ上にとり，$a < c < b$ として，点 P を直線 $x = c$ 上を上下させると，点 P が直線 AB の上方にあるときには

$$\text{直線 AP の傾き} > \text{直線 AB の傾き} > \text{直線 BP の傾き} \qquad (*1)$$

であり，点 P が直線 AB 上またはその下方にあるときには

$$\text{直線 AP の傾き} \leqq \text{直線 AB の傾き} \leqq \text{直線 BP の傾き} \qquad (*2)$$

である．ゆえに，f が凸である必要十分条件は，そのグラフ上の点 $P(c, f(c))$ に対して $(*2)$ が成り立つことである．

さて，f が凸であるとすると，$P(c, f(c))$ に対して $(*2)$ が成り立っている．$c \to a$ と $c \to b$ を行なうことにより

$$f'(a) \leqq 直線 AB の傾き \leqq f'(b)$$

を得るから，$f'(x)$ は単調増加である．

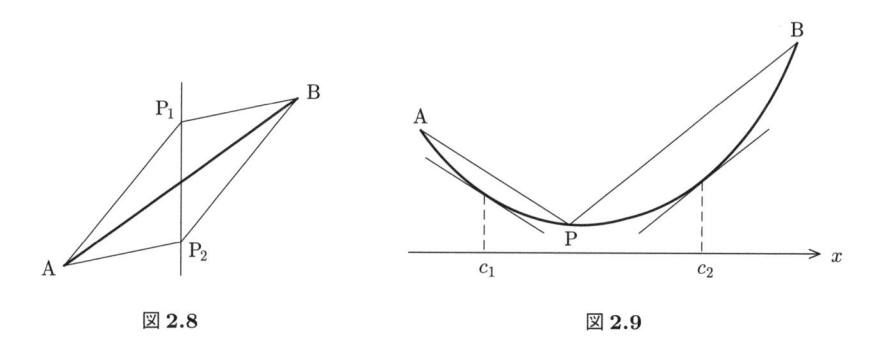

図 2.8　　　　　　図 2.9

逆に，$f'(x)$ が単調増加であるとしよう．平均値の定理より

$$直線 AP の傾き = f'(c_1), \quad 直線 BP の傾き = f'(c_2)$$

となる $c_1 \leqq c \leqq c_2$ がある．$f'(x)$ が単調増加であるから $f'(c_1) \leqq f'(c_2)$ であり，直線 AP の傾き $\leqq$ 直線 BP の傾き　であるから，$(*1)$ ではありえず，$(*2)$ が成り立ち，f が凸であることがわかる．□

******************** 練習問題 2.3　********************

(A)

1. 次の関数の極値を求めよ．
(1) $x^4 - 4x^3 + 16x$　　(2) xe^x　　(3) e^{-x^2}　　(4) $x\sqrt{2x - x^2}$
(5) $e^x + e^{-x} + 2\cos x$

2. 次の不等式を証明せよ．
(1) $x - \dfrac{x^3}{3!} < \sin x < x \quad (x > 0)$

(2) $1 - \dfrac{x^2}{2!} < \cos x < 1 - \dfrac{x^2}{2!} + \dfrac{x^4}{4!} \quad (x \neq 0)$

3. 次の不等式を証明せよ．
(1) $1 + x \leqq e^x \leqq \dfrac{1}{1-x} \quad (x < 1)$

(2) $\dfrac{x}{1+x} < \log(1+x) < x \quad (x > -1, x \neq 0)$

4. 次の不等式を証明せよ．

(1) $(1+x)^\alpha > 1 + \alpha x \quad (\alpha > 1, x > -1, x \neq 0)$

(2) $(1+x)^\alpha < 1 + \alpha x \quad (0 < \alpha < 1, x > -1, x \neq 0)$

(B)

1. $f(x) = x^2 + \dfrac{x^2}{2}\sin\dfrac{1}{x}\ (x \neq 0),\ f(0) = 0$ のとき，$f(x)$ は $x = 0$ で極値をとるか．

2. $a < c < b$ とする．$f(x)$ が開区間 (a, b) において連続で，(a, c) および (c, b) において微分可能，さらに $\displaystyle\lim_{x \to c} f'(x) = A$ とすると，$f'(c)$ は存在して $f'(c) = A$ であることを証明せよ．

3. 次の不等式を証明せよ．

(1) $\sin x \geqq x - \dfrac{1}{\pi}x^2 \quad (x > 0,\ 等号は\ x = \pi\ のみ)$

(2) $\cos x + \sin x \geqq 1 + x - \dfrac{2}{\pi}x^2 \quad (等号は\ x = 0, \dfrac{\pi}{2}\ のみ)$

ヒント　$f(x) = (左辺) - (右辺)$ とおく．

(1) $0 < \alpha < \pi/2 < \beta < \pi$ を $f''(x) = 0$ の解とし，$f'(0) = f'(\pi/2) = f'(\pi) = 0$ に注意して $0 < x < \pi$ での増減表を書け．$x > \pi$ では $f'(x) > 0$．

(2) $f'(x) = 0 \iff x = 0, \pi/4, \pi/2$

4. $f_n(x) = x^n + x - 1$ について次の問に答えよ．

(1) $f_n(x) = 0$ は開区間 $(0, 1)$ にただ 1 つの解 a_n をもつことを示せ．

(2) $(0, 1)$ においては，$f_{n+1}(x) < f_n(x)$ であることを示せ．

(3) $\{a_n\}$ は単調増加数列であることを示せ．

(4) $a_n \to 1\ (n \to \infty)$ を示せ．

5. $f(x) = (x^2 - 1)^n$ とする．

(1) $f^{(k)}(\pm 1) = 0,\ (k = 0, 1, \cdots, n-1)$ を示せ．

(2) $f'(x) = 0$ は開区間 $(-1, 1)$ において少なくとも 1 つの解をもつことを示せ．

(3) $n \geqq 2$ のとき $f''(x) = 0$ は開区間 $(-1, 1)$ において少なくとも 2 つの解をもつことを示せ．

(4) $f^{(n)}(x) = 0$ は開区間 $(-1, 1)$ において少なくとも n 個の解をもつことを示せ．

(5) (2) – (4) の「少なくとも何個」というところを，「ちょうど何個」とおきかえてもよいことを示せ．

(なお，$P_n(x) = \dfrac{1}{2^n n!}f^{(n)}(x) = \dfrac{1}{2^n n!}\dfrac{d^n}{dx^n}(x^2-1)^n$ はルジャンドル[18]の多項式と

---

[18] Legendre

6. n 次方程式 $f(x) = 0$ が相異なる実数解 $a_1 < a_2 < \cdots < a_n$ をもつならば，$f'(a_i)f'(a_{i+1}) < 0$ であることを示せ．

7. 関数 $H_n(x) = (-1)^n e^{x^2} \dfrac{d^n}{dx^n} e^{-x^2}$ $(n = 0, 1, \ldots)$ について，次の問に答えよ．
(1) $H_{n+1}(x) = 2xH_n(x) - 2nH_{n-1}(x)$ を示せ．
(2) $H_n(x)$ は最高次の係数が正である n 次多項式であることを示せ（$H_n(x)$ はエルミート[19]の多項式とよばれている）．
(3) $H_n'(x) = 2nH_{n-1}(x)$ を示せ．
(4) $H_n(x) = 0$ が n 個の相異なる実数解 $a_1 < a_2 < \cdots < a_n$ をもつならば，$H_{n+1}(a_i)H_{n+1}(a_{i+1}) < 0$ $(i = 1, 2, \ldots, n-1)$ であることを示せ．
(5) $H_n(x) = 0$ はちょうど n 個の相異なる実数解をもつことを数学的帰納法を用いて証明せよ．

8. (1) 関数 $f(x)$ が区間 I において凸であるための必要十分条件は，$a, b \in I$, $0 \leqq t \leqq 1$ に対して $f(ta + (1-t)b) \leqq tf(a) + (1-t)f(b)$ が成り立つことである．

(2) 関数 $f(x)$ が区間 I において凸であるとする．このとき，$a_i \in I$, $p_i \geqq 0$, $\displaystyle\sum_{i=1}^n p_i = 1$ $(i = 1, 2, \cdots, n)$ に対して
$$f\left(\sum_{i=1}^n p_i a_i\right) \leqq \sum_{i=1}^n p_i f(a_i).$$

(3) $a_i > 0$, $p_i \geqq 0$, $\displaystyle\sum_{i=1}^n p_i = 1$ $(i = 1, 2, \cdots, n)$ とすると
$$\sum_{i=1}^n p_i a_i \geqq a_1^{p_1} a_2^{p_2} \cdots a_n^{p_n}.$$

ヒント (3) では，$f(x) = -\log x$ $(x > 0)$ が凸となることに注意．
補足 (3) で $p_i = 1/n$ とおくと，相加平均 $\geqq$ 相乗平均 が得られる．

---

§2.4 不定形の極限

A. 不定形の極限

2つの関数 $f(x), g(x)$ が与えられたときの極限
$$\lim_{x \to a} \frac{f(x)}{g(x)} \tag{*}$$

---

[19] Hermite

を考えよう．$\lim_{x \to a} g(x) \neq 0$ のときは定理 1.2.1 [3] で扱ったので，$\lim_{x \to a} g(x) = 0$ としよう．$\lim_{x \to a} f(x)$ が収束しなかったり，収束してもその極限が 0 以外であるときには，(∗) は収束しない．しかし，

$$\lim_{x \to a} f(x) = \lim_{x \to a} g(x) = 0$$

の場合は微妙で，収束する場合もあれば，収束しない場合もある．この場合を不定形とよび，象徴的に $\dfrac{0}{0}$ と書く．象徴的に

$$\frac{\infty}{\infty},\ 0 \cdot \infty,\ 0^0,\ \infty - \infty,\ \infty^0,\ 1^\infty$$

などと書かれるものも不定形である．

ここでは，まず最初に，$\dfrac{0}{0}$ と $\dfrac{\infty}{\infty}$ の場合を考え，次に，その他の場合をこれら 2 つの場合に帰着させる方法を例題を通して説明する．

$\dfrac{0}{0}$ や $\dfrac{\infty}{\infty}$ 型の不定形の計算には次の 2 つのロピタルの定理が有用である．

定理 2.4.1 (ロピタル[20]の定理 1). $(a, b]$ で定義された微分可能な関数 $f(x), g(x)$ が次の仮定をみたすとする．

(i) $g'(x) \neq 0$,

(ii) $\lim_{x \to a+0} f(x) = \lim_{x \to a+0} g(x) = 0$,

または

(ii)′ $\lim_{x \to a+0} f(x) = \lim_{x \to a+0} g(x) = \infty$,

(iii) 次式の右辺の極限が存在するかまたは $\pm\infty$ に発散する．

このとき，次式の左辺の極限が存在するかまたは $\pm\infty$ に発散し，次の等式が成り立つ．

$$\lim_{x \to a+0} \frac{f(x)}{g(x)} = \lim_{x \to a+0} \frac{f'(x)}{g'(x)}.$$

証明 (ii) の場合を証明する．

$f(a) = g(a) = 0$ と定義することにより，$f(x), g(x)$ はコーシーの平均値の

---

[20] de l'Hôpital

定理の仮定をみたす．その定理により
$$\frac{f(x)}{g(x)} = \frac{f(x)-f(a)}{g(x)-g(a)} = \frac{f'(c)}{g'(c)}$$
なる $c\,(a<c<x)$ が存在する．$x \to a$ のとき $c \to a$ であるので，求める式を得る．

(ii)$'$ の場合の証明は「同様に」とはいかず，少し込み入っているので省略する． □

上の定理で $(a, b]$ における仮定を，$[b, a)$ における仮定におきかえることにより，極限 $\lim\limits_{x\to a+0}$ を極限 $\lim\limits_{x\to a-0}$ におきかえてもよいことは明らかであろう．また，適当な仮定のもとでは（どんな仮定か各自考えよ）極限 $\lim\limits_{x\to a}$ におきかえられることも明らかであろう．次の定理は，極限 $\lim\limits_{x\to\infty}$ にもおきかえられることを主張している．

定理 2.4.2 (ロピタルの定理 2). (a, ∞) で定義され，微分可能な関数 $f(x)$, $g(x)$ が次の仮定をみたすとする．

(i) $g'(x) \neq 0$,

(ii) $\lim\limits_{x\to\infty} f(x) = \lim\limits_{x\to\infty} g(x) = 0$,

または

(ii)$'$ $\lim\limits_{x\to\infty} f(x) = \lim\limits_{x\to\infty} g(x) = \infty$,

(iii) 次式の右辺の極限が存在するかまたは $\pm\infty$ に発散する．

このとき，次式の左辺の極限が存在するかまたは $\pm\infty$ に発散し，等式が成り立つ．
$$\lim_{x\to\infty}\frac{f(x)}{g(x)} = \lim_{x\to\infty}\frac{f'(x)}{g'(x)}.$$

証明 $x = 1/t$, $F(t) = f(1/t)$, $G(t) = g(1/t)$ とおくと，$x \to \infty$ のとき $t \to +0$ であり，定理 2.4.1 より
$$\lim_{x\to\infty}\frac{f(x)}{g(x)} = \lim_{t\to 0}\frac{F(t)}{G(t)} = \lim_{t\to 0}\frac{F'(t)}{G'(t)}$$
$$= \lim_{t\to 0}\frac{f'(1/t)(-t^{-2})}{g'(1/t)(-t^{-2})} = \lim_{x\to\infty}\frac{f'(x)}{g'(x)}.$$ □

この定理において，極限 $\lim\limits_{x\to +\infty}$ は $\lim\limits_{x\to -\infty}$ としても正しい．

例題 2.4.1. $\displaystyle\lim_{x\to 0}\frac{1-\cos x}{x^2}$ を求む.

解 これは $\dfrac{0}{0}$ 型である. ロピタルの定理より
$$\lim_{x\to 0}\frac{1-\cos x}{x^2}=\lim_{x\to 0}\frac{\sin x}{2x}=\frac{1}{2}$$
□

例題 2.4.2. $\displaystyle\lim_{x\to\infty}\frac{e^x}{x^n}$ を求む.

解 これは $\dfrac{\infty}{\infty}$ 型の不定形である. ロピタルの定理より
$$\lim_{x\to\infty}\frac{e^x}{x^n}=\lim_{x\to\infty}\frac{e^x}{nx^{n-1}} \qquad (*1)$$
と書いてみたものの, この右辺がロピタルの定理の条件 (iii) をみたしているかどうか不明なので, 上の等式が正しいかどうかはわからない. その正当化はあと回しにして, ひとまず正しいものとして先に進もう. 上式の右辺も ∞/∞ 型の不定形であるから, ふたたびロピタルの定理を使って
$$上式=\lim_{x\to\infty}\frac{e^x}{n(n-1)x^{n-2}}.$$
ここでも定理の条件 (iii) がみたされているか不明なので, この等式が正しいかどうかはわからないのだが, ひとまず正しいものとする. この操作を次々と繰り返して
$$上式 = \lim_{x\to\infty}\frac{e^x}{n(n-1)\cdots 2x} \qquad (*2)$$
$$= \lim_{x\to\infty}\frac{e^x}{n!} \qquad (*3)$$
$$= \infty \qquad (*4)$$
を得る. ここで, (*4) の等号が正しいことは明らかであるから, (*3) の右辺は定理の条件 (iii) をみたしている. したがって, (*3) の等号は正しい. そうすると, (*2) の右辺が定理の条件 (iii) がみたされているので, (*2) の等号は正しい. 以下, これを繰り返して, 等式を上へたどっていくことにより, (*1) の等号まですべてが正しいことになる. □

注意 上の解は論理をきっちり理解してもらうためにていねいに書いたものであり，この論理が理解されているならば，

「ロピタルの定理を繰り返し使って
$$\lim_{x\to\infty}\frac{e^x}{x^n} = \lim_{x\to\infty}\frac{e^x}{nx^{n-1}} = \cdots = \lim_{x\to\infty}\frac{e^x}{n!} = \infty 」$$
と書くことも許されよう．以下，そのように書く．

他の形の不定形も式変形により，$0/0$ や ∞/∞ 型に帰着させることができる．

[1] $0\cdot\infty$ 型：$f(x) \to 0$，$g(x) \to \infty$ とすると $f(x)g(x) = f(x)/(1/g(x))$ と変形して $0/0$，または，$f(x)g(x) = g(x)/(1/f(x))$ と変形して ∞/∞ に帰着する．

[2] 0^0 型：$f(x) > 0 \to 0$，$g(x) \to 0$ とすると $f(x)^{g(x)} = e^{g(x)\log f(x)}$ と変形すれば $0\cdot\infty$ に帰着する．

[3] ∞^0 型：$f(x) \to +\infty$，$g(x) \to 0$ とすると $f(x)^{g(x)} = e^{g(x)\log f(x)}$ と変形すれば $0\cdot\infty$ に帰着する．

[4] 1^∞ 型：$f(x) \to 1$，$g(x) \to \infty$ とすると $f(x)^{g(x)} = e^{g(x)\log f(x)}$ と変形すれば $\infty\cdot 0$ に帰着する．

例題 2.4.3. (1) $\displaystyle\lim_{x\to+0} x\log x$. (2) $\displaystyle\lim_{x\to+0} x^x$.

解 (1) $\displaystyle\lim_{x\to+0} x\log x = \lim_{x\to+0}\frac{\log x}{1/x} = \lim_{x\to+0}\frac{1/x}{-1/x^2} = -\lim_{x\to+0} x = 0$.

(2) $\displaystyle\lim_{x\to+0} x^x = \lim_{x\to+0} e^{x\log x} = e^0 = 1$. □

B．無限小

$x \to 0$ のとき，x^2 はそれよりも速く 0 に収束し，x^3 はさらに速く，$x^n (n > 3)$ はさらにさらに速く 0 に収束する．このことは，たとえば，$x = 0.1, 0.01, 0.001$ を代入していけば容易に実感できるであろう．また，関数 $y = x, y = x^2, y = x^3, y = x^n$ のグラフを描くと，n を大きくするにつれて，x 軸に急激

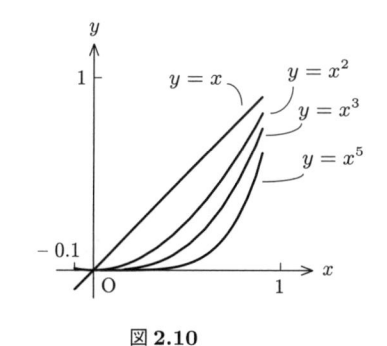

図 2.10

に近づくことからも見てとれる．

ここでは，このように，0 に収束するもの同士の比較について考えよう．これは，小さいもの同士の比較と，より小さいほうを無視するというアイデアとして工学において重要な働きをしている概念である．

簡単のため，$x \to +0$ の場合だけを述べるが，a を定数として，$x \to a+0$ のとき，$x \to a-0$ のとき，$x \to a$ のときとか，$x \to +\infty$ のとき，$x \to -\infty$ のときなども同様に考えられる．

定義 2.4.1（無限小とその比較）**.**

[1] $\lim_{x \to +0} f(x) = 0$ であるとき，$f(x)$ は $x \to +0$ のとき**無限小**であるという．以下の [2], [3], [4] では $f(x)$, $g(x)$ は $x \to +0$ のとき無限小であるとする．

[2] $\lim_{x \to +0} \dfrac{f(x)}{g(x)} = 0$ であるとき，$f(x)$ は $g(x)$ より**高位の無限小**であるといい，$f \ll g \ (x \to +0)$ とか $f(x) = o(g(x)) \ (x \to +0)$ と書く[21]．

[3] $x = 0$ の右側近くでは $\dfrac{f(x)}{g(x)}$ が有界であるとき，すなわち，

$$0 < x < \delta \text{ なるすべての } x \text{ に対して } \left|\dfrac{f(x)}{g(x)}\right| \leqq C$$

となる $\delta > 0$ と $C > 0$ が存在するとき，$f(x) = O(g(x)) \ (x \to +0)$ と書く．

[4] $\lim_{x \to +0} \dfrac{f(x)}{g(x)} = \ell$ が収束して $\ell \neq 0$ であるとき，$f(x)$ と $g(x)$ は**同位の無限小**であるという．

とくに，$f(x)$ が x^α, $(\alpha > 0)$ と同位の無限小であるとき，$f(x)$ は **α 位の無限小**であるという．

[5] $g(x) \equiv 1$ は無限小ではないが，$\lim_{x \to +0} \dfrac{f(x)}{1} = 0$ のとき，すなわち $f(x)$ が無限小のとき，この記号を流用して，$f(x) = o(1)$ とか $f(x) \ll 1$ と書く．

同様に，$f(x) = O(1)$ は $f(x)$ が $x = 0$ の右側近くでは有界であることを意味する（この場合，f は必ずしも無限小ではない）．

[6] o, O を**ランダウ**[22]**の記号**という．

---

[21] 文脈から判断できるときには，「$(x \to +0)$」はしばしば省略される．
[22] Landau

注意 1 $f(x) = o(g(x))$ であれば $f(x) = O(g(x))$ であるが，逆は正しくはない．

注意 2 $f(x) = f_0(x) + f_1(x)$ で $f_1(x) = o(f_0(x))$ のときには，$f_1(x)$ を無視して，$f(x)$ を $f_0(x)$ で近似できる．さらに $f_1(x) = g_1(x) + g_2(x), g_2(x) = o(g_1(x))$ ならば，必要ならばより精しい近似として $f_0(x) + g_1(x)$ を採用することもできる．

問 2.4.1. $x \to +0$ のとき次が成り立つことを示せ．
 (1) $x^2 = o(x)$　　(2) $x^3 = o(x)$　(3) $x^3 = o(x^2)$

問 2.4.2. $x \to 0$ のとき次が成り立つことを示せ．
 (1) $\sin x$ は 1 位の無限小である．
 (2) $1 - \cos x$ は 2 位の無限小である[23]．

$f(x)$ と $g(x)$ が同位の無限小であるとき，$f(x) = g(x)(l + h(x)) = lg(x)(1 + h_1(x))$, $h(x) = o(1), h_1(x) = l^{-1}h(x) = o(1)$ である．このことを $f(x) = g(x)(l + o(1)) = lg(x)(1 + o(1))$ と書く．

また，$p \geqq q > 0$ を定数として，$x \to +0$ において，$f(x) = O(x^p)$, $g(x) = O(x^q)$ のとき，$f(x) + g(x) = O(x^q)$ である．このことを象徴的に $O(x^p) + O(x^q) = O(x^q)$ と書く．

このように，一つの式の中に同じランダウ記号が現れても，それは同じ関数を表すとは限らない．

問 2.4.3. $x \to +0$ のとき，（上に述べた意味で）次の等式が成り立つことを証明せよ．
 (1) $p > 0$ を定数とするとき，$O(x^p) + o(x^p) = O(x^p)$
 (2) $p \geqq q > 0$ を定数とするとき，$O(x^p) + O(x^q) = O(x^q)$
 (3) $p, q \geqq 0$ を定数とするとき，$O(x^p) \cdot O(x^q) = O(x^{p+q})$
 (4) $p \geqq q \geqq 0$ を定数とするとき，$O(x^p)/x^q = O(x^{p-q})$

$x \to +0$ のときの代表的な無限小の間の大小関係については練習問題 (A)2. を見よ．

---

[23] 例題 2.4.1 参照．

C．無限大

同じアイデアで，∞ に発散するものの比較を行なうことができる[24]．

定義 2.4.2 (無限大とその比較)．

[1] $\lim_{x \to +\infty} f(x) = +\infty$ であるとき，$f(x)$ は $x \to +\infty$ のとき**無限大**であるという[25]．

以下の [2], [3], [4] では $f(x), g(x)$ は $x \to +\infty$ のとき無限大であるとする．

[2] $\lim_{x \to +\infty} \dfrac{f(x)}{g(x)} = 0$ であるとき，$f(x)$ は $g(x)$ より**低位の無限大**であるといい，$f \ll g \; (x \to +\infty)$ とか $f(x) = o(g(x)) \; (x \to +\infty)$ と書く[26]．

また，$g(x)$ は $f(x)$ より**高位の無限大**であるという．この表現を使うときには，（同じことだが）$\lim_{x \to +\infty} \dfrac{g(x)}{f(x)} = \infty$ と考えたほうが意味がつかみやすいかもしれない．

[3] 大きな x において $\dfrac{f(x)}{g(x)}$ が有界であるとき，すなわち，

$$x > \omega \text{ なるすべての } x \text{ に対して } \left|\dfrac{f(x)}{g(x)}\right| \leqq C$$

となる $\omega > 0$ と $C > 0$ が存在するとき，$f(x) = O(g(x)) \; (x \to +\infty)$ と書く．

[4] $\lim_{x \to +\infty} \dfrac{f(x)}{g(x)} = \ell$ が収束して $\ell \neq 0$ であるとき，$f(x)$ と $g(x)$ は**同位の無限大**であるという．

とくに，$f(x)$ が $x^\alpha \; (\alpha > 0)$ と同位の無限大であるとき，$f(x)$ は $\boldsymbol{\alpha}$ **位の無限大** であるという．

[5] $g(x) \equiv 1$ は無限大ではないが，記号を流用して，$f(x)$ が無限大であるということを $f(x) \gg 1$ と書く．

[6] この場合も，o, O を**ランダウの記号** という．

注意 p.77 の注意 1, 2 は無限大の場合にもそのまま成り立つ．

---

[24] 無限大に発散する数列の比較については例題 1.1.4 で扱った．併せて復習するとよい．
[25] 無限小のときと同様，「$x \to +\infty$ のとき」だけでなく，「$x \to -\infty$ のとき」や「$x \to a$ のとき」とか「$x \to a+0$ のとき」，「$x \to a-0$ のとき」なども同様に考えられる．
[26] 文脈から判断できるときには，「$(x \to +\infty)$」はしばしば省略される．

$x \to \infty$ のとき無限大に発散する代表的な関数の間には次の大小関係がある．

例題 2.4.4. $p > q > 0$ を定数とする．次の関係を示せ．
$$1 \ll \log x \ll x^q \ll x^p \ll e^x \ll e^{x^2} \quad (x \to \infty \text{ のとき}). \tag{2.4.1}$$

解 以下「$x \to \infty$ のとき」の語を省略する．

(i) $1 \ll \log x$ は $\log x \to \infty$ のことだから自明．

(ii) $\log x \ll x^q$ を示そう．ロピタルの定理（定理 2.4.2）より
$$\lim_{x \to \infty} \frac{\log x}{x^q} = \lim_{x \to \infty} \frac{1/x}{qx^{q-1}} = \lim_{x \to \infty} \frac{1}{qx^q} = 0.$$
ゆえに，$\log x \ll x^q$．

(iii) $x^p \ll e^x$ を示そう．n を $n > p$ なる自然数とする．
$$\frac{e^x}{x^p} = \frac{e^x}{x^n} \cdot x^{n-p}$$
において，第 1 因子は例題 2.4.2 より無限大に発散する．第 2 因子も明らかに無限大に発散する．

(iv) $e^x \ll e^{x^2}$ は $\dfrac{e^{x^2}}{e^x} = e^{x^2-x} \to \infty$ より従う． □

******************** **練習問題 2.4** ********************

(A)

1. 次の極限値を求めよ．

(1) $\displaystyle\lim_{x \to 0} \frac{\tan x - x}{x^3}$ (2) $\displaystyle\lim_{x \to 0} \frac{e^x - e^{\sin x}}{x^3}$ (3) $\displaystyle\lim_{x \to \pi/2} \frac{e^{\sin x} - e}{\log \sin x}$

(4) $\displaystyle\lim_{x \to 1} \frac{x^x - x}{1 - x + \log x}$ (5) $\displaystyle\lim_{x \to 0} \sqrt{|x|} \sin \frac{1}{x}$

2. $p > q > 0$ を定数とする．$x \to +0$ のときの無限小のあいだには，次の大小関係がある．
$$1 \gg |\log x|^{-1} \gg x^q \gg x^p \gg e^{-1/x} \gg e^{-1/x^2}.$$

(B)

1. 次の極限値を求めよ．

(1) $\displaystyle\lim_{x \to 0} \frac{(1+x)^{\frac{1}{x}} - e}{x}$ (2) $\displaystyle\lim_{x \to \infty} x^{\frac{1}{x}}$ (3) $\displaystyle\lim_{x \to 0} \left(\frac{a^x + b^x}{2} \right)^{\frac{1}{x}}$ $(a, b > 0)$

(4) $\displaystyle\lim_{x\to 0}\left(\frac{1}{x^2}-\frac{1}{\sin^2 x}\right)$ (5) $\displaystyle\lim_{x\to\infty}\log x\cdot\log\left(1+\frac{1}{x}\right)$

2. $f(x), g(x)$ をそれぞれ α 位, β 位の無限小とする $(\alpha,\beta>0,\ \alpha\neq\beta)$. このとき
$$\frac{1+g(x)}{1+f(x)+g(x)}-\frac{1}{1+g(x)}$$
は何位の無限小か.

3. 次の文章のどこが間違いか.

$\displaystyle\lim_{x\to 0}x\sin\frac{1}{x}=0$ であり $\displaystyle\lim_{x\to 0}\cos\frac{1}{x}$ は発散する. $f(x)=x^2\sin\dfrac{1}{x}$, $g(x)=x$ とすると $\displaystyle\lim_{x\to 0}\frac{f(x)}{g(x)}=\lim_{x\to 0}\frac{f'(x)}{g'(x)}=\lim_{x\to 0}\left[2x\sin\frac{1}{x}-\cos\frac{1}{x}\right]$ は発散. 他方 $\displaystyle\lim_{x\to 0}\frac{f(x)}{g(x)}=\lim_{x\to 0}x\sin\frac{1}{x}=0.$.

---

§2.5 テイラーの定理

A. テイラー[27] の定理

■ 導入 ■

$f(x)$ が $x=a$ において連続であるとは, $f(x)\to f(a)$ $(x\to a$ のとき$)$ のことであった. これは $f(x)=f(a)+g(x)$ とおくと, $g(x)=o(1)$ $(x\to a$ のとき$)$ であるので
$$f(x)=f(a)+o(1)\quad(x\to a \text{ のとき})$$
と書ける.

$f(x)$ の $x=a$ における微分係数 $f'(a)$ とは
$$\lim_{x\to a}\frac{f(x)-f(a)}{x-a}=f'(a)$$
のことであったから, $f(x)=f(a)+f'(a)(x-a)+g(x)$ とおくと, $g(x)=o(x-a)$ $(x\to a$ のとき$)$ であるので
$$f(x)=f(a)+f'(a)(x-a)+o(x-a)\quad(x\to a \text{ のとき})$$
と書ける.

すなわち, $x\approx a$ のとき $f(x)\approx f(a)$ は 1 つの近似であるが, $f(x)\approx f(a)+f'(a)(x-a)$ はよりよい近似であり, それぞれ, $x-a$ の 0 次式と 1 次

---

[27] Taylor

式による近似である.

そこで，与えられた関数 $f(x)$ を $x = a$ の近くで，$x - a$ の多項式で近似することを考え

$$f(x) = a_0 + a_1(x - a) + a_2(x - a)^2 + \cdots \tag{$*$}$$

という形の式を求めたい.

いま仮に $\cdots$ が n 項までで切れているとすると

$$f(x) = \sum_{k=0}^{n-1} a_k (x - a)^k$$

であり，この両辺を m ($\leqq n - 1$) 回微分すると

$$f^{(m)}(x) = m! a_m + [(m+1)!/1!] a_{m+1} (x - a) + \cdots$$

であるので，$x = a$ を代入して，m を k と書きかえ

$$a_k = \frac{f^{(k)}(a)}{k!}$$

を得る．これを $(*)$ に代入して

$$f(x) = \sum_{k=0}^{n-1} \frac{f^{(k)}(a)}{k!} (x - a)^k + \cdots$$

という式が予想される．以下この式が f の適当な条件のもとで正しいことを示そう.

定理 2.5.1 (テイラーの定理). $f(x)$ を a を含む開区間 I で定義された C^n 級の関数とする．$x \in I$ とする．このとき

$$\begin{aligned} f(x) = \ & f(a) + \frac{f'(a)}{1!}(x-a) + \frac{f''(a)}{2!}(x-a)^2 + \cdots \\ & + \frac{f^{(n-1)}(a)}{(n-1)!}(x-a)^{n-1} + R_n; \\ & R_n = \frac{f^{(n)}(c)}{n!}(x-a)^n \end{aligned} \tag{2.5.1}$$

をみたす c ($a < c < x$ または $x < c < a$) が存在する.

同じことを，$x = a + h$ とおくことにより，

$$f(a+h) = f(a) + \frac{f'(a)}{1!}h + \frac{f''(a)}{2!}h^2 + \cdots$$
$$+ \frac{f^{(n-1)}(a)}{(n-1)!}h^{n-1} + R_n; \qquad (2.5.2)$$
$$R_n = \frac{f^{(n)}(a+\theta h)}{n!}h^n$$

をみたす θ $(0 < \theta < 1)$ が存在する（θ は x に依存する），とも表現できる．

証明 この証明においては x を定数，t を変数と見ている．

$$F(t) = f(x) - \sum_{k=0}^{n-1} \frac{f^{(k)}(t)}{k!}(x-t)^k - A(x-t)^n \qquad (*)$$

とおく[28]．$F(a) = F(x)$ $(= 0)$ となるように定数 A を定める．$F(t)$ はロルの定理の 3 条件をみたしているので，

$$F'(c) = 0$$

をみたす c $(a < c < x$ または $x < c < a)$ が存在する．$(*)$ を微分して

$$F'(c) = -\sum_{k=0}^{n-1} \frac{f^{(k+1)}(c)}{k!}(x-c)^k + \sum_{k=1}^{n-1} \frac{f^{(k)}(c)}{(k-1)!}(x-c)^{k-1} + An(x-c)^{n-1}$$
$$= -\frac{f^{(n)}(c)}{(n-1)!}(x-c)^{n-1} + An(x-c)^{n-1} = 0.$$

ゆえに

$$A = \frac{f^{(n)}(c)}{n!}.$$

これを，$(*)$ に代入し，$t = a$ とおくと，$F(a) = 0$ より (2.5.1) を得る．

$$x - a = h, \ \frac{c-a}{x-a} = \theta$$

とおくと，$c = a + \theta h, 0 < \theta < 1$ なので，(2.5.1) より (2.5.2) を得る． □

とくに，$a = 0$ とすれば，

---

[28] 問題は $f(x) = \sum_{k=0}^{n-1} \frac{f^{(k)}(a)}{k!}(x-a)^k + A(x-a)^n$ となる A を見つけることであるといえる．この右辺を左辺に移項し a を t と書き換えたものが $F(t)$ である．

定理 2.5.2 (マクローリン[29]の定理). $f(x)$ が原点を含む開区間で C^n 級の関数であるとき

$$f(x) = f(0) + \frac{f'(0)}{1!}x + \frac{f''(0)}{2!}x^2 + \cdots$$
$$+ \frac{f^{(n-1)}(0)}{(n-1)!}x^{n-1} + R_n; \tag{2.5.3}$$
$$R_n = \frac{f^{(n)}(\theta x)}{n!}x^n$$

をみたす θ $(0 < \theta < 1)$ が存在する (θ は x に依存する).

この 2 つの定理の趣旨は (定理 2.5.2 について説明するが, ここで述べることは定理 2.5.1 についても当てはまる), $f(x)$ を (2.5.3) の右辺に現れる x の多項式の部分で近似すると, その誤差が R_n で与えられるということである. この意味で, R_n を**剰余項**という. 剰余項が本当に小さければ, このアイデアは成功ということになる. 定理に「・・・をみたす θ が存在する」と書いているからといって, その θ の値そのものが大事なのではなく, 剰余項の大きさが評価できれば十分なのである. それは次のようにして実行される.

$f(x)$ がある閉区間 $I = \{x \mid -\delta \leqq x \leqq \delta\}$ $(\delta > 0)$ で C^n 級であるとすると, $f^{(n)}(x)$ は I で連続であるから, 定理 1.3.4 より,

$$|f^{(n)}(x)| \leqq C \quad (x \in I)$$

なる定数 C が存在する. したがって, x が小さいときには, $R_n = O(x^n)$ であり

$$f(x) = \sum_{k=0}^{n-1} \frac{f^{(k)}(0) \, x^k}{k!} + O(x^n) \quad (x \to 0 \text{ のとき}) \tag{2.5.4}$$

である. さらに詳しく見れば

$$f^{(n)}(\theta x) \to f^{(n)}(0) \quad (x \to 0 \text{ のとき})$$

であるから

$$f(x) = \sum_{k=0}^{n} \frac{f^{(k)}(0) \, x^k}{k!} + o(x^n) \quad (x \to 0 \text{ のとき}) \tag{2.5.5}$$

である.

---

[29] Maclaurin

系 定理 2.5.2 の仮定の下で (2.5.4), (2.5.5) が成り立つ.

B. 具体例

p.55 で高階の導関数を計算した関数にマクローリンの定理を応用しよう. これらの関数は, C^∞ 級であるから, 次の式は任意の自然数 n に対して成り立つ.

[1] $e^x = 1 + \dfrac{x}{1!} + \dfrac{x^2}{2!} + \cdots + \dfrac{x^{n-1}}{(n-1)!} + \dfrac{e^{\theta x}}{n!}x^n.$

[2] $\sin x = x - \dfrac{x^3}{3!} + \dfrac{x^5}{5!} - \cdots + (-1)^{n-1}\dfrac{x^{2n-1}}{(2n-1)!} + R,$

$R = R_{2n} = (-1)^n \dfrac{\sin\theta x}{(2n)!}x^{2n}$ または $R = R_{2n+1} = (-1)^n \dfrac{\cos\theta x}{(2n+1)!}x^{2n+1}.$

[3] $\cos x = 1 - \dfrac{x^2}{2!} + \dfrac{x^4}{4!} - \cdots + (-1)^{n-1}\dfrac{x^{2n-2}}{(2n-2)!} + R,$

$R = R_{2n-1} = (-1)^n \dfrac{\sin\theta x}{(2n-1)!}x^{2n-1}$ または $R = R_{2n} = (-1)^n \dfrac{\cos\theta x}{(2n)!}x^{2n}.$

[4] $x > -1$ のとき

$$\log(1+x) = x - \dfrac{x^2}{2} + \dfrac{x^3}{3} - \cdots + (-1)^{n-2}\dfrac{x^{n-1}}{n-1} + R_n,$$

$$R_n = (-1)^{n-1}\dfrac{x^n}{n}(1+\theta x)^{-n}.$$

[5] $x > -1$ のとき

$$(1+x)^a = 1 + \binom{a}{1}x + \binom{a}{2}x^2 + \cdots + \binom{a}{n-1}x^{n-1} + R_n, \quad (*)$$

$$R_n = \binom{a}{n}(1+\theta x)^{a-n}x^n.$$

ここで, $a \neq 0$ であり, 自然数 k に対して

$$\binom{a}{k} = \dfrac{a(a-1)\cdots(a-k+1)}{k!}, \quad \binom{a}{0} = 1$$

である.

とくに, $a = m$(自然数)のときには
$$\binom{m}{k} = \begin{cases} {}_mC_k & (0 \leqq k \leqq m \text{ のとき}) \\ 0 & (k > m \text{ のとき}) \end{cases}$$
である.

$y = (1+x)^m$ のとき $y^{(m+1)} = 0$ であるから, $n = m+1$ とすると剰余項 $R_{m+1} = 0$ となり, (∗) は二項展開定理となる.

[1]〜[5] の証明は練習問題とする.

C. $n \to \infty$ のとき

いままでは, x が小さい場合(すなわち, $x \to 0$ のとき)のより正確な多項式近似を求めてマクローリンの定理を得たが, 公式としてできあがってしまえば, <u>多くの関数においては</u>(全部ではない), x が小さくなくても, n を大きくとれば, この多項式が $f(x)$ を近似している. すなわち, x を固定するとき $n \to \infty$ とすると $R_n \to 0$ が成り立っている. 図 2.11 は $y = \sin x$ と, それを近似する多項式のグラフである. n を大きくしていくと, 近似が有効である範囲が次第に大きくなっていくことが見てとれる. 実は, B であげた具体例においては, [1]〜[3] では $-\infty < x < \infty$ において, [4], [5] では $|x| < 1$ において, このような状況にある[30].

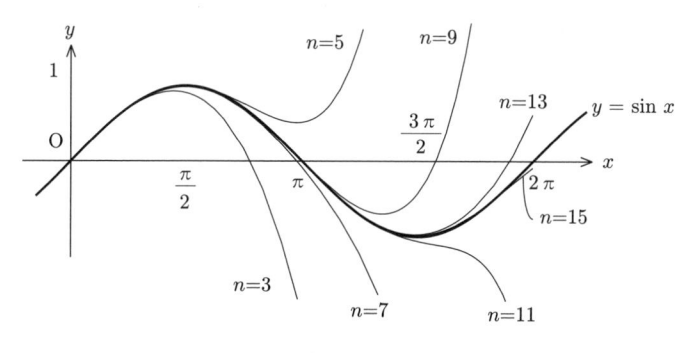

図 2.11

---

[30] §6.3 D で再論する.

D．極値問題

テイラーの定理を極値問題に応用しよう．定理 2.3.5 で見たように，開区間 I で定義された微分可能な関数 $f(x)$ が $x = a \in I$ で極値をとるならば，$f'(a) = 0$ である．

しかし，逆に $f'(a) = 0$ であったとしても，$x = a$ は極値である場合もあれば，極値でない場合もあるし，極値である場合でも，極大値である場合もあれば，極小値である場合もある．そのどれかであることを判定する方法を述べよう．

$f'(a) = f''(a) = \cdots = 0$ と続いて，$f^{(n)}(a)$ ではじめて 0 でなくなったとしよう．

定理 2.5.3. $f(x)$ を開区間 I で定義された C^n 級関数とし，$f'(a) = f''(a) = \cdots = f^{(n-1)}(a) = 0$, $f^{(n)}(a) \neq 0$ とする $(n = 2, 3, \cdots)$.

[1] n が偶数のとき

$f^{(n)}(a) > 0$ ならば $f(x)$ は $x = a$ で狭義の極小，

$f^{(n)}(a) < 0$ ならば $f(x)$ は $x = a$ で狭義の極大

となる．

[2] n が奇数のときには，$f(x)$ は $x = a$ で極値をとらない．

証明 テイラーの公式 (2.5.2) において，$f'(a) = f''(a) = \cdots = f^{(n-1)}(a) = 0$ であるから

$$f(a+h) - f(a) = R_n = \frac{f^{(n)}(a + \theta h)}{n!} h^n$$

である．$f^{(n)}(x)$ は連続関数であるから，$x = a$ の近くでは $f^{(n)}(x)$ と $f^{(n)}(a)$ とは，同符号である[31]．すなわち，十分小さな h に対しては，$f^{(n)}(a + \theta h)$ と $f^{(n)}(a)$ とは同符号である．

i) n が偶数のときには，$h \neq 0$ では $h^n > 0$ であるから，R_n は $f^{(n)}(a)$ と同符号であるので定理を得る．

ii) n が奇数のときには，$h > 0$ と $h < 0$ で h^n の符号は変わるので，R_n も $h = 0$ の前後で符号が変わる．したがって，$f(x)$ は $x = a$ で極値をとらない．□

---

[31] あとの練習問題 2.6 (B) 3 [2] より．

****************** **練習問題 2.5** ******************

(A)

1. p.84 の [1], [4], [5] を証明せよ．

2. 次の関数にマクローリンの定理を適用せよ．
  (1) $\dfrac{1}{1-x}$ (2) $\dfrac{1}{1-x^2}$

3. (1) $\cosh x$ にマクローリンの定理を適用せよ．

  (2) 剰余項 R_n は $|R_n| \leq \dfrac{e^{|x|}|x|^n}{n!}$ をみたすことを示せ．

  (3) x を固定すれば，$\displaystyle\lim_{n \to \infty} R_n = 0$ となることを確かめよ．

4. (1) $\cos^2 x$ にマクローリンの定理を適用せよ．

  (2) 剰余項 R_n は $|R_n| \leq \dfrac{|2x|^n}{n!}$ をみたすことを示せ．

  (3) x を固定したとき，$\displaystyle\lim_{n \to \infty} R_n = 0$．

(B)

1. $f(x)$ を C^2 級の関数とすると
$$\lim_{h \to 0} \frac{f(a+h) + f(a-h) - 2f(a)}{h^2} = f''(a).$$

2. $x \to 0$ において $\log(1+x) - x\dfrac{1+bx}{1+ax} = O(x^4)$ となる 定数 a, b を求めよ．

---

§2.6　近似値, 極限再論

A．近似値

テイラーの定理を近似値の計算に応用しよう．

例題 2.6.1. $\sqrt{1.2}$ を 0.001 以下の誤差で求めよ．

解　$f(x) = \sqrt{x}$ とおく．テイラーの公式 (2.5.2) で $a = 1$, $h = 0.2$ とおくこ

とにより

$$\sqrt{1.2} = f(1+0.2) = \sum_{k=0}^{n-1} \frac{f^{(k)}(1)}{k!} 0.2^k + R_n(0.2),$$

$$R_n(h) = \frac{f^{(n)}(1+\theta h)}{n!} h^n$$

をみたす $0 < \theta < 1$ が存在する.

$$a_n = \sum_{k=0}^{n-1} \frac{f^{(k)}(1)}{k!} 0.2^k$$

とおき, $\sqrt{1.2}$ の近似値として採用しよう.

$$f^{(k)}(x) = \frac{1}{2}\left(\frac{1}{2}-1\right)\cdots\left(\frac{1}{2}-(k-1)\right) x^{\frac{1}{2}-k}$$

$$f^{(k)}(1) = \frac{1}{2}\left(\frac{1}{2}-1\right)\cdots\left(\frac{1}{2}-(k-1)\right)$$

であるから n が定まれば近似値 a_n は四則演算で計算可能で, 真の値との誤差は $|a_n - \sqrt{1.2}| = |R_n(0.2)|$ となる. そこで, まず $|R_n(0.2)| \leqq 0.001$ となる n を決めるために剰余項 $|R_n(0.2)|$ を評価する[32]. $f^{(k)}(x) = f^{(k)}(1) x^{\frac{1}{2}-k}$ であるから, $n \geqq 1$ では次の不等式が成り立つ.

$$|R_n(0.2)| \leqq \frac{0.2^n}{n!} \max_{1 \leqq x \leqq 1.2} |f^{(n)}(x)|$$

$$= \frac{0.2^n}{n!} |f^{(n)}(1)| \max_{1 \leqq x \leqq 1.2} x^{\frac{1}{2}-n} \leqq \frac{0.2^n}{n!} |f^{(n)}(1)|.$$

ここで順に計算していけば

n	$f^{(n)}(1)$	$\dfrac{f^{(n)}(1)}{n!}$	$\dfrac{0.2^n}{n!} f^{(n)}(1)$	a_n
1	$\dfrac{1}{2}$	$\dfrac{1}{2}$	0.1	1
2	$-\dfrac{1}{4}$	$-\dfrac{1}{8}$	-0.005	1.1
3	$\dfrac{3}{8}$	$\dfrac{1}{16}$	0.0005	1.095

---

[32] $R_n(0.2)$ の値を厳密に求めることは, すなわち $\sqrt{1.2}$ の値を厳密に求める事であり, 近似値を求める過程でそれを行なうのはナンセンスである. ゆえにここで求められているのは容易に計算できる評価である.

となり，$n=3$ のときはじめて誤差の上からの評価 $\dfrac{0.2^n}{n!}|f^{(n)}(1)|$ が許容誤差 0.001 を下回る．よって，$a_3 = 1.095$ が求める近似値である．

例題 2.6.2. e の値を許容誤差 0.01 で求めよ．

解 $f(x) = e^x$ とおく．f を k 回微分すると $f^{(k)}(x) = e^x$ である．とくに $x=0$ のときこの値が $f^{(k)}(0) = 1$ と簡単に求められることに注意する．0 を中心としたテイラーの定理（あるいはマクローリンの定理）より

$$e = f(0+1) = \sum_{k=0}^{n-1} \frac{f^{(k)}(0)}{k!} 1^k + R_n(1)$$

$$R_n(1) = \frac{f^{(n)}(0+\theta)}{n!} = \frac{e^\theta}{n!}$$

をみたす $0 < \theta < 1$ があるので

$$a_n = \sum_{k=0}^{n-1} \frac{f^{(k)}(0)}{k!} 1^k = \sum_{k=0}^{n-1} \frac{1}{k!}$$

とおき，これを近似値に採用すれば，真の値との誤差は $e - a_n = R_n(1)$ となる．指数関数の単調増加性より

$$0 < R_n(1) < \frac{e}{n!}$$

であり，$e < 3$ であるから[33]

$$0 < R_n(1) < \frac{3}{n!}$$

で評価できる．ここで順に計算していけば右の表のようになり，$n = 6$ のときはじめて誤差の上からの評価 $\dfrac{3}{n!}$ が許容誤差 0.01 を下回る．よって $a_6 = \dfrac{326}{120} = 2.7166\cdots$ がテイラーの定理による近似値である．

n	$\dfrac{1}{n!}$	$\dfrac{3}{n!}$	a_n
1	1	3	1
2	$\dfrac{1}{2}$	$\dfrac{3}{2}$	2
3	$\dfrac{1}{6}$	$\dfrac{1}{2}$	$\dfrac{5}{2}$
4	$\dfrac{1}{24}$	$\dfrac{1}{8}$	$\dfrac{16}{6}$
5	$\dfrac{1}{120}$	$\dfrac{1}{40}$	$\dfrac{65}{24}$
6	$\dfrac{1}{720}$	$\dfrac{1}{240}$	$\dfrac{326}{120}$

なお，切り上げて $a' = 2.72$ とすると，$0 < e - a_6 < \dfrac{1}{120}$，$-0.004 < a_6 - a' < 0$ より，$-0.004 < e - a' < \dfrac{1}{120}$ であるから，a' を近似値としても誤差は許容範囲 0.01 内に収まる． □

---

[33] 定理 1.1.5 の証明と定義 1.1.3 参照．

B．極限についての補足

前節の 2 つの例題はどれも，数 a の近似値を求めるのに，a に収束する数列 $\{a_n\}$ をもってきて，a_n と a との差が事前に与えられた誤差の範囲に収まるような n を探すという手順であった．事前に与えられた誤差（それを ε とおく）がどれほど小さかろうともこのような n を見つけることができるというのが，数列が収束するということの本質であるとみなせる．このことを数学の言葉で定式化すると次のようになる．

> **定義 2.6.1.** 数列 $\{a_n\}$ が a に収束するとは，どのような数 $\varepsilon > 0$ に対しても，次の性質をもつ番号 $n_0 = n_0(\varepsilon)$ が存在することである：
> $$n \geqq n_0 \text{ なるすべての } n \text{ に対して } |a_n - a| < \varepsilon \text{ が成り立つ．} \tag{2.6.1}$$

注意 ある番号において a_n が a に近いだけではなく，ある番号以上のすべての番号において a_n と a が近いことを要請していることに注意しよう．たとえば，偶数番目の n だけを考えれば a に収束しているが，奇数番目は a から離れている数列は，収束しないからである．

この定式化は，近似値の計算においてだけではなく，極限に関する理論的考察においても重要な役割を果たす．その一端を §1.1 で保留した問題で見てみよう．

定理 1.1.2 のあとの注意 1 に関連して

例題 2.6.3. $a_n \to a \neq 0$ とする．$a > 0$【$a < 0$】ならばすべての $n \geqq n_0$ に対して，$0 < a/2 < a_n < (3a)/2$【$(3a)/2 < a_n < a/2 < 0$】が成り立つような n_0 が存在する．

解 どんな $\varepsilon > 0$ に対しても，(2.6.1) をみたす n_0 が存在するのだから，とくに，$\varepsilon = |a|/2$ に対しても存在する．その n_0 をもってきて $n \geqq n_0$ とすると
$$|a_n - a| < |a|/2 \quad \text{すなわち} \quad -|a|/2 < a_n - a < |a|/2$$
が成り立つ．これより，$a > 0$ のときと $a < 0$ のときに分けて目的の式が得られる． □

例題 1.1.1 でやり残した部分を考える：

例題 2.6.4. $a_n \geqq 0$, $a_n \to 0$ $(n \to \infty$ のとき$)$ ならば $\sqrt{a_n} \to 0$ $(n \to \infty$ のとき$)$ であることを示せ．

解 示すべきこと：$\varepsilon > 0$ をどのように与えられようとも，
$$n \geqq n_0 \text{ ならば } 0 \leqq \sqrt{a_n} < \varepsilon$$
が成り立つような n_0 を見つけること．

わかっていること：どの $\varepsilon' > 0$ に対しても
$$n \geqq n_1 \text{ ならば } 0 \leqq a_n < \varepsilon'$$
が成り立つような n_1 が存在すること．

さて，$\varepsilon > 0$ が与えられたとしよう．$\varepsilon' = \varepsilon^2$ に対応する n_1 を n_0 とおけば，それが求めるものである．実際，$n \geqq n_0$ ならば $0 \leqq a_n < \varepsilon^2$ であるから $0 \leqq \sqrt{a_n} < \varepsilon$ である． □

関数の極限に対しても上の定義と平行して

定義 2.6.2. $f(x)$ を区間 I で定義された関数とする．$\lim_{x \to a} f(x) = A$ であるとは，任意の $\varepsilon > 0$ に対して，次をみたす $\delta = \delta(\varepsilon)$ が存在することである：$0 < |x - a| < \delta, x \in I$ なるすべての x において $|f(x) - A| < \varepsilon$ が成り立つ．

関数の連続性も

定義 2.6.3. 区間 I で定義された関数 $f(x)$ が $a \in I$ で連続であるとは，任意の $\varepsilon > 0$ に対して，次をみたす $\delta = \delta(\varepsilon, a)$ が存在することである：$|x - a| < \delta, x \in I$ なるすべての x において $|f(x) - f(a)| < \varepsilon$ が成り立つ．

******************** **練習問題 2.6** *********************

(A)

1. $e^{0.1}$ の値を許容誤差 0.001 で求めよ．

2. $\sin \dfrac{3}{10}$ の値を許容誤差 0.01 で求めよ．

(B)

1. 収束する数列は有界であることを証明せよ．

2. $a_n \to \alpha,\ b_n \to \infty,\ \alpha > 0$ のとき，$a_n b_n \to \infty$ である．
　ヒント　例題 2.6.3 より，ある番号以上の大きな n に対しては $a_n > \alpha/2$ となる．

3. (1) $\displaystyle\lim_{x \to x_0} f(x) = \ell > 0$ とすると，x_0 を含むある区間 $(x_0 - \delta, x_0 + \delta)$ において $\ell/2 < f(x) < (3\ell)/2 \ \ (x \neq x_0)$ が成り立つ．
(2) とくに，$f(x)$ が $x = x_0$ において連続であり，$f(x_0) > 0$ ならば，x_0 の十分近くでは $f(x) > 0$ である．

第3章

多変数関数の微分法

　この章では，独立変数が 2 個以上の実数値関数（多変数関数）$z = f(x_1, x_2, \cdots, x_N)$ $(N \geqq 2)$ の微分法について学ぶ．多変数関数を取り扱うには，1 変数関数にはなかった新しい記号や概念を必要とする．しかし，2 変数とそれ以上の個数の変数のあいだには，考えかたのうえでさほど大きな違いはないので，本書では，わかりやすさを重んじて，主として 2 変数関数 $z = f(x, y)$ について述べ，必要ならば，一般の N 変数の場合については小活字で結論のみを書く．

§3.1　多変数関数

A．空間 $\mathbb{R}^N$

　N 個の実数の組 $\boldsymbol{x} = (x_1, x_2, \cdots, x_N)$ の全体を $\mathbb{R}^N$ で表す：
$$\mathbb{R}^N = \big\{ \boldsymbol{x} = (x_1, x_2, \cdots, x_N) \,\big|\, x_i \in \mathbb{R},\ i = 1, \cdots, N \big\}.$$
この集合の要素を $\mathbb{R}^N$ の点という[1]．

　$\mathbb{R}^N$ は演算
$$(x_1, x_2, \cdots, x_N) + (y_1, y_2, \cdots, y_N) = (x_1 + y_1, \cdots, x_N + y_N)$$
$$\lambda(x_1, x_2, \cdots, x_N) = (\lambda x_1, \lambda x_2, \cdots, \lambda x_N) \quad (\lambda \in \mathbb{R})$$
によってベクトル空間となっている．

---

[1] $\mathbb{R}^1 = \mathbb{R}$ である．

さらに，2 点 $\boldsymbol{x} = (x_1, x_2, \cdots, x_N)$, $\boldsymbol{y} = (y_1, y_2, \cdots, y_N)$ 間の**距離** $d(\boldsymbol{x}, \boldsymbol{y})$ を

$$d(\boldsymbol{x}, \boldsymbol{y}) = \left\{(x_1 - y_1)^2 + (x_2 - y_2)^2 + \cdots + (x_N - y_N)^2\right\}^{1/2}$$

と約束する[2]．

距離は次の基本的な3性質をもっている．

(D.1) (正値性) $d(\boldsymbol{x}, \boldsymbol{y}) \geqq 0$ かつ，等号成立 $\Longleftrightarrow \boldsymbol{x} = \boldsymbol{y}$,

(D.2) (対称性) $d(\boldsymbol{x}, \boldsymbol{y}) = d(\boldsymbol{y}, \boldsymbol{x})$,

(D.3) (三角不等式) $d(\boldsymbol{x}, \boldsymbol{y}) \leqq d(\boldsymbol{x}, \boldsymbol{z}) + d(\boldsymbol{z}, \boldsymbol{y})$.

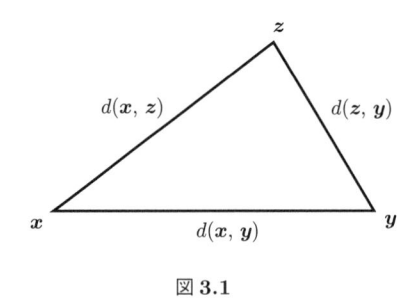

図 3.1

(D.3) 以外の証明は簡単であろう．一般の N に対する (D.3) の証明は線形代数の講義に任すが，

問 3.1.1. $N = 2, 3$ のときの (D.3) を証明せよ．

$\mathbb{R}^N$ の定点 $\boldsymbol{x}_0$ と定数 $\rho > 0$ に対して，

$$U(\boldsymbol{x}_0, \rho) = \left\{\boldsymbol{x} \in \mathbb{R}^N \mid d(\boldsymbol{x}_0, \boldsymbol{x}) < \rho\right\}$$

を，中心 $\boldsymbol{x}_0$, 半径 ρ の**開球**という[3]．

---

[2] ピタゴラスの定理を使ってこの式が証明されるのではない．もともと自然界に存在しない $\mathbb{R}^N$ に距離など存在しない．この量を「距離」と名付けることにより，数式にイメージを与え，次に述べる球や極限の定義に心理的安心感を与えるのである．

[3] $N = 3$ のときには，(正規直交座標系では) たしかに球であるということを理解せよ．一般の次元のときには，日常語は存在しないので，3次元の言葉を流用して「球」という．2次元の場合は，開円板とよぶのが自然であり，事実そうよばれるのがふつうであるが，2次元の場合でも (次元によって区別するのが面倒なときには) 開球とよぶことがある．1次元の場合には，$U(x_0, \rho)$ は開区間 $(x_0 - \rho, x_0 + \rho)$ である．

■ **領域** ■ 1変数関数の場合（定義域としては，論理的にはどんな変なものでも考えられるが），区間を定義域とするものを考えるのが自然であった．多変数関数の場合には，ここで説明する「領域」または，「閉領域」を定義域とするものを考えるのが自然であることが次第にわかってくるであろう．

$\mathbb{R}^N$ の部分集合 A の補集合 $\mathbb{R}^N \setminus A$ を A^c と書く[4]．

$\mathbb{R}^N$ の部分集合 A を1つ固定すると，任意の点 $\boldsymbol{x} \in \mathbb{R}^N$ は次の3つのうちのどれか1つ（そして1つだけ）の性質をもつ．

(1) $\rho > 0$ （$\boldsymbol{x}$ ごとに異なってもよい）を十分小さくとると
$$U(\boldsymbol{x}, \rho) \subset A;$$

(2) $\rho > 0$ （$\boldsymbol{x}$ ごとに異なってもよい）を十分小さくとると
$$U(\boldsymbol{x}, \rho) \subset A^c;$$

(3) 上のどれでもない．このときには，どんな $\rho > 0$ に対しても
$$A \cap U(\boldsymbol{x}, \rho) \neq \emptyset \text{ かつ } A^c \cap U(\boldsymbol{x}, \rho) \neq \emptyset.$$

(1) の性質をもつ点 $\boldsymbol{x}$ を A の**内点**，(2) の性質をもつ点 $\boldsymbol{x}$ を A の**外点**，(3) の性質をもつ点 $\boldsymbol{x}$ を A の**境界点**という．境界点全体の集合を A の**境界**とよび，∂A で表す．

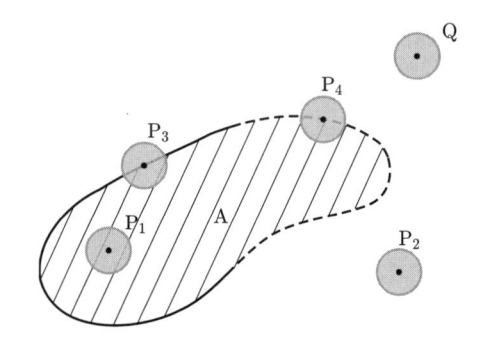

図 3.2 A を斜線部（境界の実線部は含み破線部は含まない）と1点 Q とする．P_1 は内点．P_2 は外点．P_3, P_4, Q は境界点である．

---

[4] 高校では A の補集合は $\bar{A}$ と書かれているが，高校の教科書と受験参考書以外でそのような記法を使っているのを見たことがない．

一般に
$$\{A \text{ の内点の全体}\} \subset A \subset A \cup \partial A$$
であるが，左側の包含関係が等号となるとき，集合 A は**開集合**であるという[5]．

問 3.1.2. A が開集合 $\iff$ ∂A のどの点も A に属さない．

A を $\mathbb{R}^N$ 内の開集合とする．A 内のどの 2 点も，A 内を通る折れ線で結べるとき，A は**連結**であるという[6]（2 つ以上の島に分かれていないということ）．

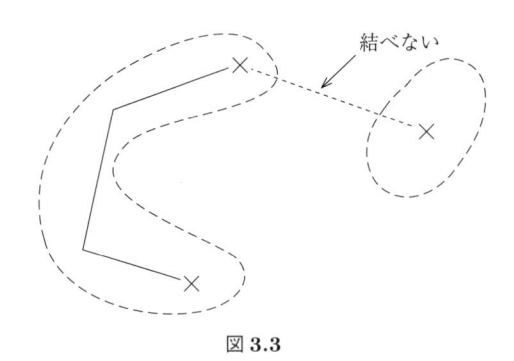

図 3.3

連結な開集合を**領域**という．また，集合 A が，ある領域 B により，$A = B \cup \partial B$ と書けるとき，A は**閉領域**であるという．

最後に，数 $L > 0$ を十分大きくとって，
$$D \subset U(\mathbf{0}, L), \quad \mathbf{0} \text{ は原点}$$
とできるとき，D は**有界**であるという．

問 3.1.3.
(1) 開円板 $\{(x,y) | (x-a)^2 + (y-b)^2 < \rho^2\}$ は有界領域，
(2) 閉円板 $\{(x,y) | (x-a)^2 + (y-b)^2 \leqq \rho^2\}$ は有界閉領域，
(3) 長方形 $\{(x,y) | a < x < b,\ c < y < d\}$ は有界領域．

この章の以下の部分では，関数の定義域は領域か閉領域であるとするが，「関数の定義域としては，1 つの島からなる，ふくらみをもった集合を考える」程

---

[5] 右側の包含関係が等号となるとき，集合 A は**閉集合**であるという．
[6] 開集合でない一般の集合が連結であることの定義は省略する．

B．グラフ

$D \subset \mathbb{R}^2$ で定義された 2 変数関数 $z = f(x, y)$ のグラフは 3 次元空間内の集合

$$\{(x, y, f(x, y)) \mid (x, y) \in D\}$$

である．これは，右図で点 $Q(x,y)$ が D 内を動いたときの，点 P の軌跡であり，f が「素直な」関数ならば，曲面を表す．

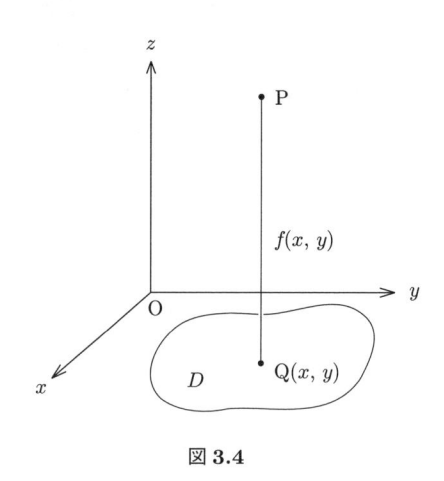

図 3.4

C．関数の極限値

$\boldsymbol{x} \in \mathbb{R}^N$ が $\boldsymbol{a} \in \mathbb{R}^N$ に近づくとは，$d(\boldsymbol{x}, \boldsymbol{a}) \to 0$ となることである．これを $\boldsymbol{x} \to \boldsymbol{a}$ と書く．

> **問 3.1.4.** $\boldsymbol{x} = (x_1, \cdots, x_N), \boldsymbol{a} = (a_1, \cdots, a_N)$ とすると
> $$\boldsymbol{x} \to \boldsymbol{a} \iff x_i \to a_i \text{ (すべての } i \text{ について)}.$$
> **ヒント** $\max\{|x_1 - a_1|, \cdots, |x_N - a_N|\} \leqq d(\boldsymbol{x}, \boldsymbol{a}) \leqq |x_1 - a_1| + \cdots + |x_N - a_N|$．

関数 $f(\boldsymbol{x})$ が与えられたとしよう．「$\boldsymbol{x} \to \boldsymbol{a}$ のとき $f(\boldsymbol{x})$ が A に収束する」，すなわち記号では

$$\lim_{\boldsymbol{x} \to \boldsymbol{a}} f(\boldsymbol{x}) = A \text{ とか } f(\boldsymbol{x}) \to A \ (\boldsymbol{x} \to \boldsymbol{a} \text{ のとき}) \tag{$*$}$$

と書くときには，$\boldsymbol{x} \neq \boldsymbol{a}$ が関数 f の定義域 $\mathfrak{D}(f)$ に属しつつ $\boldsymbol{a}$ に限りなく近づくときを考えているものとする[7]．

---

[7] $\boldsymbol{a}$ が $\mathfrak{D}(f)$ の外点に属するときには，$\boldsymbol{x} \neq \boldsymbol{a}$ が $\mathfrak{D}(f)$ に属しつつ $\boldsymbol{a}$ に近づくことはできないので，このような極限は考えない．

多次元の場合は，点 x が点 a に近づく近づきかたは1次元の場合と比較にならないほど多種多様である（図 3.5 参照）．

$(*)$ の「$f(x) \to A$」とは，x がどのような近づきかたで a に近づこうとも，その近づきかたによらない一定の数 A に $f(x)$ が近づくことを意味している．

■ **極座標** ■　ここで，極座標について復習しておこう．平面上の点 P は，原点からの距離 r と，x 軸の正の方向と OP のなす角 θ を指定することによっても定まる．この (r, θ) を点 P の **極座標** という．直交座標 (x, y) との間には

$$x = r\cos\theta, \quad y = r\sin\theta \quad (3.1.1)$$

の関係がある．このとき

$$(x, y) \to (0, 0) \iff r \to 0 \quad (3.1.2)$$

である．

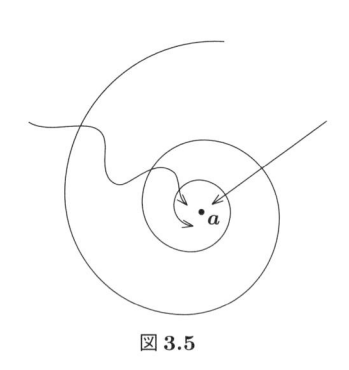

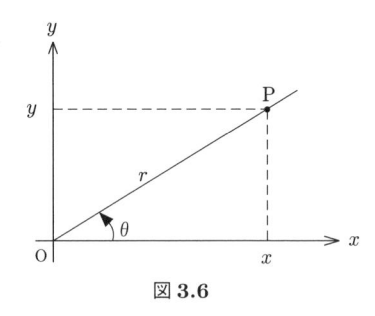

図 3.5

図 3.6

例題 3.1.1.

(1) $\displaystyle\lim_{(x,y)\to(0,0)} \frac{xy}{x^2+y^2}$ は存在しない．　(2) $\displaystyle\lim_{(x,y)\to(0,0)} \frac{x^2 y}{x^2+y^2} = 0$.

解　(1) 点 (x, y) が直線 $y = mx$ 上を通りながら原点 $(0, 0)$ に近づくとき

$$\frac{xy}{x^2+y^2} = \frac{m}{1+m^2}$$

であり，これは m によって，すなわち，点 (x, y) の原点への近づきかたによって異なる値であるから，求める極限は存在しない．

(2) 極座標 (3.1.1) を使う．(3.1.2) に注意する．

$$0 \leq \left|\frac{x^2 y}{x^2+y^2}\right| = \frac{|r^2\cos^2\theta \cdot r\sin\theta|}{r^2} \leq \frac{r^3}{r^2} = r \to 0$$

より (2) が示された. □

D．連続関数

定義 3.1.1. 関数 $f(x)$ が点 $a \in \mathfrak{D}(f)$ で連続 であるとは
$$\lim_{x \to a} f(x) = f(a)$$
が成り立つことをいう．

f が $D \subset \mathfrak{D}(f)$ の各点で連続であるとき，f は D で連続であるという．

1 変数関数のとき（定理 1.3.1）と同様に次の定理が成り立つ．

定理 3.1.1. $f(x), g(x)$ が a で連続であるとき，
$$f(x) + g(x), \ f(x)g(x)$$
も a で連続である．さらに $g(a) \neq 0$ ならば
$$\frac{f(x)}{g(x)}$$
も a で連続である．

******************* **練習問題 3.1** ********************

(A)

1. $E = \{(x, y) \mid |x + y| \leqq 1\}$ の内点，外点，境界点をいえ．また，E は開集合か．
2. 次の集合は開集合か．また，領域であるか．
   (1) $\{(x, y) \mid 0 < |x| + |y| < 1\}$ (2) $\{(x, y) \mid |x| < 1 < |y|\}$
   (3) $\{(x, y) \mid x^2 - \sin x < y < x^2 + \sin x\}$
   (4) $\{(x, y) \mid x^2 - \sin x < y < x^2 + \sin x + 3\}$
3. 次の関数は $(x, y) \to (0, 0)$ のとき極限値をもつか．もつならばその極限値を求めよ．
   (1) $\dfrac{xy}{\sqrt{x^2 + y^2}}$ (2) $\dfrac{x^2 + 2y^2}{\sqrt{x^2 + y^2}}$ (3) $\dfrac{x^2 y}{\sqrt{x^4 + y^2}}$
   (4) $\dfrac{x^2 + 2y^2}{x^2 + y^2}$ (5) $\dfrac{x^3 + y^3}{x^2 + y^2}$
4. $f(x, y)$ が点 (a, b) で連続ならば，$f(x, b)$ は $x = a$ で連続であることを示せ（同様に，$f(a, y)$ は $y = b$ で連続である）．
5. 関数 $f(x, y) = \dfrac{xy}{x^2 + y^2} \ ((x, y) \neq (0, 0)), \ f(0, 0) = 0$, について，

(1) y を固定すると，x の関数 $g(x) = f(x, y)$ は連続であることを示せ．
(2) $f(x, y)$ は点 $(0, 0)$ で不連続であることを示せ．

(B)

1. 関数
$$f(x, y) = \begin{cases} (x^2 + y^2) \sin \dfrac{1}{x} & (x \neq 0) \\ 0 & (x = 0) \end{cases}$$
について次の問に答えよ．
(1) $\displaystyle\lim_{(x,y) \to (0,0)} f(x, y)$ を求めよ．
(2) $\displaystyle\lim_{x \to 0} \left\{ \lim_{y \to 0} f(x, y) \right\}$ を求めよ．
(3) $\displaystyle\lim_{y \to 0} \left\{ \lim_{x \to 0} f(x, y) \right\}$ についてはどういうことがいえるか．

2. 次の関数は $(x, y) \to (0, 0)$ のとき極限値をもつか．もつならばその極限値を求めよ．
(1) $\dfrac{1}{|x| + |y|} \sin(x^2 + y^2)$ (2) $xy \log(x^2 + y^2)$

---

§3.2　偏導関数

A．偏微分係数・偏導関数

$z = f(x, y)$ を $\mathbb{R}^2$ の領域 D で定義された関数とする．1つの変数だけを変化させ，残りの変数は固定したときの f の変化の状況を調べよう．

定義 3.2.1.

[1]（偏微分係数）$(a, b) \in D$ とする．極限
$$\lim_{h \to 0} \frac{f(a+h, b) - f(a, b)}{h}, \quad 【\lim_{k \to 0} \frac{f(a, b+k) - f(a, b)}{k}】$$
が存在するとき，$f(x, y)$ は点 (a, b) で x【y】に関して**偏微分可能**であるといい，その極限値を**偏微分係数**といい，

$$f_x(a, b) \quad \text{とか} \quad \frac{\partial f}{\partial x}(a, b) \quad \text{とか} \quad \partial_x f(a, b)$$

$$【f_y(a, b) \quad \text{とか} \quad \frac{\partial f}{\partial y}(a, b) \quad \text{とか} \quad \partial_y f(a, b)】$$

と表す．

[2] **偏導関数** $z = f(x,y)$ が D の各点で偏微分可能のとき，f は D で偏微分可能であるという．このとき，点 $(x,y) \in D$ に，そこにおける偏微分係数 $f_x(x,y)$【$f_y(x,y)$】を対応させる関数を，f の x【y】に関する**偏導関数**といい，

$$f_x(x,y),\ f_x,\ \frac{\partial f}{\partial x}(x,y),\ \partial_x f(x,y),\ z_x,\ \frac{\partial z}{\partial x},\ \partial_x z\ \text{【省略】}$$

などの記号で表す．

偏導関数を求めることを，**偏微分する**という．

N 変数関数 $z = f(x_1, \cdots, x_N)$ の偏導関数も同様に定義され，x_i 以外の変数を定数と思って x_i で微分したものを

$$f_{x_i},\ \frac{\partial f}{\partial x_i},\ \partial_{x_i} f,\ z_{x_i},\ \frac{\partial z}{\partial x_i}$$

などの記号で表す．

偏微分するとは，1つの変数以外はすべて定数だと思ってふつうに微分することであるから，1変数関数の導関数が計算できれば難なく計算できる．しかし，そんな計算をして何の役に立つのだろうか．最初に，逆説的だが，役立たないという話をしよう．1変数の場合には，$x = a$ における微分係数を求めることにより，その関数の $x = a$ の近くでの振る舞いを（近似的に）知ることができた．しかし，偏微分係数の場合にはそうはいかないというのが次の例である．a, b を定数として，関数

$$f(x,y) = \begin{cases} a & (xy = 0 \text{ のとき}) \\ b & (xy \neq 0 \text{ のとき}) \end{cases} \qquad (*)$$

を考える．これは原点で偏微分可能で

$$\frac{\partial f}{\partial x}(0,0) = \frac{\partial f}{\partial y}(0,0) = 0$$

であるが，このことと $f(0,0) = a$ を知ったからといっても，b の値はわからないのであるから $f(x,y)$ の原点近くでの振る舞いがわかる訳ではない．

1変数の場合と同じような意味で，関数のある点の近くでの振る舞いを知ることに役立つのは，次に説明する全微分の概念である．

B．全微分

関数 $z = f(x, y)$ の，点 $P_0(x_0, y_0)$ における値と，その近くの点 $P(x_0 + \Delta x, y_0 + \Delta y)$ における値との差を Δz とおく：

$$\Delta z = f(x_0 + \Delta x, y_0 + \Delta y) - f(x_0, y_0). \tag{3.2.1}$$

1 変数の場合は，これを Δx の 1 次式で近似した．いまの場合は 2 変数なので Δx と Δy の 1 次式での近似を試みる：

$$\Delta z = A\Delta x + B\Delta y + \varepsilon. \tag{3.2.2}$$

1 変数の場合は，ε は Δx よりも速く 0 に収束することを要請した．今回は 2 点 P_0, P 間の距離 $\sqrt{\Delta x^2 + \Delta y^2}$ よりも速く 0 に収束することを要請しよう．

定義 3.2.2. (3.2.2) において，

$$\frac{\varepsilon}{\sqrt{\Delta x^2 + \Delta y^2}} \to 0 \quad (\sqrt{\Delta x^2 + \Delta y^2} \to 0 \text{ のとき}) \tag{3.2.3}$$

となる定数 A, B が存在するとき，$z = f(x, y)$ は (x_0, y_0) において**全微分可能**であるという．

このとき，(3.2.2), (3.2.3) を象徴的に

$$dz = A\,dx + B\,dy \tag{3.2.4}$$

と書き，dz を $z = f(x, y)$ の (x_0, y_0) における**全微分**という．

dz は「z の変化量 Δz の 1 次の部分」とよばれる．このような A, B が存在するとすれば，それが 1 通りであることは定理 3.2.2 からわかる．

全微分は接平面の概念の導入においても本質的である．$z = f(x, y)$ は点 (x_0, y_0) において全微分可能であるとする．

$$z - f(x_0, y_0) = A(x - x_0) + B(y - y_0) \tag{3.2.5}$$

は，曲面 $z = f(x, y)$ 上の点 $(x_0, y_0, f(x_0, y_0))$ を通る平面を表すが，(x, y) における $f(x, y)$ の値と，(3.2.5) で与えられる z の値の差 ε は，(3.2.3) より，$(x, y) \to (x_0, y_0)$ のとき $o(\sqrt{(x - x_0)^2 + (y - y_0)^2})$ である．(3.2.5) で与えられる平面を曲面 $z = f(x, y)$ の点 $(x_0, y_0, f(x_0, y_0))$ における**接平面**という．

偏微分可能でも連続とは限らない[8]が

定理 3.2.1. $z = f(x,y)$ が点 (x_0, y_0) において全微分可能であるならば，$z = f(x,y)$ はその点において連続である．

証明は定理 2.1.1 と同様であるので問とする．

問 3.2.1. 上の定理を証明せよ．

C．偏微分係数と全微分の関係

全微分が偏微分に比べて有用であるにしても，このような定数 A, B はどのようにして見つければよいのだろうか．これに答えるのが次の定理である．

定理 3.2.2. $z = f(x,y)$ が点 (x_0, y_0) において全微分可能であるならば，$z = f(x,y)$ は点 (x_0, y_0) において偏微分可能であり，
$$A = f_x(x_0, y_0), \ B = f_y(x_0, y_0) \tag{3.2.6}$$
が成り立つ．

証明 (3.2.2) において $\Delta y = 0$ とおき，両辺を Δx で割ると
$$\frac{f(x_0 + \Delta x, y_0) - f(x_0, y_0)}{\Delta x} = A + \frac{\varepsilon}{\Delta x}$$
である．$\Delta x \to 0$ のとき，(3.2.3) より，右辺第 2 項 $\to 0$ であるから左辺は収束し（その極限値を $f_x(x_0, y_0)$ と書くのであった），右辺の極限値は A である． □

系 定理の仮定のもとで，曲面 $z = f(x,y)$ の点 (x_0, y_0) における接平面は
$$z - f(x_0, y_0) = f_x(x_0, y_0)(x - x_0) + f_y(x_0, y_0)(y - y_0) \tag{3.2.7}$$
で与えられる．

証明 (3.2.5) と (3.2.6) より従う． □

定理 3.2.2 の逆は成り立たない．すなわち，$z = f(x,y)$ が点 (x_0, y_0) におい

---

[8] たとえば，(*) で $a \neq b$ のとき．

て偏微分可能であっても，それは全微分可能とは限らない．(∗) で与えられた関数がその例を与えている．しかし，こんなことが起こるのは，「変な」関数について，「1 点での」偏微分係数だけを考えているからであり，「素直な」関数をふくらみのある領域で考えれば

> **定理 3.2.3.** 領域 D で定義された関数 $z = f(x, y)$ が D の各点で偏微分可能であり，2 つの偏導関数 $f_x(x, y)$, $f_y(x, y)$ が D において連続ならば，$z = f(x, y)$ は D の各点で全微分可能である．このとき，(3.2.4), (3.2.6) より
> $$dz = f_x(x, y)dx + f_y(x, y)dy \tag{3.2.4}'$$
> である．

証明 最初に読むときは証明を飛ばすことにして，活字を小さくしておこう．

$(x_0, y_0) \in D$ を固定する．Δz を (3.2.1) で与える．定理が正しいとすれば，定理 3.2.2 より，(3.2.2) の A, B は (3.2.6) で与えられるはずであるから，それを代入して
$$\varepsilon = \Delta z - \{f_x(x_0, y_0)\Delta x + f_y(x_0, y_0)\Delta y\} \tag{∗}$$
とおき，(3.2.3) が成り立つことを示せばよい．Δz を次のように変形する．
$$\Delta z = \{f(x_0 + \Delta x, y_0 + \Delta y) - f(x_0, y_0 + \Delta y)\} + \{f(x_0, y_0 + \Delta y) - f(x_0, y_0)\}.$$
平均値の定理（定理 2.3.2）より
$$f(x_0 + \Delta x, y_0 + \Delta y) - f(x_0, y_0 + \Delta y) = f_x(x_0 + \theta_1 \Delta x, y_0 + \Delta y)\Delta x, \ (0 < \theta_1 < 1),$$
$$f(x_0, y_0 + \Delta y) - f(x_0, y_0) = f_y(x_0, y_0 + \theta_2 \Delta y)\Delta y, \ (0 < \theta_2 < 1)$$
をみたす θ_1, θ_2 がとれる．これらを (∗) に代入して
$$\varepsilon = \{f_x(x_0 + \theta_1 \Delta x, y_0 + \Delta y) - f_x(x_0, y_0)\}\Delta x$$
$$+ \{f_y(x_0, y_0 + \theta_2 \Delta y) - f_y(x_0, y_0)\}\Delta y.$$
両辺を $\sqrt{\Delta x^2 + \Delta y^2}$ で割ると，$\dfrac{|\Delta x|}{\sqrt{\Delta x^2 + \Delta y^2}}, \dfrac{|\Delta y|}{\sqrt{\Delta x^2 + \Delta y^2}} \leq 1$ に注意して
$$\left|\frac{\varepsilon}{\sqrt{\Delta x^2 + \Delta y^2}}\right|$$
$$\leq |f_x(x_0 + \theta_1 \Delta x, y_0 + \Delta y) - f_x(x_0, y_0)| + |f_y(x_0, y_0 + \theta_2 \Delta y) - f_y(x_0, y_0)|$$
を得，$\sqrt{\Delta x^2 + \Delta y^2} \to 0$ のとき上式の右辺は f_x, f_y の連続性より $\to 0$ となり，(3.2.3) を得る． □

以上を標語的にまとめると次のようになる．

1) 偏導関数は簡単に計算できるが，その有用性はそれ自体としては疑問．
2) 全微分は，1変数関数の微分の自然な延長にあたり有用ではあるが，それを定義 3.2.2 に従って計算するのは大変．
3) 「素直な」関数では，前者から後者が簡単に求まる（定理 3.2.3）．したがって，計算は偏導関数で，活用は全微分で．

D．高階偏導関数

領域 D において定義された関数 $z = f(x, y)$ が偏導関数 $f_x(x, y)$ をもち，さらにそれが x につき偏微分可能であるとき，その偏導関数 $\dfrac{\partial f_x(x, y)}{\partial x}$ を

$$f_{xx},\ \frac{\partial^2 f}{\partial x^2},\ \partial_x^2 f,\ z_{xx},\ \frac{\partial^2 z}{\partial x^2}$$

などと書く．また，$f_x(x, y)$ が y につき偏微分可能であるとき，その偏導関数 $\dfrac{\partial f_x(x, y)}{\partial y}$ を

$$f_{xy},\ \frac{\partial^2 f}{\partial y \partial x},\ \partial_{xy}^2 f,\ z_{xy},\ \frac{\partial^2 z}{\partial y \partial x}$$

などと書く[9]．同様にして，$f_y(x, y)$ の偏導関数 f_{yx}, f_{yy} が定義される．これらを $z = f(x, y)$ の **2 階の偏導関数**という．

同様にして，3 階の偏導関数，さらには，n 階の偏導関数が定義される．

定義 3.2.3. 領域 D において定義された関数 $z = f(x, y)$ が n 階およびそれ以下のすべての偏導関数をもち，それらがすべて（f 自身も 0 階の偏導関数とみなす）連続であるとき，f は **n 階連続的微分可能**であるとか，C^n **級関数**であるとかいう[10]．C^n 級関数の全体を C^n で表す．

E．偏微分の順序交換

脚注で「偏微分する順序に注意」と書いたが，それは記号の意味においてであり，「素直な」関数の計算では気にする必要はない．すなわち

---

[9] 添え字の順番に注意．
[10] 実は，n 階の偏導関数がすべて連続ならば，定理 3.2.1 と定理 3.2.3 より，低階の偏導関数はすべて連続である．

定理 3.2.4. 領域 D で定義された関数 $z = f(x, y)$ が D において f_{xy}, f_{yx} をもち，ともに連続であるならば，$f_{xy} = f_{yx}$ である．

とくに，C^n 級関数については，n 階およびそれ以下の偏導関数は偏微分する順序によらない．

証明は込み入っているので省略する．

この定理により，f を C^n 級とすると，x で i 回 y で $n-i$ 回偏微分したものは，その偏微分の順序によらないから，

$$\frac{\partial^n f}{\partial x^i \partial y^{n-i}}$$

と書ける．

******************** **練習問題 3.2** ********************

(A) 2. (4) や (B) 1.，(B) 3. (2) 以外においては，関数の定義域について神経質になることなく機械的に計算せよ．

(A)

1. 次の関数について，f_x, f_y を求めよ．
  (1) $f(x, y) = x^5 y^2 + 3x^3 y + y^3$
  (2) $f(x, y) = \dfrac{x}{x - y}$
  (3) $f(x, y) = \sqrt{x^2 + y^2}$
  (4) $f(x, y) = \tan^{-1} \dfrac{y}{x}$

2. 次の関数について，f_x, f_y を求めよ．
  (1) $f(x, y) = e^{-\sqrt{x^2 + y^2}}$
  (2) $f(x, y) = \sin^{-1} \dfrac{y}{x}$
  (3) $f(x, y) = \dfrac{x - y}{x + y} \log \dfrac{y}{x}$
  (4) $f(x, y) = \begin{cases} xy/(x^2 + y^2) & ((x, y) \neq (0, 0)) \\ 0 & ((x, y) = (0, 0)) \end{cases}$

3. 次の曲面の，与えられた点における接平面を求めよ．
  (1) $z = xy$, 点 $(1, 2, 2)$
  (2) $z = x^2 - 2xy + 3y^3$, 点 $(2, 1, 3)$

4. 次の関数の 2 階偏導関数をすべて求めよ．
  (1) e^{xy}
  (2) $\log(x^2 + y^2)$
  (3) $\log_x y$ $(x, y > 0, \ x \neq 1)$

5. 次の関数について，$\dfrac{\partial^{m+n} f}{\partial x^m \partial y^n}$ を求めよ．
  (1) $f(x, y) = e^{ax + by}$
  (2) $f(x, y) = (1 + x + y)^\alpha$

(3) $f(x,y) = e^{ax}\cos by$ (4) $f(x,y) = \sin(x-y)$

6. $z = f(x,y)$ の全微分 dz を df と書くこともある．$f(x,y), g(x,y)$ が C^1 級であるとき，等式 $d(fg) = g\,df + f\,dg$ を示せ．

7. 次の関数の全微分を求めよ．
  (1) $z = x\cos y - y\sin x$ (2) $z = \sqrt{x^2 - y^2}$ (3) $z = \sinh(x^2 y)$

(B)

1. 次の関数が全微分可能ではあるが C^1 級ではないことを示せ．
$$f(x,y) = \begin{cases} x^2 \sin\dfrac{1}{x} & (x \neq 0) \\ 0 & (x = 0). \end{cases}$$

ヒント 機械的に偏微分しただけではダメ．機械的に偏微分してうまくいく部分と，定義 3.2.1 に立ち返らなければならない部分とを見極めよ．

2. 次の関数 $f(x,y)$ の原点 $(0,0)$ での偏微分可能性，全微分可能性を調べよ．
  (1) $f(x,y) = |xy|$ (2) $f(x,y) = \sqrt{x^4 + y^4}$

3. 次の関数の原点 $(0,0)$ での偏微分可能性，全微分可能性を調べよ．
  (1) $f(x,y) = \sin\sqrt{x^2+y^2}$ (2) $f(x,y) = \begin{cases} x\tan^{-1}\dfrac{y}{x} & (x \neq 0) \\ 0 & (x = 0) \end{cases}$

---

§3.3 合成関数の偏微分

A．合成関数の偏微分法

定理 3.3.1. $z = f(x,y)$ が全微分可能で，$x = x(t), y = y(t)$ が微分可能ならば，合成関数 $z = f(x(t), y(t))$ は t につき微分可能で
$$\frac{dz}{dt} = \frac{\partial f}{\partial x} \cdot \frac{dx}{dt} + \frac{\partial f}{\partial y} \cdot \frac{dy}{dt} \tag{3.3.1}$$
が成り立つ．

注意 左辺は z を t の関数と見て，すなわち，$z = f(x(t), y(t))$ を t につき微分したものである．右辺の $dx/dt, dy/dt$ は当然 t の関数であるが，$\partial f/\partial x, \partial f/\partial y$ には，（偏微分を行なったあとに）$x = x(t), y = y(t)$ を代入して t の関数と見ている．

証明 t が t から $t + \Delta t$ まで変化したときの x, y の変化量をそれぞれ $\Delta x, \Delta y$

とおく：
$$\Delta x = x(t+\Delta t) - x(t),\ \Delta y = y(t+\Delta t) - y(t). \quad (*1)$$
$z = f(x,y)$ が全微分可能であるから，
$$\Delta z = \frac{\partial f}{\partial x}\Delta x + \frac{\partial f}{\partial y}\Delta y + \varepsilon \quad (*2)$$
とおくと
$$\frac{\varepsilon}{\sqrt{\Delta x^2 + \Delta y^2}} \to 0 \ \left(\sqrt{\Delta x^2 + \Delta y^2} \to 0\ \text{のとき}\right) \quad (*3)$$
が成り立っている．(*2) の両辺を Δt で割る．
$$\frac{\Delta z}{\Delta t} = \frac{\partial f}{\partial x}\frac{\Delta x}{\Delta t} + \frac{\partial f}{\partial y}\frac{\Delta y}{\Delta t} + \frac{\varepsilon}{\Delta t}. \quad (*4)$$
この右辺の最後の項の絶対値
$$\left|\frac{\varepsilon}{\Delta t}\right| = \frac{|\varepsilon|}{\sqrt{\Delta x^2 + \Delta y^2}} \cdot \sqrt{\left(\frac{\Delta x}{\Delta t}\right)^2 + \left(\frac{\Delta y}{\Delta t}\right)^2}$$
の第 1 因子は，(*3) により，$\Delta t \to 0$ のとき 0 に収束し，第 2 因子は，$x = x(t)$, $y = y(t)$ の微分可能性より有限確定値に収束する．したがって，全体としては 0 に収束する．ゆえに (*4) より定理を得る[11]．　□

偏微分とは，残りの変数を定数だと思ったときの 1 変数の微分であることに注意すると，上の定理から次の定理を得る．

定理 3.3.2 (連鎖律)． $z = f(x,y)$ が全微分可能で, $x = x(u,v)$, $y = y(u,v)$ が偏微分可能ならば，合成関数 $z = f(x(u,v), y(u,v))$ も u, v の関数として偏微分可能で
$$\begin{aligned}\frac{\partial z}{\partial u} &= \frac{\partial z}{\partial x}\cdot\frac{\partial x}{\partial u} + \frac{\partial z}{\partial y}\cdot\frac{\partial y}{\partial u}, \\ \frac{\partial z}{\partial v} &= \frac{\partial z}{\partial x}\cdot\frac{\partial x}{\partial v} + \frac{\partial z}{\partial y}\cdot\frac{\partial y}{\partial v}\end{aligned} \quad (3.3.2)$$
が成り立つ[12]．

---

[11] 実はこの証明は，1 変数の場合の対応する定理（定理 2.2.2）の擬証明と同じ欠陥をもっているのだが，それには深入りしないことにする．

[12] (3.3.1) では $\frac{\partial f}{\partial x}, \frac{\partial f}{\partial y}$ などと書き，(3.3.2) では，$\frac{\partial z}{\partial x}, \frac{\partial z}{\partial y}$ などと書いているが，これらは当然同じものである．両方の記法に慣れてもらうために，あえて，別々の書き方をした．

注意 左辺は z を u, v の関数と見て、すなわち、$z = f(x(u,v), y(u,v))$ を u, v につき偏微分したものである。右辺の第1因子 $\partial z/\partial x$ などには、z を x, y の関数と見て偏微分を行なったあとに $x = x(u,v), \ y = y(u,v)$ が代入されている。

例題 3.3.1.
$$z = \{\sin(x^2 + y^2)\} \cdot \{\cos(xy)\}$$
を、x と y について偏微分せよ。

解 $u = x^2 + y^2, \ v = xy$ とおくと $z = \sin u \cdot \cos v$ であるから、上の定理で x, y と u, v の役割を入れ替えて

$$\frac{\partial z}{\partial x} = \frac{\partial z}{\partial u} \cdot \frac{\partial u}{\partial x} + \frac{\partial z}{\partial v} \cdot \frac{\partial v}{\partial x}$$
$$= \cos u \cdot \cos v \cdot 2x - \sin u \cdot \sin v \cdot y$$
$$= 2x \{\cos(x^2 + y^2)\} \cdot \{\cos(xy)\} - y \{\sin(x^2 + y^2)\} \cdot \{\sin(xy)\},$$
$$\frac{\partial z}{\partial y} = \frac{\partial z}{\partial u} \cdot \frac{\partial u}{\partial y} + \frac{\partial z}{\partial v} \cdot \frac{\partial v}{\partial y}$$
$$= \cos u \cdot \cos v \cdot 2y - \sin u \cdot \sin v \cdot x$$
$$= 2y \{\cos(x^2 + y^2)\} \cdot \{\cos(xy)\} - x \{\sin(x^2 + y^2)\} \cdot \{\sin(xy)\}. \quad \square$$

3個以上の変数の場合には、$z = f(x_1, \cdots, x_n), \ x_i = x_i(u_1, \cdots, u_m) \ (i = 1, \cdots, n)$ に対して

$$\frac{\partial z}{\partial u_j} = \sum_{i=1}^{n} \frac{\partial z}{\partial x_i} \frac{\partial x_i}{\partial u_j} \tag{3.3.3}$$

が成り立つ。

例題 3.3.2.

(1) $z = f(x,y)$ と $y = g(x)$ との合成関数 $f(x, g(x))$ を x について微分せよ。

(2) $w = f(x,y,z)$ と $z = g(x,y)$ との合成関数 $f(x, y, g(x,y))$ を x について偏微分せよ。

解説 x, y, z の3変数関数 $f(x,y,z)$ を x で偏微分(y, z は定数扱い)したあと、$z = g(x,y)$ を代入したものと、2変数 x, y の関数 $f(x, y, g(x,y))$ を x で偏微分したもの(y は定数扱いだが、z は $g(x,y)$ を通して変化している)とは

別物だが，よほど注意しなければ両者を混同して計算ミスを犯しかねない．それは，諸君たちの理解が浅いという理由からだけではなく，偏導関数の記号が不正確だということにも起因している．偏導関数の記号には，何を定数扱いにしているのか，y, z の両方なのか y だけなのか，が表されていないからである．

そこで，ここでは (1) の場合には，

代入したあとで微分したものを $\dfrac{d}{dx} f(x, g(x))$ で，

偏微分したあとで代入したものを $\dfrac{\partial f}{\partial x}(x, g(x))$

で表し，(2) の場合には，

代入したあとで偏微分したものを $\dfrac{\partial}{\partial x} f(x, y, g(x, y))$ で，

偏微分したあとで代入したものを $\dfrac{\partial f}{\partial x}(x, y, g(x, y))$

で表そう．

間違いを犯しやすい理由はもう 1 つある．(3.3.3) では，古い変数を $x_1, \cdots, x_n$ で，新しい変数を $u_1, \cdots, u_m$ で，という風に異なる記号で表されているが，この例題では，x, y は古い変数であるとともに新しい変数でもあるので混乱しやすい．そこで，新しい変数を x', y' とおき，計算のあと $'$ を消し去ることにしよう．

解 (1) $x = x'$, $y = g(x')$ とおいて定理 3.3.1 を使うと，

$$\begin{aligned}\dfrac{d}{dx'} f(x', g(x')) &= \dfrac{\partial f}{\partial x}(x', g(x')) \dfrac{\partial x}{\partial x'} + \dfrac{\partial f}{\partial y}(x', g(x')) \dfrac{\partial y}{\partial x'} \\ &= \dfrac{\partial f}{\partial x}(x', g(x')) + \dfrac{\partial f}{\partial y}(x', g(x')) \dfrac{\partial g}{\partial x'}.\end{aligned}$$

ここで，$\partial x / \partial x' = 1$ を使った．このあと $'$ を消せばよい．

(2) $x = x'$, $y = y'$, $z = g(x', y')$ とおいて (3.3.3) を使う．

$$\begin{aligned}\dfrac{\partial}{\partial x'} f(x', y', g(x', y')) &= \dfrac{\partial f}{\partial x}(x', y', g(x', y')) \dfrac{\partial x}{\partial x'} + \dfrac{\partial f}{\partial y}(x', y', g(x', y')) \dfrac{\partial y}{\partial x'} \\ &\quad + \dfrac{\partial f}{\partial z}(x', y', g(x', y')) \dfrac{\partial z}{\partial x'} \\ &= \dfrac{\partial f}{\partial x}(x', y', g(x', y')) + \dfrac{\partial f}{\partial z}(x', y', g(x', y')) \dfrac{\partial g}{\partial x'}.\end{aligned}$$

ここで，$\partial x / \partial x' = 1$, $\partial y / \partial x' = 0$ を使った．このあと $'$ を消せばよい． □

3.3 合成関数の偏微分　111

B．方向微分

$z = f(x, y)$ を C^1 級の関数とする．$\boldsymbol{n} = (n_1, n_2)$ を単位ベクトルとする．点 $\boldsymbol{x} = (x, y)$ から $\boldsymbol{n}$ 方向に引いた直線 ℓ を通り xy 平面に垂直な平面による，曲面 $z = f(x, y)$ の切り口を考える．この切り口の曲線の点 $\boldsymbol{x} = (x, y)$ における接線の傾き

$$\lim_{t \to 0} \frac{f(\boldsymbol{x} + t\boldsymbol{n}) - f(\boldsymbol{x})}{t} = \lim_{t \to 0} \frac{f(x + tn_1, y + tn_2) - f(x, y)}{t}$$
$$= \left.\frac{d}{dt} f(x + tn_1, y + tn_2)\right|_{t=0} = n_1 f_x(x, y) + n_2 f_y(x, y)$$
(3.3.4)

を[13]，f の点 $\boldsymbol{x} = (x, y)$ における $\boldsymbol{n}$ 方向の**方向微分**とよび，$\dfrac{\partial f}{\partial \boldsymbol{n}}(x, y)$ と書く．

ベクトル値関数 $\left(\dfrac{\partial f}{\partial x}(x, y), \dfrac{\partial f}{\partial y}(x, y)\right)$ を，f の**勾配**といい，$(\nabla f)(x, y)$ とか[14], $\mathrm{grad}\, f(x, y)$ と [15]書く．この記号を使うと，(3.3.4) は内積の記号を用いて

$$\frac{\partial f}{\partial \boldsymbol{n}}(x, y) = \boldsymbol{n} \cdot \nabla f(x, y) \qquad (*)$$

と書ける．

$z = f(x, y)$ を点 (x, y) における山の高さとすると，方向微分 $\dfrac{\partial f}{\partial \boldsymbol{n}}(x, y)$ は $\boldsymbol{n}$ 方向に進んだときの坂の傾きを表している．方向微分が 0 となるのは，山腹を等高線に沿って水平に進む方向 $\boldsymbol{n}$ であり，これは $(*)$ より，$(\nabla f)(x, y)$ と直交する方向である．方向微分が最大になる，すなわち，もっとも急な坂の方向は $(\nabla f)(x, y)$ の方向であり，そのときの坂の勾配は $(\nabla f)(x, y)$ の大きさに等しい．言い換えれば，$(\nabla f)(x, y)$ の方向はもっとも急な坂の方向であり，その大きさはそのときの坂の勾配に等しい．これが，$(\nabla f)(x, y)$ を勾配とよぶ理由である．

C．平均値の定理

定理 3.3.3 (平均値の定理)．　関数 $z = f(x, y)$ が領域 D で C^1 級であり，2 点 $(x, y), (x+h, y+k)$ を結ぶ線分が D に含まれているならば，次をみたす θ が存在する．

$$f(x+h, y+k) - f(x, y)$$
$$= f_x(x + \theta h, y + \theta k)h + f_y(x + \theta h, y + \theta k)k \quad (0 < \theta < 1).$$

証明　$g(t) = f(x + ht, y + kt)$ とおく．$g(t)$ は 1 変数 t の関数で，$0 < t < 1$

---

[13] 最後の等式には (3.3.1) を使った．
[14] 記号 ∇ は**ナブラ**と読む．
[15] 記号 grad は**グラディエント**と読む．

で微分可能であるから，1変数関数の平均値の定理（定理2.3.2）により，
$$g(1) - g(0) = g'(\theta)$$
をみたす $\theta\ (0 < \theta < 1)$ が存在する．この左辺は証明するべき式の左辺であり，右辺は，定理3.3.1より，証明するべき式の右辺に一致する． □

D．変数変換

▮ **ヤコビ行列** ▮ $\mathbb{R}^n$ における座標変数 $(x_1, \cdots, x_n)$ が他の変数 $(u_1, \cdots, u_m)$ の関数として表されているとしよう：
$$x_i = x_i(u_1, \cdots, u_m) \quad (i = 1, \cdots, n). \tag{3.3.5}$$
このとき $(3.2.4)'$ を一般化して
$$dx_i = \sum_{j=1}^m \frac{\partial x_i}{\partial u_j} du_j$$
である．これを行列を使って表すと
$$\begin{pmatrix} dx_1 \\ \vdots \\ dx_n \end{pmatrix} = \begin{pmatrix} \frac{\partial x_1}{\partial u_1} & \cdots & \frac{\partial x_1}{\partial u_m} \\ \cdots & \cdots & \cdots \\ \frac{\partial x_n}{\partial u_1} & \cdots & \frac{\partial x_n}{\partial u_m} \end{pmatrix} \begin{pmatrix} du_1 \\ \vdots \\ du_m \end{pmatrix} \tag{3.3.6}$$
となる．ここに現れた係数行列を，変換 (3.3.5) の**ヤコビ**[16]**行列**とよび，$\dfrac{\partial(x_1, \cdots, x_n)}{\partial(u_1 \cdots, u_m)}$ と書く．また，$m = n$ のときには，その行列式を**ヤコビ行列式**，または**ヤコビアン**[17]とよび，$\dfrac{D(x_1, \cdots, x_n)}{D(u_1 \cdots, u_n)}$ と書く[18]．

---

[16] Jacobi
[17] Jacobian. 英語の直訳は，ヤコビの（もの）．
[18] 多くの書物では，ヤコビ行列を表す記号はなく，記号 $\dfrac{\partial(x_1, \cdots, x_n)}{\partial(u_1 \cdots, u_n)}$, $\dfrac{D(x_1, \cdots, x_n)}{D(u_1 \cdots, u_n)}$ のどちらもがヤコビ行列式を表しているので注意すること．ヤコビ行列を $\dfrac{\partial(x_1, \cdots, x_n)}{\partial(u_1, \cdots, u_m)}$ で，ヤコビ行列式を $\dfrac{D(x_1, \cdots, x_n)}{D(u_1, \cdots, u_n)}$ で表すという記法は，黒田成俊先生の『微分積分』（共立出版）にならった．

問 3.3.1. 1次変換
$$\begin{cases} x = au + bv \\ y = cu + dv \end{cases} \quad (a, b, c, d は定数)$$
のヤコビ行列は
$$\begin{pmatrix} a & b \\ c & d \end{pmatrix}$$
である.

問 3.3.2. 変数変換 (3.3.5) による偏導関数の変換の公式 (3.3.3) はヤコビ行列を使うと
$$\left(\frac{\partial z}{\partial u_1}, \cdots, \frac{\partial z}{\partial u_m} \right) = \left(\frac{\partial z}{\partial x_1}, \cdots, \frac{\partial z}{\partial x_n} \right) \frac{\partial(x_1, \cdots, x_n)}{\partial(u_1 \cdots, u_m)} \tag{3.3.7}$$
と表される[19].

定理 3.3.4.

[1] 2つの変換
$$x_i = x_i(u_1, \cdots, u_m) \quad (i = 1, \cdots, n),$$
$$u_j = u_j(\xi_1, \cdots, \xi_\ell) \quad (j = 1, \cdots, m)$$
のヤコビ行列と，その合成
$$x_i = x_i(u_1(\xi_1, \cdots, \xi_\ell), \cdots, u_m(\xi_1, \cdots, \xi_\ell)) \tag{3.3.8}$$
のヤコビ行列とのあいだには次の関係が成り立つ.
$$\frac{\partial(x_1, \cdots, x_n)}{\partial(\xi_1, \cdots, \xi_\ell)} = \frac{\partial(x_1, \cdots, x_n)}{\partial(u_1, \cdots, u_m)} \cdot \frac{\partial(u_1, \cdots, u_m)}{\partial(\xi_1, \cdots, \xi_\ell)}. \tag{3.3.9}$$

[2] とくに, $m = n$ であり, $x_i = x_i(u_1, \cdots, u_n)$ $(i = 1, \cdots, n)$ が $u_i = u_i(x_1, \cdots, x_n)$ $(i = 1, \cdots, n)$ と解けているときには, $\dfrac{\partial(x_1, \cdots, x_n)}{\partial(u_1, \cdots, u_n)}$ と $\dfrac{\partial(u_1, \cdots, u_n)}{\partial(x_1, \cdots, x_n)}$ とは互いに逆行列である.

---

[19] (3.3.6) では縦ベクトル, (3.3.7) では横ベクトルと無原則に並んでいるように見えるが, 分子の変化は縦に, 分母の変化は横にという原則で並んでいるのである. これより, (3.3.7) の右辺の積の順序も必然的に定まる.

擬証明 [1] (3.3.6) に

$$\begin{pmatrix} du_1 \\ \vdots \\ du_m \end{pmatrix} = \frac{\partial(u_1,\cdots,u_m)}{\partial(\xi_1,\cdots,\xi_\ell)} \begin{pmatrix} d\xi_1 \\ \vdots \\ d\xi_\ell \end{pmatrix}$$

を代入して

$$\begin{pmatrix} dx_1 \\ \vdots \\ dx_n \end{pmatrix} = \frac{\partial(x_1,\cdots,x_n)}{\partial(u_1,\cdots,u_m)} \frac{\partial(u_1,\cdots,u_m)}{\partial(\xi_1,\cdots,\xi_\ell)} \begin{pmatrix} d\xi_1 \\ \vdots \\ d\xi_\ell \end{pmatrix}$$

である. 他方

$$\begin{pmatrix} dx_1 \\ \vdots \\ dx_n \end{pmatrix} = \frac{\partial(x_1,\cdots,x_n)}{\partial(\xi_1,\cdots,\xi_\ell)} \begin{pmatrix} d\xi_1 \\ \vdots \\ d\xi_\ell \end{pmatrix}$$

である. この 2 式より (3.3.9) を得る.
[2] この場合には, (3.3.8) において, 従って, (3.3.9) において ξ_i を x_i におきかえた式が成り立っている.

$$\frac{\partial x_i}{\partial x_j} = \begin{cases} 1 & (i = j \text{ のとき}) \\ 0 & (i \neq j \text{ のとき}) \end{cases}$$

であるから (3.3.9) の左辺は単位行列である. □

注意 1 変数の場合の公式 (2.2.2) に引きずられて

$$\frac{\partial z}{\partial x} = \frac{1}{\frac{\partial x}{\partial z}} \tag{×}$$

などとしてはいけない.

■ 座標変換の例 ■

極座標については, p.98 において復習しておいた.

$$\begin{aligned} x_r &= \cos\theta, & x_\theta &= -r\sin\theta, \\ y_r &= \sin\theta, & y_\theta &= r\cos\theta \end{aligned} \tag{3.3.10}$$

となるので,

$$\begin{aligned} z_r &= z_x x_r + z_y y_r = z_x \cos\theta + z_y \sin\theta, \\ z_\theta &= z_x x_\theta + z_y y_\theta = -z_x r\sin\theta + z_y r\cos\theta \end{aligned} \tag{3.3.11}$$

となる．このときヤコビアンは

$$\frac{D(x,y)}{D(r,\theta)} = \begin{vmatrix} x_r & x_\theta \\ y_r & y_\theta \end{vmatrix} = r \tag{3.3.12}$$

である[20]．

例題 3.3.3. $z = z(x,y)$ を C^1 級関数とする．極座標変換 (3.1.1) により

$$(z_x)^2 + (z_y)^2 = (z_r)^2 + \frac{1}{r^2}(z_\theta)^2 \tag{$*$}$$

となることを示せ．

解 $(*)$ の右辺に (3.3.11) を代入すれば容易に左辺が得られる． □

別解 (3.3.11) を z_x, z_y について解いて得る

$$z_x = \cos\theta z_r - r^{-1}\sin\theta z_\theta$$
$$z_y = \sin\theta z_r + r^{-1}\cos\theta z_\theta$$

を左辺に代入すればよい． □

注意 素直に計算しようとすると

$$z_x = z_r r_x + z_\theta \theta_x, \quad z_y = z_r r_y + z_\theta \theta_y \tag{$**$}$$

を使うことになる．この方法だと

$$r_x, \ r_y, \ \theta_x, \ \theta_y \tag{$\dagger$}$$

を求めなければならず，以下に見るように計算が大変であり，推奨できる方法ではないが，一応説明しておこう．

(3.1.1) を r, θ について解くと

$$r = \sqrt{x^2 + y^2}, \ \tan\theta = y/x$$

である．この第1式より

$$r_x = \frac{x}{\sqrt{x^2+y^2}} = \frac{x}{r}, \ r_y = \frac{y}{r}$$

を得，第2式を x で偏微分して

$$\frac{\theta_x}{\cos^2\theta} = -\frac{y}{x^2}$$

---

[20] この式は第5章で重要になる．

であるから，
$$\theta_x = -\frac{y\cos^2\theta}{x^2} = -\frac{y}{x^2(1+\tan^2\theta)} = -\frac{y}{x^2(1+(y/x)^2)} = -\frac{y}{r^2}$$
である．同様にして
$$\theta_y = \frac{x}{r^2}$$
である．以上を (**) に代入したものを (*) の左辺に代入すればよい．

なお，(†) を求めるのに，定理 3.3.4 [2] から得られる
$$\begin{pmatrix} x_r & x_\theta \\ y_r & y_\theta \end{pmatrix} \begin{pmatrix} r_x & r_y \\ \theta_x & \theta_y \end{pmatrix} = \begin{pmatrix} 1 & 0 \\ 0 & 1 \end{pmatrix}$$
に着目して，(3.3.10) でわかっている $\begin{pmatrix} x_r & x_\theta \\ y_r & y_\theta \end{pmatrix}$ の逆行列を求めるという方法もある．

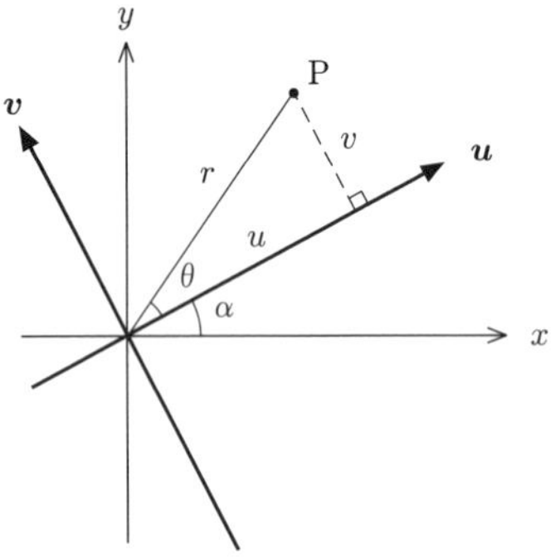

■ 座標軸の回転 ■ 図のように座標軸を角度 α だけ回転させる．同じ点 P が古い座標では (x,y)，新しい座標では (u,v) と表されたとする．極座標表示で
$$u = r\cos\theta,\ v = r\sin\theta$$
とすると

図 3.7

$$x = r\cos(\theta+\alpha) = r\cos\theta\cos\alpha - r\sin\theta\sin\alpha = u\cos\alpha - v\sin\alpha,$$
$$y = r\sin(\theta+\alpha) = r\sin\theta\cos\alpha + r\cos\theta\sin\alpha = u\sin\alpha + v\cos\alpha$$
であるから
$$\begin{pmatrix} x \\ y \end{pmatrix} = \begin{pmatrix} \cos\alpha & -\sin\alpha \\ \sin\alpha & \cos\alpha \end{pmatrix} \begin{pmatrix} u \\ v \end{pmatrix} \tag{3.3.13}$$
を得る[21]（これは問 **3.3.1** で考えた 1 次変換の特別な場合である）．

---

[21] ベクトルの回転の公式を知っている学生は，同じ座標系において，ベクトル $^t(u,v)$ を角度 α だけ回転させたものが $^t(x,y)$ であるということを使えば，この式は公式そのものである．

問 3.3.3. 上の変換において
$$(z_x)^2 + (z_y)^2 = (z_u)^2 + (z_v)^2$$
が成り立つことを示せ.

E. ラプラシアン

2 変数関数 $f(x,y)$ に対して
$$\triangle f(x,y) = \frac{\partial^2 f}{\partial x^2} + \frac{\partial^2 f}{\partial y^2},$$

3 変数関数 $f(x,y,z)$ に対して
$$\triangle f(x,y,z) = \frac{\partial^2 f}{\partial x^2} + \frac{\partial^2 f}{\partial y^2} + \frac{\partial^2 f}{\partial z^2},$$

一般に N 変数関数 $f(x_1, \cdots, x_N)$ に対して
$$\triangle f(x_1, \cdots, x_N) = \frac{\partial^2 f}{\partial x_1{}^2} + \cdots + \frac{\partial^2 f}{\partial x_N{}^2}$$

とおき, $\triangle$ を**ラプラシアン**[22] (または**ラプラス作用素**) という. 自然科学, 工学のあらゆる分野で重要な働きをする作用素である.

問 3.3.4.

(1) 2 次元で, $f(x,y) = \log(x^2 + y^2)$ が原点以外で $\triangle f = 0$ をみたすことを, i) 上の定義式を使って, ii) 下の例題 3.3.5 で証明する公式を使って, という 2 つの方法で証明せよ.

(2) 3 次元では, $f(x,y,z) = 1/\sqrt{x^2 + y^2 + z^2}$ が原点以外で $\triangle f = 0$ をみたすことを示せ.

例題 3.3.4. 2 次元平面で考える. 座標軸を角度 α だけ回転させて, 同じ点が古い座標では (x,y), 新しい座標では (u,v) と表されたとすると, $f \in C^2$ に対して
$$\triangle f = f_{uu} + f_{vv}$$
である.

---

[22] Laplacian

解 1階の偏導関数は (3.3.13) より

$$f_u = f_x x_u + f_y y_u = f_x \cos\alpha + f_y \sin\alpha$$
$$f_v = f_x x_v + f_y y_v = -f_x \sin\alpha + f_y \cos\alpha \qquad (*)$$

である．2階の偏導関数は $f_{uu} = (f_u)_u$ と見て内部の f_u に $(*)$ を代入すれば

$$f_{uu} = (f_u)_u = (f_x \cos\alpha + f_y \sin\alpha)_u = (f_x)_u \cos\alpha + (f_y)_u \sin\alpha$$

となる．$(f_x)_u, (f_y)_u$ の計算には，公式 $(*)$ は任意の関数について成り立つから，f を f_x, f_y におきかえた式も成り立つということを使う．このことより

$$\begin{aligned} f_{uu} &= (f_x)_u \cos\alpha + (f_y)_u \sin\alpha \\ &= (f_{xx}\cos\alpha + f_{xy}\sin\alpha)\cos\alpha + (f_{yx}\cos\alpha + f_{yy}\sin\alpha)\sin\alpha \\ &= \cos^2\alpha f_{xx} + 2\sin\alpha\cos\alpha f_{xy} + \sin^2\alpha f_{yy} \end{aligned}$$

を得る[23]．同様にして，

$$f_{vv} = \sin^2\alpha f_{xx} - 2\sin\alpha\cos\alpha f_{xy} + \cos^2\alpha f_{yy}$$

を得る．これらを与式の右辺に代入すればよい． □

問 3.3.5. 上の証明で，「同様に」と書いたところを実行せよ．

例題 3.3.5. 2次元平面で考える．極座標 (3.1.1) により，

$$\triangle f = f_{rr} + \frac{1}{r}f_r + \frac{1}{r^2}f_{\theta\theta}$$

となることを示せ[24]．

解 1階の偏導関数は (3.3.11) より

$$f_r = f_x x_r + f_y y_r = f_x \cos\theta + f_y \sin\theta,$$
$$f_\theta = f_x x_\theta + f_y y_\theta = -f_x r\sin\theta + f_y r\cos\theta \qquad (3.3.14)$$

である．2階の偏導関数の計算には例題 3.3.4 の解法のアイデアを使う．$f_{rr} = (f_r)_r$ の中側の f_r に上の式を使い $f_{rr} = (f_x\cos\theta + f_y\sin\theta)_r$．次に，外側の r による偏微分を行なう．r による偏微分においては，θ は定数扱いであるから

$$f_{rr} = (f_x)_r \cos\theta + (f_y)_r \sin\theta.$$

最後に，f_x, f_y に，(3.3.14) で f をそれぞれ f_x, f_y でおきかえた式を代入して

$$\begin{aligned} f_{rr} &= [(f_x)_x \cos\theta + (f_x)_y \sin\theta]\cos\theta + [(f_y)_x \cos\theta + (f_y)_y \sin\theta]\sin\theta \\ &= \cos^2\theta f_{xx} + 2\sin\theta\cos\theta f_{xy} + \sin^2\theta f_{yy} \end{aligned}$$

---

[23] $f_{xy} = f_{yx}$ を使った．
[24] 重要な公式であり，どの本にも例題として載っているが，決してやさしい問題ではない．じっくり考えてよく理解すること．

を得る[25].

次に $f_{\theta\theta}$ を計算しよう.
$$f_{\theta\theta} = (f_\theta)_\theta = (-f_x r \sin\theta + f_y r \cos\theta)_\theta$$
であるが, θ での偏微分では $\sin\theta$, $\cos\theta$ は定数とはみなされないので
$$f_{\theta\theta} = -(f_x)_\theta r \sin\theta - f_x r \cos\theta + (f_y)_\theta r \cos\theta - f_y r \sin\theta.$$
そして, $(f_x)_\theta$, $(f_y)_\theta$ の計算は, f_{rr} のときと同様に, f_x, f_y に, (3.3.14) で f をそれぞれ f_x, f_y でおきかえた式を代入して
$$\begin{aligned} f_{\theta\theta} &= -\{-f_{xx} r \sin\theta + f_{xy} r \cos\theta\} r \sin\theta - f_x r \cos\theta \\ &\quad + \{-f_{yx} r \sin\theta + f_{yy} r \cos\theta\} r \cos\theta - f_y r \sin\theta \\ &= r^2(\sin^2\theta f_{xx} - 2\cos\theta\sin\theta f_{xy} + \cos^2\theta) - r(f_x \cos\theta + f_y \sin\theta) \end{aligned}$$
を得る. 最後の項の第 2 因子は $f_x \cos\theta + f_y \sin\theta = f_r$ であることに注意する. 以上を, 与式の右辺に代入すると左辺となる. □

****************** **練習問題 3.3** ********************

(A)

1. 次の関係式より $\dfrac{dz}{dt}$ を求めよ.
 (1) $z = \tan^{-1}\dfrac{y}{x}$, $x = \cos t$, $y = \sin t$
 (2) $z = \log(x^2 + y^2)$, $x = \cos^3 t$, $y = \sin^3 t$

2. 次の関係式より z_u, z_v を求めよ.
 (1) $z = \tan^{-1}\dfrac{y}{x}$, $x = \sin u$, $y = \sin v$
 (2) $z = xy$, $x = \sin^{-1}(uv)$, $y = \cos^{-1}(uv)$
 (3) $z = \log(x^2 + y^2)$, $x = u - v$, $y = u + v$

3. $z = f(x, y)$ は C^2 級, $x = x(t)$, $y = y(t)$ も C^2 級とするとき, 次の等式を示せ.
$$z''(t) = z_{xx} x'(t)^2 + 2z_{xy} x'(t) y'(t) + z_{yy} y'(t)^2 + z_x x''(t) + z_y y''(t).$$

4. 1 変数関数 φ は微分可能とする. このとき, 次を示せ.
 (1) $z = \varphi\left(\dfrac{y}{x}\right)$ のとき $xz_x + yz_y = 0$
 (2) $z = \varphi\left(\log x + \dfrac{1}{y}\right)$ のとき $xz_x + y^2 z_y = 0$

---

[25] $(f_r)_r$ の変形の順序を逆にして, f_r に, (3.3.14) の f を f_r でおきかえたものを代入して
$$(f_r)_r = \cos\theta(f_r)_x + \sin\theta(f_r)_y$$
としておいてから, この f_r に (3.3.14) を代入すると, $(\cos\theta)_x$ を計算しなければならなくなり, 大変なことになる.

5. $x+y = e^{u+v}$, $x-y = e^{u-v}$ のとき, 関数 $z = f(x,y)$ について等式 $z_{xx} - z_{yy} = e^{-2u}(z_{uu} - z_{vv})$ を示せ.

(B)

1. C^1 級の関数 $u(x,y)$ が恒等的に $u_x = u_y$ をみたすとする. このとき, $u(x,y) = f(x+y)$ をみたす 1 変数の C^1 級の関数 f があることを証明せよ.
　ヒント　変数変換 $x = (\xi+\eta)/2$, $y = (\xi-\eta)/2$ を利用.

2. $u(x,y)$ を C^2 級の関数とする.
(1) 恒等的に $u_{xy} = 0$ だったとすると, $u(x,y) = f(x) + g(y)$ をみたす 1 変数の C^2 級の関数 $f(x)$, $g(y)$ があることを証明せよ.
(2) 変数変換 $t = \xi + \eta$, $x = \xi - \eta$ により, $u = u(t,x)$ の方程式[26]
$$u_{tt} = u_{xx}$$
を ξ, η の偏微分の式になおせ.
(3) (2) の方程式の解は 1 変数の C^2 級の関数 $f(x)$, $g(y)$ を使って $u(t,x) = f(t+x) + g(t-x)$ と表されることを示せ.

3. $z = F(u,v)$, $u = f(x,y)$, $v = g(x,y)$ がいずれも C^2 級の関数であるとする. $f_x = g_y$, $f_y = -g_x$ をみたしているならば,
$$\frac{\partial^2 z}{\partial x^2} + \frac{\partial^2 z}{\partial y^2} = (f_x{}^2 + f_y{}^2)\left(\frac{\partial^2 z}{\partial u^2} + \frac{\partial^2 z}{\partial v^2}\right).$$

4. (必要なら原点は無視することにする.) $z = f(x_1, \cdots, x_N)$ がある定数 λ に対して
$$f(tx_1, \cdots, tx_N) = t^\lambda f(x_1, \cdots, x_N) \quad (すべての\ t>0\ に対して) \qquad (*)$$
をみたすとき, f は λ 次同次であるという.
(1) a_{ij} を定数とするとき, $f = \sum_{i,j=1}^{N} a_{ij} x_i x_j$ が 2 次同次であることを示せ.
(2) $f = x_i / \sqrt{\sum_{i=1}^{N} x_i^2}$ が 0 次同次であることを示せ.
(3) f を λ 次同次な C^1 級関数とするとき
$$\sum_{i=1}^{N} x_i \frac{\partial f}{\partial x_i}(x_1, \cdots, x_N) = \lambda f(x_1, \cdots, x_N)$$
であることを示せ[27].
　ヒント　(3) では, $(*)$ を t で微分し, $t=1$ とおけ.

5. 3 次元空間における点 $P(x,y,z)$ の極座標を次のように定める. 原点を O, 点 P の真下にある xy 平面上の点を $Q(x,y,0)$ とおく.

---

[26] これは弦の振動を表す方程式で, **波動方程式**とよばれている.
[27] これを**オイラー (Euler) の公式**という.

3.3 合成関数の偏微分　　121

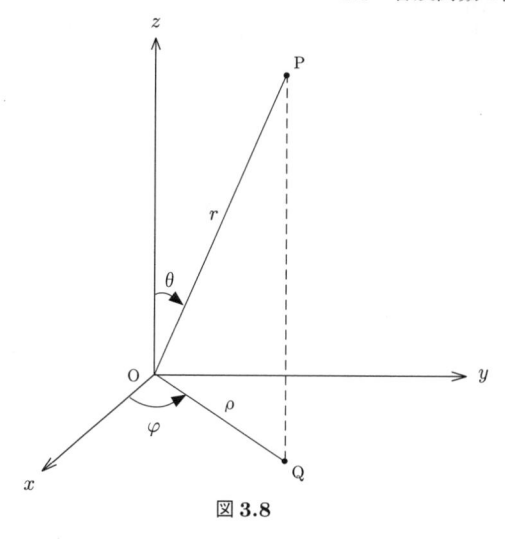

図 3.8

i) $\overrightarrow{OP}$ の長さを r, $\overrightarrow{OQ}$ の長さを ρ, $\overrightarrow{OP}$ と z 軸の正の方向とのなす角を θ とおくと
$$z = r\cos\theta,\ \rho = r\sin\theta$$
である．

ii) $\overrightarrow{OQ}$ と x 軸の正の方向とのなす角を φ とおくと
$$x = \rho\cos\varphi,\ y = \rho\sin\varphi$$
である．ρ を消去した
$$x = r\sin\theta\cos\varphi,\ y = r\sin\theta\sin\varphi,\ z = r\cos\theta \tag{$*$}$$
が 3 次元空間における極座標である．

変数変換 $(*)$ のヤコビ行列を求めよ．

6. 3 次元空間における関数 $f(x, y, z)$ のラプラシアンは極座標になおすと
$$\Delta f = f_{rr} + \frac{2}{r}f_r + \frac{1}{r^2 \tan\theta}f_\theta + \frac{1}{r^2}f_{\theta\theta} + \frac{1}{r^2 \sin^2\theta}f_{\varphi\varphi}$$
となることを示せ．

ヒント　前問のヤコビ行列を使って，例題 3.3.5 にならって計算すると，計算量は膨大なものになるであろう．次のようにやれば少しは楽．

Step 1： z はそのままにして，$f_{xx} + f_{yy}$ に変数変換 $x = \rho\cos\varphi,\ y = \rho\sin\varphi$ を行なうことは，例題 3.3.5 の結果をそのまま使えばよい．

Step 2： φ はそのままにして，$f_{zz} + f_{\rho\rho}$ に変数変換 $z = r\cos\theta,\ \rho = r\sin\theta$ に行なうことも，同じ例題が使える．

Step 3： $f_\rho = r_\rho f_r + \theta_\rho f_\theta$ であるが，r_ρ, θ_ρ は例題 3.3.3 の別解を参考に計算せよ．

7. (線形代数の授業で直交行列について習うであろう. それを習ったあとで考えよ.)
A を $N \times N$ の直交行列とする. 変数変換

$$\begin{pmatrix} x_1 \\ \vdots \\ x_N \end{pmatrix} = A \begin{pmatrix} u_1 \\ \vdots \\ u_N \end{pmatrix}$$

により

$$\Delta f = \frac{\partial^2 f}{\partial u_1{}^2} + \cdots + \frac{\partial^2 f}{\partial u_N{}^2}$$

となることを示せ.

---

§3.4 テイラーの定理

A. 準備

h, k を定数として,
$$\left(h\frac{\partial}{\partial x} + k\frac{\partial}{\partial y} \right)^n f(x,y) \qquad (n = 0, 1, \cdots)$$
を次のように定める:$n = 0$ のときには $= f$,$n = 1$ のときには
$$\left(h\frac{\partial}{\partial x} + k\frac{\partial}{\partial y} \right) f = h\frac{\partial f}{\partial x} + k\frac{\partial f}{\partial y},$$
$n = n-1$ のとき定義されているとすると
$$\left(h\frac{\partial}{\partial x} + k\frac{\partial}{\partial y} \right)^n f = \left(h\frac{\partial}{\partial x} + k\frac{\partial}{\partial y} \right) \left\{ \left(h\frac{\partial}{\partial x} + k\frac{\partial}{\partial y} \right)^{n-1} f \right\}.$$

このとき次が成り立つ.

> **定理 3.4.1.** 関数 $z = f(x,y)$ が領域 D で C^n 級であり,2点 (a,b), $(a+h, b+k)$ を結ぶ線分が D に含まれているとする. このとき次が成り立つ.
> [1] $\left(h\dfrac{\partial}{\partial x} + k\dfrac{\partial}{\partial y} \right)^n f = \displaystyle\sum_{i=0}^{n} {}_nC_i h^i k^{n-i} \dfrac{\partial^n f}{\partial x^i \partial y^{n-i}}.$
> [2] $F(t) = f(a+ht, b+kt)$ とおくと[28],
> $$\frac{d^n}{dt^n} F(t) = \left(h\frac{\partial}{\partial x} + k\frac{\partial}{\partial y} \right)^n f(a+ht, b+kt).$$

問 3.4.1. 上の定理を証明せよ．

ヒント 数学的帰納法．[1] は二項定理と同じ形をしていることに注意せよ．証明もまた二項定理の場合と同じである．

B．テイラーの定理

定理 3.4.2. 関数 $z = f(x,y)$ が領域 D で C^n 級であり，2 点 (a,b), $(a+h, b+k)$ を結ぶ線分が D に含まれているとする．このとき次をみたす θ $(0 < \theta < 1)$ が存在する．

$$f(a+h, b+k) = \sum_{j=0}^{n-1} \frac{1}{j!} \left(h \frac{\partial}{\partial x} + k \frac{\partial}{\partial y} \right)^j f(a,b) \qquad (3.4.1)$$
$$+ \frac{1}{n!} \left(h \frac{\partial}{\partial x} + k \frac{\partial}{\partial y} \right)^n f(a + \theta h, b + \theta k).$$

証明 $F(t) = f(a + ht, b + kt)$ とおき，これに 1 変数のマクローリンの公式（定理 2.5.2）を適用すると

$$F(t) = \sum_{j=0}^{n-1} \frac{1}{j!} F^{(j)}(0) t^j + \frac{1}{n!} F^{(n)}(\theta t) t^n$$

をみたす θ $(0 < \theta < 1)$ が存在する．これに $t = 1$ を代入し，直前の定理に注意すれば，目的の式を得る． □

C．極値問題

テイラーの定理を極値問題に応用しよう．

定義 3.4.1. $z = f(x,y)$ を領域 D で定義された関数とする．

[1] $f(x,y)$ が点 $\boldsymbol{a} = (a,b) \in D$ で**極大値【極小値】**をとるとは，$\boldsymbol{a} = (a,b)$ の近くでは，$f(x,y)$ が $(x,y) = (a,b)$ で最大【最小】となることをいう．すなわち，$\delta > 0$ を十分小さくとれば

---

[28] 次式の右辺は

$$\left(h \frac{\partial}{\partial x} + k \frac{\partial}{\partial y} \right)^n f(x,y) \bigg|_{x = a+ht,\, y = b+kt}$$

の意味．

$$x \in U(\boldsymbol{a}, \delta) \subset D \Longrightarrow f(x,y) \leqq f(a,b) \quad \text{【}f(x,y) \geqq f(a,b)\text{】} \quad (3.4.2)$$

となっていることをいう．

[2] (3.4.2) の代わりに
$$\boldsymbol{x} = (x,y) \neq \boldsymbol{a}, \ \boldsymbol{x} \in U(\boldsymbol{a}, \delta) \subset D$$
$$\Longrightarrow \quad f(x,y) < f(a,b) \quad \text{【}f(x,y) > f(a,b)\text{】} \quad (3.4.2)'$$

となっているとき，$f(x,y)$ は点 $\boldsymbol{a} = (a,b)$ において**狭義の極大値【極小値】**をとるという．

[3] 極大値，極小値を総称して**極値**という[29]．

$f(x,y)$ が (a,b) で極値をとるための必要条件や十分条件を調べよう．

次の定理は 1 変数の場合の定理 2.3.5 の多変数版である．

定理 3.4.3 (極値の必要条件). $z = f(x,y)$ が偏微分可能で，点 (a,b) で極値をとるならば[30]，
$$f_x(a,b) = f_y(a,b) = 0. \tag{3.4.3}$$

証明 $f(x,y)$ が (a,b) で極値をとるとする．
$$F(t) = f(a+t, b), \ G(t) = f(a, b+t)$$
とおくと，$F(t), G(t)$ は微分可能で $t = 0$ で極値をとるから，1 変数の場合の定理（定理 2.3.5）より
$$F'(0) = f_x(a,b) = 0, \ G'(0) = f_y(a,b) = 0$$
である． □

$(0,0)$ で極小値【極大値】をとる典型的な例は $z = Ax^2 + By^2, \ A, B > 0$【$A, B < 0$】である．

1 変数の場合と同様に，この定理も逆は成り立たない．たとえば，$z = x^2 - y^2$ は $y = 0$ とすると x の関数として，$x = 0$ で極小値をとるが，$x = 0$ とすると y の関数として，$y = 0$ で極大値をとり，2 変数関数としては $(0,0)$ で極大値も極小値もとらない（図 3.9）．

---

[29] 極値をとる点がたくさんあるとき，δ はその点ごとに異なってもよい．
[30] (3.4.3) をみたす点 (a,b) を関数 f の**停留点**，そこでの f の値 $f(a,b)$ を**停留値**という．

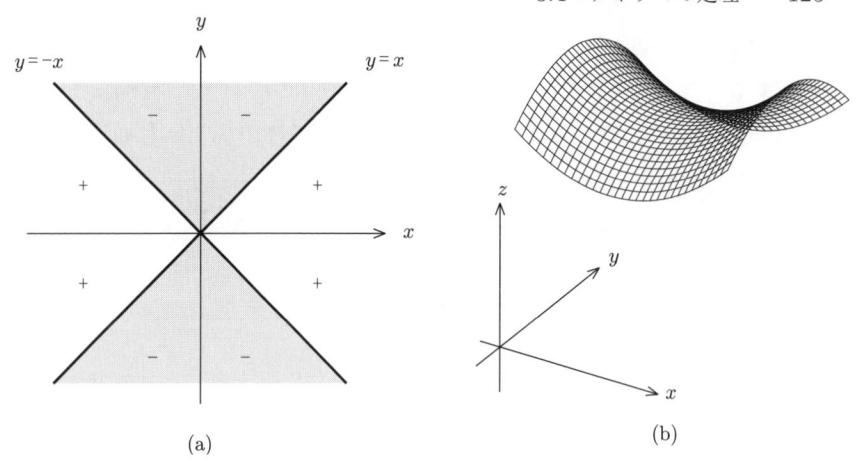

図 3.9

次に，極値をとるための十分条件を述べる．

定理 3.4.4 (極値の十分条件)． $z = f(x, y)$ を領域 D で定義された C^2 級関数．$(a, b) \in D$, $f_x(a, b) = f_y(a, b) = 0$ とする．
$$H = f_{xx}(a, b) f_{yy}(a, b) - f_{xy}(a, b)^2 \tag{3.4.4}$$
とおく．このとき，
[1] $H > 0$, $f_{xx}(a, b) > 0$ ならば f は (a, b) で狭義の極小値をとる．
[2] $H > 0$, $f_{xx}(a, b) < 0$ ならば f は (a, b) で狭義の極大値をとる．
[3] $H < 0$ ならば f は (a, b) で極大値でも極小値でもない．

注意 [1] $H > 0$ のときは $f_{xx}(a, b) \neq 0$ である．
[2] $H = 0$ のときは，極大値の場合も極小値の場合も，そのどちらでもない場合もある．

擬証明 $x = a + h$, $y = b + k$ として，テイラーの定理を使う．式 (3.4.1) の左辺は $f(x, y)$ である．右辺の $j = 0$ の項 $f(a, b)$ を左辺に移項する．仮定より右辺の $j = 1$ の項は消えるから

$$
\begin{aligned}
f(x, y) - f(a, b) &= \frac{1}{2!} \left(h \frac{\partial}{\partial x} + k \frac{\partial}{\partial y} \right)^2 f(a, b) + \cdots \quad (*) \\
&= \frac{1}{2} \left(f_{xx}(a, b) h^2 + 2 f_{xy}(a, b) h k + f_{yy}(a, b) k^2 \right) + \cdots
\end{aligned}
$$

を得る．以下，右辺の $\cdots$ は小さいから無視する（だから「擬証明」）．右辺の括弧内は h,k の2次式であり[31]その判別式 $= -4H$ であるから，[1]【[2]】の場合は，$(*)$ の右辺は任意の h,k（$h=k=0$ 以外）に対して，正【負】である．ゆえに，[1], [2] が示された．

$H<0$ ならば，$h=kt$ とおくと，$(*)$ の右辺の括弧内は $k^2 \times (t\text{の2次式})$ となり，この t の2次式は t の値により正にも負にもなりえる．ゆえに，[3] が示された． □

極値の必要条件（定理 3.4.3）を n 変数の場合に拡張することは容易であろう．各自試みよ．しかし，十分条件（定理 3.4.4）を n 変数の場合に拡張することは容易ではなく，線形代数に関する深い知識を必要とする．

例題 3.4.1. $x,y,z>0$ で $x+y+z=\ell$（与えられた正の定数）のときの，積 xyz の最大値を求めよ．

解 $f(x,y) = xyz = xy(\ell - x - y)$ の最大値を，領域
$$D = \{(x,y) \mid 0<x,y;\ x+y<\ell\}$$
内で探せばよい．最大値を与える点においては極大であるだろう[†]から，定理 3.4.3 より，$f_x = f_y = 0$ なる点を探そう．
$$f_x(x,y) = y(\ell - 2x - y) = 0,\ f_y(x,y) = x(\ell - x - 2y) = 0$$
を解いて
$$x = y = z = \ell/3. \tag{$*$}$$
（未完）

これから，f は $(*)$ のとき最大値 $(\ell/3)^3$ をとると結論付けるのは早計である．定理 3.4.3 は逆は成り立たないし，極大値なら最大値というのも一般には嘘である．[†] も怪しそうだ．1変数の場合でも図 3.10 (a) の場合には，極大値は最大値ではないし，図 3.10 (b) の場合には，そもそも最大値が存在しない．

---

[31] わかりづらければ，$h=kt$ とおき t の2次式と見よ．

3.4 テイラーの定理 127

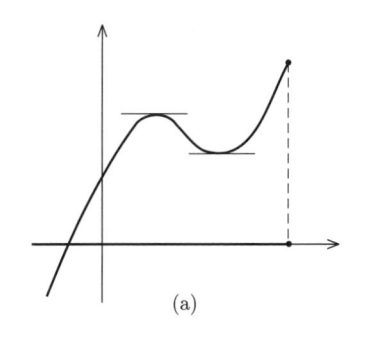

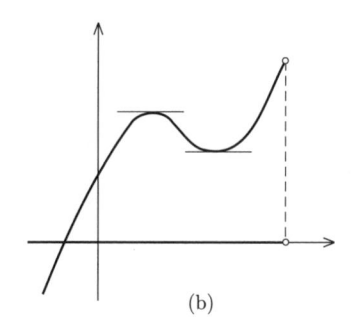

(a) (b)

図 3.10

例題を解くにあたっても，まず，最大値が存在する事を調べておかなければならない．それには，1 変数の場合の定理（定理 1.3.4）の多変数版である次の定理が有用である．

定理 3.4.5（最大値・最小値の存在）．　有界閉領域で定義された連続関数は，最大値，最小値をとる．

証明は 1 変数の場合の定理と同様難しいので省略する．

例題の解（つづき）　領域 D にその境界を付け加えた閉領域

$$K = \{(x,y) \mid 0 \leqq x, y;\ x + y \leqq \ell\}$$

を考える．これは明らかに有界であり，f はここで連続であるから，上の定理により f は最大値と最小値をもつが，境界上では最小値 0 をとり，内部では $f > 0$ であるから，最大値は内部でとる．最大値は内部でとるのだからそこでは極大でもある．$f_x = f_y = 0$ を解いて $(*)$ を得る．これが最大値を与える点の候補であるが，他に候補がないのでこれが最大値を与える点である．　□

問 3.4.2. 上の例題の解 $(*)$ においては $H > 0$, $f_{xx} < 0$ であることを確かめよ．

******************** 練習問題 **3.4**　*********************

(A)

1. 次の関数の停留点を求め，その点でその関数が極大値をとるか，極小値をとるか，そのどれでもないかを判定せよ．

(1) $x^2 - xy + y^2 - 4x - y + 2$　　(2) $x^3 + y^3 - 9xy + 1$

(3) $xy + \dfrac{1}{x} + \dfrac{1}{y}$　　(4) $x^2 - 2xy + y^3$

2. 次の関数の $(0,0)$ におけるテイラーの定理を適用し，その 4 次の項まで求めよ（R_5 は計算しなくてよい）．

(1) $e^x \cos y$　　(2) e^{ax+by}　　(3) $(\sin x)\log(2+y)$

(B)

1. 次の関数の停留点を求め，その点でその関数が極大値をとるか，極小値をとるか，そのどれでもないかを判定せよ．

(1) $xy(x^2 + y^2 - 1)$　　(2) $(x-y)^2 + y^3$　　(3) $x^4 + y^4 - 2x^2 + 4xy - 2y^2$

2. 与えられた円に内接する三角形で，面積の最大なものは正三角形であることを示せ．

3. 与えられた円に内接する三角形で，周の長さが最大なものは正三角形であることを示せ．

---

§3.5 陰関数定理

A．問題

関数 $f(x,y)$ が与えられているものとする．方程式 $f(x,y)=0$ を y につき解くことを考えよう．たとえば，$f(x,y) = x^2+y^2-1$ のときには，$f(x,y)=0$ を y について解くと

$$y = \pm\sqrt{1-x^2}$$

を得るが，これは多価なので，一価の部分を取り出そう．

$$y = \sqrt{1-x^2}, \tag{*1}$$

$$y = -\sqrt{1-x^2} \tag{*2}$$

などが簡単に思いつくだろうが，

$$y = \begin{cases} \sqrt{1-x^2} & (x \text{ が有理数のとき}) \\ -\sqrt{1-x^2} & (x \text{ が無理数のとき}) \end{cases} \tag{*3}$$

などというものもある．そこで連続なものだけを取り出すことにしよう．それでもまだ，$(*1), (*2)$ のどちらかに確定することはできない．

さらに，$f(a,b) = 0$ をみたす (a,b) を1つとり，$x = a$ で $y = b$ となるものを取り出すことにすると，b の符号により，(*1), (*2) の一方に確定することになる．

同じ問題は次のようにも解釈できる．$f(x,y) = 0$ は平面上の曲線を表すであろう．その曲線をグラフとする連続関数 $y = g(x)$ を求めたい．円：$f(x,y) = x^2 + y^2 - 1 = 0$ のときに明らかなように，曲線 $f(x,y) = 0$ 全体を表す連続関数 $y = g(x)$ は必ずしも存在しない．そこで，その曲線上に1点 P(a,b) をとり，その点の近くの部分だけでも表す連続関数 $y = g(x)$ を求めることにしよう．

それが可能であるための十分条件を与えるのが次の定理である（可能とはいっても存在定理のレベルであって，$y = g(x)$ を具体的な形で求めることは一般には困難である）．

B. 陰関数定理

定理 3.5.1 (陰関数定理). 関数 $f(x,y)$ を領域 D で定義された C^1 級関数とする．D 内の点 (a,b) において

　　　　　　i) $f(a,b) = 0$,　ii) $f_y(a,b) \neq 0$

が成り立っているとする．このとき，a を含むある開区間で定義された連続関数 $y = g(x)$ で

$$f(x, g(x)) \equiv 0, \quad b = g(a) \tag{3.5.1}$$

をみたすものがただ1つ存在する．この $y = g(x)$ は微分可能で

$$\frac{dy}{dx} = -\frac{f_x(x,y)}{f_y(x,y)} = -\frac{f_x(x,g(x))}{f_y(x,g(x))} \tag{3.5.2}$$

が成り立つ．

この $y = g(x)$ を $f(x,y) = 0$ の定める**陰関数**という．

注意 1 仮定 ii) について．円：$f(x,y) = x^2 + y^2 - 1 = 0$ の例では，$a = \pm 1$, $b = 0$ のときには，仮定 ii) はみたされていない．そして，(*1), (*2) のどちらも a の左右のどちらか一方でしか定義されていなく，「a を含むある開区間で

定義された連続関数」は存在しない．

注意 2 $f_x(a,b) \neq 0$ ならば，x と y との役割を入れ替えて，$f(x,y) = 0$ は，(a,b) の近くでは $x = h(y)$ と解かれる．

定義 3.5.1. $f(a,b) = 0$ と $f_x(a,b) = f_y(a,b) = 0$ をみたす (a,b) を $f(x,y) = 0$ の**特異点**という．

特異点の近くでの $f(x,y) = 0$ の状況については，この定理は何も教えてくれない．

擬証明 $y = g(x)$ の存在とその微分可能性を信用してしまえば，(3.5.2) は簡単に求まる．実際，恒等式

$$f(x, g(x)) \equiv 0$$

を x で微分すれば（例題 3.3.2(1) 参照）

$$f_x(x, g(x)) + f_y(x, g(x))g'(x) = 0$$

を得るからである．

これで証明を終えてもよいのだが，正しい証明を与えておこう．以下，①上の擬証明で満足して下の証明は読まない，② Step 1 だけを読む（これがお勧めコース），③全部読む，の3コースがありえよう．

証明 $f_y(a,b) > 0$ を仮定する（$f_y(a,b) < 0$ のときは，f の代わりに $-f$ を考えればよい）．

Step 1 : (3.5.1) をみたす $y = g(x)$ の存在証明：

練習問題 2.6 (B) 3 と同様にして証明できる次の事実を使う．

(†) 連続関数 $\psi(x,y)$ がある点 P で正【負】であるならば，
　　　その点 P の十分近くでは，$\psi(x,y)$ は正【負】である．

$f_y(a,b) > 0$ であるから，点 P(a,b) の近くでは $f_y(x,y) > 0$ である．図 3.11 に描かれている範囲では $f_y(x,y) > 0$ であるとしよう．図の LM 上で定義された y の関数 $f(a,y)$ の導関数は正であるから単調増加関数であり，点 P(a,b) では $f = 0$ であるから，その下方，たとえば，点 A では $f < 0$，その上方，たとえば，点 B では $f > 0$ である．

ふたたび (†) より，f は A の近く，CD 上では負，B の近く EF 上では正である．CD, EF 上に点 X, Y を x 座標が同じものをとる（その x 座標を x とおく）．XY 上では f は y の関数であり，その導関数は正であるから，狭義単調増加である．f の値は X では負，Y では正であるから，中間値の定理により，$f(x,y) = 0$ となる y が（XY 上）ただ1つ存在する．対応 $x \mapsto y$ を $y = g(x)$ とおけば，これが求めるものである．

このような g がただ 1 つであることも明らかであろう．

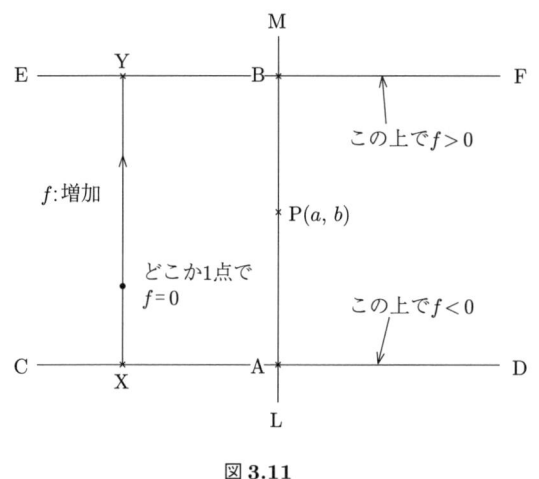

図 3.11

（図中テキスト：M, E, Y, B, F, この上で $f>0$, f:増加, P(a,b), どこか1点で $f=0$, この上で $f<0$, C, X, A, D, L）

Step 2：g の連続性の証明：定義 2.6.3 を使う．任意に与えられた $\varepsilon > 0$ に対して，Step 1 の A, B を，AP = PB = ε ととる．δ = CA = AD = EB = BF とおくと，点 $(x, g(x))$ は長方形 CDEF 内にあるから，

$$|x - a| < \delta \text{ ならば } |g(x) - g(a)| < \varepsilon$$

である．すなわち，$y = g(x)$ は $x = a$ において連続である．

　$|a_1 - a| < \delta$ なる a_1 を任意にとり，$b_1 = g(a_1)$ とおく．Step 1 より，(3.5.1) で (a, b) を (a_1, b_1) におきかえたものが成り立つ関数 $y = g_1(x)$ が $x = a_1$ の近くで存在し，それは $x = a_1$ で連続である．ところが，g の一意性により，$x = a_1$ の近くでは $g_1(x) = g(x)$ であるから，g は $x = a_1$ で連続である．

Step 3：g の微分可能性と (3.5.2) の証明：$x = x_1 + h$, $y_1 = g(x_1)$, $k = g(x_1 + h) - g(x_1)$ とおく．$f(x_1, y_1) = f(x_1 + h, g(x_1 + h)) = 0$ であるから，平均値の定理より

$$0 = f(x_1 + h, y_1 + k) - f(x_1, y_1) = f_x(x_1 + \theta h, y_1 + \theta k)h + f_y(x_1 + \theta h, y_1 + \theta k)k$$

をみたす θ $(0 < \theta < 1)$ が存在する．これより，

$$\frac{k}{h} = -\frac{f_x(x_1 + \theta h, y_1 + \theta k)}{f_y(x_1 + \theta h, y_1 + \theta k)}$$

である．$g(x)$ は連続であるから，$h \to 0$ のとき $k \to 0$ であり，このとき，$x_1 + \theta h \to x_1$, $y_1 + \theta k \to y_1 = g(x_1)$ であるから，上式右辺は (3.5.2) の右辺に $x = x_1$ を代入したものに収束する．したがって，上式左辺も収束する．その極限値は導関数の定義により $g'(x_1)$ である．ゆえに，(3.5.2) が成り立つ．　□

■ 一般化 ■ m 個の関数 $f_i(x_1,\cdots,x_n;y_1,\cdots,y_m)$ $(i=1,\cdots,m)$ が与えられているとき，$y_1,\cdots,y_m$ に関する連立方程式

$$\begin{cases} f_1(x_1,\cdots,x_n;y_1,\cdots,y_m)=0 \\ \quad\cdots \\ f_m(x_1,\cdots,x_n;y_1,\cdots,y_m)=0 \end{cases}$$

を解こう．

定理 3.5.2. m 個の関数 $f_i(x_1,\cdots,x_n;y_1,\cdots,y_m)$ $(i=1,\cdots,m)$ を領域 $D\subset\mathbb{R}^{n+m}$ で定義された C^1 級関数とする．D 内の点 $(a_1,\cdots,a_n;b_1,\cdots,b_m)$ において

(i) $f_i(a_1,\cdots,a_n;b_1,\cdots,b_m)=0$ $(i=1,\cdots,m)$,

(ii) $\dfrac{D(f_1,\cdots,f_m)}{D(y_1,\cdots,y_m)}=\begin{vmatrix} \dfrac{\partial f_1}{\partial y_1} & \cdots & \dfrac{\partial f_1}{\partial y_m} \\ \cdots & \cdots & \cdots \\ \dfrac{\partial f_m}{\partial y_1} & \cdots & \dfrac{\partial f_m}{\partial y_m} \end{vmatrix}$

は $(x_1,\cdots,x_n;y_1,\cdots,y_m)=(a_1,\cdots,a_n;b_1,\cdots,b_m)$ において $\neq 0$

が成り立っているとする．

このとき，$(a_1,\cdots,a_n)$ を中心とするある開球で定義された m 個の連続関数 $y_i=g_i(x_1,\cdots,x_n)$ $(i=1,\cdots,m)$ で

$$\begin{cases} f_i(x_1,\cdots,x_n;g_1(x_1,\cdots,x_n),\cdots,g_m(x_1,\cdots,x_n))\equiv 0, \\ b_i=g_i(a_1,\cdots,a_n) \end{cases} (i=1,\cdots,m)$$

をみたすものがただ 1 つ存在する．この $g_j(x_1,\cdots,x_n)$ は偏微分可能で

$$\frac{\partial(g_1,\cdots,g_m)}{\partial(x_1,\cdots,x_n)}=-\left[\frac{\partial(f_1,\cdots,f_m)}{\partial(y_1,\cdots,y_m)}\right]^{-1}\cdot\frac{\partial(f_1,\cdots,f_m)}{\partial(x_1,\cdots,x_n)} \tag{3.5.3}$$

が成り立つ．成分で書けば

$$\frac{\partial g_j}{\partial x_k}=-\frac{D_{jk}}{\dfrac{D(f_1,\cdots,f_m)}{D(y_1,\cdots,y_m)}}, \quad (j=1,\cdots,m;\ k=1,\cdots,n) \tag{3.5.3}'$$

である．ここで分子の D_{jk} は分母の $\dfrac{D(f_1,\cdots,f_m)}{D(y_1,\cdots,y_m)}$ の第 j 列を

$${}^t\!\left(\frac{\partial f_1}{\partial x_k},\cdots,\frac{\partial f_m}{\partial x_k}\right)$$

でおきかえたものである．

擬証明 定理 3.5.1 の擬証明と同じ精神で，g_j の存在と微分可能性を仮定して (3.5.3) を導こう．

$$f_i(x_1,\cdots,x_n;g_1(x_1,\cdots,x_n),\cdots,g_m(x_1,\cdots,x_n))=0$$

を x_k で微分して

$$\frac{\partial f_i}{\partial x_k} + \sum_{j=1}^{m} \frac{\partial f_i}{\partial y_j}\frac{\partial g_j}{\partial x_k} = 0 \ (i=1,\cdots,m\,;\,k=1,\cdots,n).$$

これを行列を使って書けば

$$\frac{\partial(f_1,\cdots,f_m)}{\partial(x_1,\cdots,x_n)} + \frac{\partial(f_1,\cdots,f_m)}{\partial(y_1,\cdots,y_m)}\frac{\partial(g_1,\cdots,g_m)}{\partial(x_1,\cdots,x_n)} = O$$

であるから (3.5.3) を得る．これから (3.5.3)′ を導くには線形代数の本を見よ． □

C．条件付き極値問題

x, y が条件 $g(x, y) = 0$ をみたしながら動くときの，関数 $z = f(x, y)$ の極値について考えよう．

定理 3.5.3 (ラグランジュ[32]の未定乗数法)．　関数 $f(x,y)$, $g(x,y)$ を領域 D で定義された C^1 級関数とする．x,y が条件 $g(x,y) = 0$ をみたしながら動くときに，関数 $z = f(x,y)$ が (a,b) で極値をとるとする．(a,b) が $g(x,y)=0$ の特異点でない場合には，次の式をみたす λ が存在する．

$$\begin{cases} f_x(a,b) + \lambda g_x(a,b) = 0 \\ f_y(a,b) + \lambda g_y(a,b) = 0 \\ g(a,b) = 0 \end{cases} \tag{3.5.4}$$

注意　最後の式はあたり前の式であるが，これを加えることにより，未知数 a, b, λ の個数と方程式の個数が一致するのである．

覚えかた　3 変数関数 $\Phi(x, y, \lambda)$ を

$$\Phi(x, y, \lambda) = f(x, y) + \lambda g(x, y)$$

で定義する．(3.5.4) は次のように書き換えられる．

$$\frac{\partial \Phi}{\partial x}(a,b,\lambda) = \frac{\partial \Phi}{\partial y}(a,b,\lambda) = \frac{\partial \Phi}{\partial \lambda}(a,b,\lambda) = 0. \tag{3.5.5}$$

証明　(a,b) は $g(x,y) = 0$ の特異点ではないから $g_x(a,b) \neq 0$, または $g_y(a,b) \neq 0$ である．$g_y(a,b) \neq 0$ を仮定する ($g_x(a,b) \neq 0$ の場合も同様である)．

---

[32] Lagrange

定理 3.5.1 より $g(x,y) = 0$ は，$x = a$ の近くでは陰関数 $y = \varphi(x)$ と表される．1 変数関数 $z = f(x, \varphi(x))$ は $x = a$ で極値をとるから，その導関数の $x = a$ における値は 0 である：
$$f_x(a,b) + f_y(a,b)\varphi'(a) = 0. \qquad (*)$$
一方，(3.5.2) より
$$\varphi'(a) = -\frac{g_x(a,b)}{g_y(a,b)} \qquad (**)$$
である．$g_x(a,b) \neq 0$ のときにはこの 2 式より
$$\frac{f_x(a,b)}{g_x(a,b)} = \frac{f_y(a,b)}{g_y(a,b)}$$
を得る．これを $-\lambda$ とおくとよい．

$g_x(a,b) = 0$ のときは $(**),(*)$ より $\varphi'(a) = 0,\ f_x(a,b) = 0$ であるから，(3.5.4) の第 1 式は任意の λ において成り立っているので．$\lambda = -\dfrac{f_y(a,b)}{g_y(a,b)}$ とおけばよい． □

例題 3.5.1. 条件 $x^2 + y^2 = 1$ のもとでの，$f(x,y) = 3x^2 + 4xy + 6y^2$ の最大値，最小値を求む．

擬解 上の定理より，最大値，最小値をとる点 (x,y) においては
$$\begin{cases} 6x + 4y + \lambda 2x = 0 \\ 4x + 12y + \lambda 2y = 0 \\ x^2 + y^2 = 1 \end{cases}$$
が成り立つ．これを解いて
$$(x,y) = \left(\frac{\pm 2}{\sqrt{5}}, \frac{\mp 1}{\sqrt{5}}\right),\ \left(\frac{\pm 1}{\sqrt{5}}, \frac{\pm 2}{\sqrt{5}}\right) \quad \text{(複号同順)}$$
の 4 つの解を得る．これが最大値，最小値を与える点の候補である．

それぞれにおける f の値を計算すると
$$f\left(\frac{\pm 2}{\sqrt{5}}, \frac{\mp 1}{\sqrt{5}}\right) = 2,$$
$$f\left(\frac{\pm 1}{\sqrt{5}}, \frac{\pm 2}{\sqrt{5}}\right) = 7$$
であるから，前者が最小値，後者が最大値である． □

注　この解が「擬解」である理由．§3.4 C でも述べたように，導関数が 0 になるのは，その点で最大値，最小値をとることの必要条件でしかない．まずは最大値の存在証明から取りかかるべきであるが[33]，この本ではそこまで立ち入らないことにしよう．

D．逆写像

変数変換
$$\begin{cases} x = \varphi(u,v) \\ y = \psi(u,v) \end{cases} \qquad (*)$$
を逆に u, v について解くことを考えよう．
$$F(x,y;u,v) = \varphi(u,v) - x$$
$$G(x,y;u,v) = \psi(u,v) - y$$
とおき，定理 3.5.2 を使うと
$$\frac{D(F,G)}{D(u,v)} = \frac{D(\varphi,\psi)}{D(u,v)}$$
が $\neq 0$ である点の近くでは，$(*)$ は u, v について解けることがわかる．そのときの偏導関数 $\partial u/\partial x$ などは定理 3.5.2 からも求まるが，その結果はすでに定理 3.3.4 で見たとおり
$$\frac{\partial(u,v)}{\partial(x,y)} = \frac{\partial(x,y)}{\partial(u,v)}^{-1}$$
である．高次元への一般化も容易であろう．

例　極座標
$$x = r\cos\theta,\ y = r\sin\theta$$
では
$$\frac{D(x,y)}{D(r,\theta)} = r$$
((3.3.12) 参照) であるから，原点以外の点の近くでは，r, θ について解ける．「近くで」であって，たとえば円環 $\{1 < r < 2\}$ 全体では解けない．この場合の常識的な解は
$$r = \sqrt{x^2 + y^2},\ \theta = \tan^{-1}\frac{y}{x}$$
であるが，これは $x > 0$ でしか正しくはない．

---

[33] 同じ f でも制約条件を $g(x,y) = x^2 - y^2 + 1$ に変えると最大値は存在しない．

第3章 多変数関数の微分法

******************** **練習問題 3.5** ********************

(A)

1. 定理 3.5.2 の $n=2$, $m=1$ の場合を書け．ただし，次の文章から書き始めよ．
   「$f(x,y,z)$ を領域 $D \subset \mathbb{R}^3$ で定義された C^1 級関数とする．$\cdots$ 」
   また，$n=1$, $m=2$ の場合を書け．

2. 次の関係式より z_x, z_y を求めよ．
   (1) $\dfrac{x^2}{a^2} + \dfrac{y^2}{b^2} + \dfrac{z^2}{c^2} = 1$ (2) $x^3 + y^3 + z^3 - 3xy = 1$

3. 次の関係式より $\dfrac{dy}{dx}$, $\dfrac{dz}{dx}$ を求めよ．
   (1) $x^2 + y^2 + z^2 = 4$, $x+y+z=1$
   (2) $x^3 + y^3 + z^3 - 3x = 0$, $x+y+z=1$

4. 定理 3.5.1 の仮定のもとで，曲線 $f(x,y)=0$ の点 (a,b) における接線の方程式は
   $$f_x(a,b)(x-a) + f_y(a,b)(y-b) = 0.$$

5. 例題 3.4.1 を定理 3.5.3 を使って解け．

(B)

1. 次の関係式によって定まる u, v の x, y に関する偏導関数を求めよ．
   (1) $x^2 + y^2 + u^2 + v^2 = a^2$, $x+y+u+v = b$
   (2) $x^2 + y^2 + u^2 + v^2 = a^2$, $x^2 + y^2 + u^2 = 2ax + 2ay$

2. 定理 3.5.1 の仮定のもとで，$f(x,y)=0$ の陰関数 $y=g(x)$ を考える．
   (1) 陰関数 $y=g(x)$ が $x=a$ で極値をもつならば，$f_x(a,b)=0$．
   (2) $f(x,y)$ が C^2 級のときには
   $$g''(x) = -\frac{f_{xx}{f_y}^2 - 2f_{xy}f_x f_y + f_{yy}{f_x}^2}{{f_y}^3}.$$
   (3) $f(x,y)$ が C^2 級のときには
   $$\frac{f_{xx}(a,b)}{f_y(a,b)} > 0 \,【< 0】\; ならば \quad x=a で極大【極小】$$
   となる．

3. 次の関係式で定まる C^1 級陰関数 y について，y', y'' を求めよ．
   (1) $y = 1 + xe^y$ (2) $\log\sqrt{x^2+y^2} = 2\tan^{-1}\dfrac{y}{x}$
   (3) $\dfrac{x^2}{a^2} + \dfrac{y^2}{b^2} - 1 = 0$

4. 定点 $\mathrm{P}(p,q,r)$ と平面 $ax+by+cz+d=0$ $(a^2+b^2+c^2 \neq 0)$ 上の点 $\mathrm{X}(x,y,z)$ との距離の最小値を求めよ．

5. $F(x,y,z)$ を C^1 級関数とする. 曲面 $S : F(x,y,z) = 0$ 上の点 $P(a,b,c)$ (すなわち, $F(a,b,c) = 0$) において
$$F_x(a,b,c)^2 + F_y(a,b,c)^2 + F_z(a,b,c)^2 \neq 0$$
であるとき, 曲面 S の, 点 P における接平面は
$$F_x(a,b,c)(x-a) + F_y(a,b,c)(y-b) + F_z(a,b,c)(z-c) = 0$$
で与えられる.

ヒント $F_z(a,b,c) \neq 0$ と仮定すると, $F(x,y,z) = 0$ は $z = f(x,y)$ と解け, この接平面の方程式は (3.2.7) である.

第4章

1変数関数の積分法

　この章では1変数関数の積分について学ぶ．§4.1 で学ぶ原始関数の計算は，高校からの自然な接続であり，その復習とともにやや高度な内容を含んでいる．他方，§4.2 で学ぶ定積分の理論は，高校で学んだものとはその論理構成が大きく異なっているので注意して学ばなければならない．§4.3 では無限区間などへ積分の意味を拡張する．§4.4，§4.5 では積分の応用について学ぶ．

§4.1　原始関数・不定積分

　このような計算をして何になるのかという議論はあと回しにして，この節ではひたすら計算力を付けてもらいたい[1]．

A．原始関数・不定積分

定義 4.1.1.　ある区間で実数値連続関数 $f(x)$ が与えられたとき
$$F'(x) = f(x)$$
をみたす $F(x)$ を $f(x)$ の**原始関数**[2]という．

---

[1] 数式ソフトがいろいろあるからといって手計算が不要になったわけではない．数式ソフトをブラックボックスとするのではなく，簡単なものは自分で計算できるようになっておくべきである．また，数式ソフトがどんな関数でも積分してくれるわけではなく，それが積分してくれるのは，たかだかここにあげた関数程度なので，数式ソフトがどの程度のことをしてくれるのかのあたりが付けられる能力も大切である．だから，あまり複雑な計算はそれほど深く習熟する必要はないであろう．

[2] 微分すれば f になる「もとの」関数のこと．

定理 4.1.1. $F_1(x)$ を $f(x)$ の1つの原始関数とする.

$F(x)$ が $f(x)$ の原始関数である $\iff F(x) = F_1(x) + C$ 　　C：定数.

証明　$\impliedby$ は両辺を微分すれば明らか.

$\implies$：$F(x)$ も $f(x)$ の原始関数であるとすると $(F(x) - F_1(x))' = f(x) - f(x) = 0$ であるから, 定理 2.3.4 [1] より $F(x) - F_1(x)$ は定数である.　□

$f(x)$ の原始関数の全体 (関数の集まり) を $f(x)$ の**不定積分**といい $\int f(x)\,dx$ と書く. $f(x)$ の原始関数の1つを $F(x)$ とおくとき

$$\int f(x)\,dx = F(x) + C$$

である. この $f(x)$ を**被積分関数**, C を**積分定数**という. 原始関数や不定積分を求めることを**積分する**という.

B．不定積分の公式

不定積分の公式の一覧表をつくるには, 導関数の一覧表を用意し, それを逆に眺めればよい. そのようにして次の公式を得る (以下で a は定数, C は積分定数である).

[1] $\displaystyle\int x^a dx = \frac{1}{a+1}x^{a+1} + C \ (a \neq -1)$

[2] [3] $\displaystyle\int \frac{1}{x}\,dx = \log|x| + C$

[3] $\displaystyle\int e^{ax}dx = \frac{1}{a}e^{ax} + C \ (a \neq 0)$

[4] $\displaystyle\int \sin x\,dx = -\cos x + C$

[5] $\displaystyle\int \cos x\,dx = \sin x + C$

---

[3] どの本にもこう書いてあるが不正確. 定理 4.1.1 で C が一定なのは f が連続な区間においてである. $1/x$ は $x < 0,\ x > 0$ では連続であるが, $x = 0$ では定義すらされていない. この答を正確に書けば,

$$\int \frac{1}{x}dx = \begin{cases} \log|x| + C_1 & (x > 0) \\ \log|x| + C_2 & (x < 0) \end{cases}$$

である.

[6] $\int \dfrac{dx}{\sqrt{a^2-x^2}} = \sin^{-1}\dfrac{x}{a} + C \ (a>0, |x|<a)$

[7] $\int \dfrac{dx}{x^2+a^2} = \dfrac{1}{a}\tan^{-1}\dfrac{x}{a} + C \ (a\neq 0)$

> **問 4.1.1.** 上の諸公式を，右辺を微分することによって証明せよ．
> **問 4.1.2.** 次を証明せよ．
> (1) $\displaystyle\int \dfrac{x}{\sqrt{x^2+A}}\,dx = \sqrt{x^2+A} + C$
> (2) $\displaystyle\int \dfrac{x}{\sqrt{a^2-x^2}}\,dx = -\sqrt{a^2-x^2} + C$

積分の計算においては，次の 3 公式が基本である．

> **定理 4.1.2.** $f(x), g(x)$ を連続関数とする．
> [1] （線形性） $a, b \ (a^2+b^2 \neq 0)$[4] を定数とするとき
> $$\int \{af(x)+bg(x)\}\,dx = a\int f(x)\,dx + b\int g(x)\,dx.$$
> [2] （部分積分） $f'(x), g'(x)$ が連続のとき
> $$\int f'(x)g(x)\,dx = f(x)g(x) - \int f(x)g'(x)\,dx.$$
> [3] （置換積分） $g'(t)$ が連続のとき
> $$\int f(x)\,dx = \int f(g(t))g'(t)\,dt.$$
> （覚えかた：$x=g(t), dx=g'(t)\,dt$．）
> これはまた，x と t とを入れ替えた $(t=g(x), dt=g'(x)\,dx)$
> $$\int f(g(x))g'(x)\,dx = \int f(t)\,dt$$
> の形で使うことも多い．

[3] の第 1 式の左辺は x の関数であり，そこへ $x=g(t)$ を代入したものが右辺に等しいという意味である．

証明 [1] 右辺を微分すると左辺の被積分関数 $af(x)+bg(x)$ となる．
[2] $(f(x)g(x))' = f'(x)g(x)+f(x)g'(x)$ の，左辺の原始関数は $f(x)g(x)+C$ であり，右辺の不定積分は [1] より $\displaystyle\int f'(x)g(x)\,dx + \int f(x)g'(x)\,dx$ である．

---

[4] $a=b=0$ ならば，左辺 $=C$, 右辺 $=0$．

ゆえに $f(x)g(x) = \int f'(x)g(x)\,dx + \int f(x)g'(x)\,dx.$

[3] $F(x) = \int f(x)\,dx$ とおく．$\dfrac{d}{dt}F(g(t)) = F'(g(t))g'(t) = f(g(t))g'(t)$ である．両辺の t の関数としての原始関数を求めれば与式を得る． □

注意 [3] は正しいが $\int f(g(x))\,dx = \int f(x)\,dx/g'(x)$ は正しくはない．たとえば，$\int \cos(x^2)\,dx = \sin(x^2)/(2x)$ など学生のよくやる間違いなので注意しておく．

C．部分積分の例

不定積分を求める計算において，被積分関数 $f(x)$ を $1 \cdot f(x) = (x)' \cdot f(x)$ と見て部分積分を行なうとうまくいくことがある．その例をいくつかあげよう．

例題 4.1.1.
(1) $\int \log x\,dx = x\log x - x + C.$
(2) $a > 0$ とする．$|x| < a$ において，
$$\int \sqrt{a^2 - x^2}\,dx = \frac{1}{2}\left(x\sqrt{a^2 - x^2} + a^2\sin^{-1}\frac{x}{a}\right) + C.$$
(3) n を自然数とし，$a > 0$ とする．
$$\int \frac{dx}{(x^2+a^2)^{n+1}} = \frac{x}{2na^2(x^2+a^2)^n} + \frac{2n-1}{2na^2}\int \frac{dx}{(x^2+a^2)^n}.$$

解 (1) $\int \log x\,dx = \int x'\log x\,dx = x\log x - \int x \cdot x^{-1}\,dx$
$$= x\log x - x + C$$

(2) 与式 $= x\sqrt{a^2 - x^2} - \int x \cdot (1/2)(a^2 - x^2)^{-1/2} \cdot (-2x)\,dx$
$$= x\sqrt{a^2 - x^2} + \int \frac{x^2 - a^2 + a^2}{\sqrt{a^2 - x^2}}\,dx$$
$$= x\sqrt{a^2 - x^2} - (\text{与式}) + a^2\int \frac{dx}{\sqrt{a^2 - x^2}}.$$

最後の積分に公式 [6] を適用し，右辺第 2 項を移項し，両辺を 2 で割り，$C/2$

をあらためて C と書けば[5]目的の式を得る.

(3) $I_n = \int \dfrac{dx}{(x^2+a^2)^n}$ とおく.

$$\begin{aligned} I_n &= \frac{x}{(x^2+a^2)^n} - \int \frac{x\cdot(-n)\cdot 2x}{(x^2+a^2)^{n+1}}\,dx \\ &= \frac{x}{(x^2+a^2)^n} + 2n\int \frac{x^2+a^2-a^2}{(x^2+a^2)^{n+1}}\,dx \\ &= \frac{x}{(x^2+a^2)^n} + 2nI_n - 2na^2 I_{n+1}. \end{aligned}$$

これを I_{n+1} について解くとよい. □

(3) の右辺は $n=1$ のときは公式 [7] によって既知である. ゆえに (3) より I_2 が求まる. それを右辺に使うことにより I_3 が求まる. 以下これを繰り返せば I_n が求まる.

例題 4.1.2. n を自然数とする.
$$\int \cos^n x\,dx = \frac{1}{n}\sin x\cos^{n-1}x + \frac{n-1}{n}\int \cos^{n-2}x\,dx.$$

解 被積分関数を $\cos x\cdot\cos^{n-1}x = (\sin x)'\cdot\cos^{n-1}x$ と見て部分積分を行なう.

$$\begin{aligned} \int \cos^n x\,dx &= \int (\sin x)'\cdot\cos^{n-1}x\,dx \\ &= \sin x\cos^{n-1}x + (n-1)\int \sin x\cdot\cos^{n-2}x\sin x\,dx. \end{aligned}$$

この最後の項の $\sin^2 x$ を $1-\cos^2 x$ におきかえると

$$\begin{aligned} \int \cos^n x\,dx &= \sin x\cos^{n-1}x + (n-1)\int \{\cos^{n-2}x - \cos^n x\}\,dx \\ &= \sin x\cos^{n-1}x + (n-1)\int \cos^{n-2}x\,dx - (n-1)\times 左辺 \end{aligned}$$

となる. 最後の項を移項し, 両辺を n で割るとよい. □

問 4.1.3. $\displaystyle\int \sin^n x\,dx = -\frac{1}{n}\cos x\sin^{n-1}x + \frac{n-1}{n}\int \sin^{n-2}x\,dx.$

---

[5] 以後, このように積分定数 C を取り直すことはいちいち書かない.

例題 4.1.3. $\int xe^x\,dx$.

解 $e^x = (e^x)'$ とみなして部分積分を行なう．
$$\int xe^x\,dx = \int x(e^x)'\,dx = xe^x - \int e^x\,dx = xe^x - e^x + C. \qquad \Box$$

例題 4.1.4. $a^2 + b^2 \neq 0$ とする．
$$\int e^{ax}\cos bx\,dx, \quad \int e^{ax}\sin bx\,dx$$
を求む．

解 $C(x) = \int e^{ax}\cos bx\,dx,\ S(x) = \int e^{ax}\sin bx\,dx$ とおく[6]．
$C(x),\ S(x)$ には積分定数だけの不定性があることに注意しておく．

$a^2 + b^2 \neq 0$ より $a \neq 0$ または $b \neq 0$ である．$a \neq 0$ のときは $e^{ax} = \dfrac{1}{a}(e^{ax})'$ と見て部分積分を行なうと
$$C(x) = \frac{1}{a}e^{ax}\cos bx + \frac{b}{a}S(x),$$
$$S(x) = \frac{1}{a}e^{ax}\sin bx - \frac{b}{a}C(x).$$
これを $C,\ S$ について解くと
$$\left.\begin{aligned}C(x) &= \frac{1}{a^2+b^2}e^{ax}\left(a\cos bx + b\sin bx\right), \\ S(x) &= \frac{1}{a^2+b^2}e^{ax}\left(a\sin bx - b\cos bx\right).\end{aligned}\right\}\cdots(*)$$
このそれぞれに積分定数 $C_1,\ C_2$ を加えたものが答えである．
$b \neq 0$ のときは
$$\cos bx = \frac{1}{b}(\sin bx)', \quad \sin bx = \frac{-1}{b}(\cos bx)'$$

---

[6] 厳密にいえば，ここには論理的な誤りがある．いま問題にしている原始関数が存在することが証明されていず，存在が不確かなものを $C(x)$ とか $S(x)$ とかおくことは，例題 1.1.3 の偽解で述べたように，してはならないことである．この論理的欠陥を補うには，次の2つの方法がある．
　(i) ここで述べた解により「もし，原始関数が存在すれば，それは $(*)$ である」ことは真であるから，$(*)$ を微分することにより，それが求めるものであることを確かめればよい．
　(ii) 原始関数の存在を保証する定理 4.2.5 [1] を学ぶまでは，ここに述べた解の正統性を保留しておく．

と見て部分積分を行なえばよい．このときにも (∗) が得られる． □

D．置換積分の例

f の不定積分が既知のときには，次の積分はそれぞれ，[ ] 内の変数変換により既知の積分に帰着する．

$f(ax+b)$ 　　　$[\,t=ax+b\,]$

$f(\sin x)\cos x$ 　　　$[\,t=\sin x\,]$

$f(\cos x)\sin x$ 　　　$[\,t=\cos x\,]$

問 4.1.4. このことを確かめよ．

例題 4.1.5. 次の関数の不定積分を求めよ．

(1) $\sin x \cos 3x$ 　　(2) $\dfrac{x}{x^2+1}$ 　　(3) xe^{x^2} 　　(4) $\dfrac{1}{1+e^x}$

解 (1) 三角関数の積 $\longrightarrow$ 和の公式（定理 A.3.2）を使って

$$\sin x \cos 3x = \frac{1}{2}(\sin 4x - \sin 2x)$$

と変形し，第 1 項には変数変換 $t=4x$ を，第 2 項には変数変換 $s=2x$ を行えば

$$\begin{aligned}
\int \sin x \cos 3x \, dx &= \frac{1}{2}\left(\int \sin t \, \frac{dt}{4} - \int \sin s \, \frac{ds}{2}\right) \\
&= \frac{1}{2}\left(\frac{-1}{4}\cos t + \frac{1}{2}\cos s\right) + C \\
&= -\frac{1}{8}\cos 4x + \frac{1}{4}\cos 2x + C.
\end{aligned}$$

(2) $t = x^2+1$ とおくと $2x\,dx = dt$ であるから

$$\int \frac{x}{x^2+1}\,dx = \int \frac{dt}{2t} = \frac{1}{2}\log|t| + C = \frac{1}{2}\log(x^2+1) + C.$$

(3) $t = x^2$ とおくと $2x\,dx = dt$ であるから

$$\int xe^{x^2}\,dx = \int e^t \, dt/2 = e^t/2 + C = \frac{1}{2}e^{x^2} + C.$$

(4) $t = e^x$ とおくと，$dx = dt/t$ であるから

$$\int \frac{1}{1+e^x}\,dx = \int \frac{dt}{t(t+1)} = \int \left(\frac{1}{t} - \frac{1}{t+1}\right) dt$$
$$= \log|t| - \log|t+1| + C$$
$$= \log e^x - \log(e^x+1) + C = x - \log(e^x+1) + C. \quad \square$$

E．分数関数の積分

分数関数の積分の手順を述べよう．

■ 部分分数分解 ■

Step 1：分子の次数 $\geqq$ 母の次数 のときには，割り算を実行して，多項式と「分子の次数 < 分母の次数 の分数式」の和の形にする．

たとえば，$\dfrac{x^4+x+4}{x^3+x^2+x+1}$ ならば

$$\begin{array}{r} x-1 \\ x^3+x^2+x+1\overline{\smash{\big)}\, x^4 +x+4} \\ \underline{x^4+x^3+x^2+x} \\ -x^3-x^2 +4 \\ \underline{-x^3-x^2-x-1} \\ x+5 \end{array}$$

と割り算を行なって

$$\frac{x^4+x+4}{x^3+x^2+x+1} = x-1 + \frac{x+5}{x^3+x^2+x+1}.$$

この多項式の部分の積分は既知であるから，最後の項の積分だけを考えればよい．

Step 2：分母を因数分解する．たとえば

$$x^3+x^2+x+1 = (x+1)(x^2+1).$$

このとき，必ず 1 次式か 2 次式の積に分解され，さらに，そこに現れる 2 次式の判別式は負であることが知られている．

Step 3：部分分数分解を行なう．たとえば

$$\frac{x+5}{(x+1)(x^2+1)} = \frac{2}{x+1} - \frac{2x-3}{x^2+1} \qquad (*)$$

である．このような形に変形する手順には色々の方法があるが，最初に，もっともわかりやすい係数比較法とでもよぶべき方法について説明し，その他の方法は次の例題 4.1.6 において具体例を通して説明する．

さて，(∗) の説明にかえる．
$$\frac{x+5}{(x+1)(x^2+1)} = \frac{A}{x+1} + \frac{Bx+C}{x^2+1}$$
とおき（分母が 1 次式の分子は定数，分母が 2 次式の分子は 1 次式），両辺に $(x+1)(x^2+1)$ を掛けると

$x+5 = A(x^2+1) + (Bx+C)(x+1) = (A+B)x^2 + (B+C)x + A+C.$

これが恒等式であるから，係数を比較して
$$A+B = 0,\ B+C = 1,\ A+C = 5$$
でなければならず，これを解いて
$$A = 2,\ B = -2,\ C = 3$$
を得る．

分母に，2 乗，3 乗などの巾乗がある場合には，たとえば
$$\frac{x\text{ の 7 次以下の多項式}}{(x+1)^2(x^2+2)^3} = \frac{A}{x+1} + \frac{B}{(x+1)^2} + \frac{Cx+D}{x^2+2} + \frac{Ex+F}{(x^2+2)^2} + \frac{Gx+H}{(x^2+2)^3}$$
と書ける．

分数関数の積分の次の手順に移る前に，部分分数分解についてもう少し練習しておこう．

例題 4.1.6. 次の分数関数を部分分数に分解せよ．
(1) $\dfrac{1}{(x-1)(x-2)(x-3)}$ (2) $\dfrac{1}{(x+1)(x^2+3)}$ (3) $\dfrac{1}{x^3-1}$
(4) $\dfrac{1}{(x-1)^2(x-2)(x-3)}$

解 部分分数に分解したときに項の数が多くなるような問題では，先に述べた係数比較法を実行するのは大変である．ここでは，それ以外の方法による解法を説明する．

(1) $$\frac{1}{(x-1)(x-2)(x-3)} = \frac{A}{x-1} + \frac{B}{x-2} + \frac{C}{x-3}$$

とおく．両辺に $(x-1)(x-2)(x-3)$ を掛けて

$$A(x-2)(x-3) + B(x-1)(x-3) + C(x-1)(x-2) = 1.$$

これがすべての x について成り立つのであるから，$x=1$ においても成り立つ．上式に $x=1$ を代入して，$A \cdot (-1) \cdot (-2) = 1$. ゆえに $A=1/2$. 同様に $x=2, x=3$ を代入して $B=-1, C=1/2$ を得る．

(2) $$\frac{1}{(x+1)(x^2+3)} = \frac{A}{x+1} + \frac{Bx+C}{x^2+3}$$

とおき，両辺に $(x+1)(x^2+3)$ を掛けると

$$A(x^2+3) + (Bx+C)(x+1) = 1.$$

この式に $x=-1$ を代入して $A=1/4$ を得る．

次に B, C を求めたい．われわれは，すべての実数 x に対して上式が成り立つような B, C を求めているわけであるが，そのような B, C が求まれば，上式はすべての複素数 x に対しても成り立つことが知られている．そこで上式に $x^2+3=0$ の解 $x = \pm\sqrt{3}i$ を代入する：

$$(\pm\sqrt{3}iB + C)(\pm\sqrt{3}i + 1) = (-3B+C) \pm \sqrt{3}i(B+C) = 1.$$

これより，$B=-1/4, C=1/4$ を得る．

(3) $$\frac{1}{x^3-1} = \frac{1}{(x-1)(x^2+x+1)} = \frac{A}{x-1} + \frac{Bx+C}{x^2+x+1}$$

とおき，両辺に $(x-1)(x^2+x+1)$ を掛けると

$$A(x^2+x+1) + (Bx+C)(x-1) = 1.$$

$x=1$ を代入して $A=1/3$ を得る．次に，$x^2+x+1=0$ の解 $x=(-1\pm\sqrt{3}i)/2$ を代入してもよいのであるが，ここでは別の方法を試みよう．

上式に $A=1/3$ を代入して第1項を右辺に移項すると，両辺は $x-1$ で割り切れ

$$Bx + C = -\frac{1}{3}(x+2)$$

を得るから，係数を比較して $B=-1/3, C=-2/3$ を得る．

(4) $\dfrac{1}{(x-1)^2(x-2)(x-3)} = \dfrac{A}{(x-1)^2} + \dfrac{B}{x-1} + \dfrac{C}{x-2} + \dfrac{D}{x-3}$

とおき，両辺に $(x-1)^2(x-2)(x-3)$ を掛けると

$$A(x-2)(x-3) + B(x-1)(x-2)(x-3)$$
$$+ C(x-1)^2(x-3) + D(x-1)^2(x-2) = 1. \qquad (*)$$

$x=2$ を代入すると，左辺は第 3 項だけが残り，$C=-1$ を得る．$x=3$ を代入すると，左辺は第 4 項だけが残り，$D=1/4$ を得る．また $x=1$ を代入すると $A=1/2$ を得る．

しかし，このような代入法だけでは B は求まらない．与式の分母に 2 乗の因子があるからである．$(*)$ に $A=1/2$ を代入した第 1 項を右辺に移項し整理すると

$$B(x-1)(x-2)(x-3) + C(x-1)^2(x-3)$$
$$+ D(x-1)^2(x-2) = -\dfrac{1}{2}(x-1)(x-4)$$

となり，両辺を $x-1$ で割ったあと $x=1$ を代入すれば B が求まる．

また，B を求めるには，次の方法もある．$(*)$ の両辺を x で微分してから $x=1$ を代入する．このとき，第 3 項と第 4 項の和は $(x-1)^2\varphi(x)$ の形をしており，その導関数 $2(x-1)\varphi(x) + (x-1)^2\varphi'(x)$ は $x=1$ のとき 0 となることに注意するとこの項を具体的に計算する必要はないことがわかる．これより

$$A(2x-5)|_{x=1} + B(x-2)(x-3)|_{x=1} + B(x-1)(2x-5)|_{x=1} = 0,$$

$-3/2 + 2B = 0$ であるから $B = 3/4$ を得る． $\square$

■ **分数関数の積分（つづき）** ■ 分数関数は結局次の 2 つのタイプの分数式の和となるので，その積分はそれぞれの積分に帰着する．

$$\dfrac{1}{(x+a)^m}, \quad \dfrac{Ax+B}{(x^2+ax+b)^m} \qquad (*)$$

Step 4 : $(*)$ の第 1 式の積分はやさしい：

$$\int \dfrac{1}{(x+a)^m} dx = \begin{cases} -\dfrac{1}{(m-1)(x+a)^{m-1}} + C & (m \geqq 2) \\ \log|x+a| + C & (m = 1) \end{cases}$$

である．

Step 5： $(*)$ の第2式の積分は，第2式を

$$\frac{Ax+B}{(x^2+ax+b)^m} = \frac{(A/2)(2x+a)}{(x^2+ax+b)^m} + \frac{-Aa/2+B}{(x^2+ax+b)^m}$$

と書き換えておく．この第1項の積分は $t = x^2 + ax + b$ とおくことにより

$$\int \frac{2x+a}{(x^2+ax+b)^m}dx = \int \frac{dt}{dx}t^{-m}dx = \int t^{-m}dt$$

$$\begin{cases} = \log t + C = \log(x^2+ax+b) + C & (m=1) \\ = \dfrac{t^{1-m}}{1-m} + C = \dfrac{-1}{(m-1)(x^2+ax+b)^{m-1}} + C & (m \neq 1) \end{cases}$$

となる．

Step 6： 残ったのは

$$\frac{1}{(x^2+ax+b)^m} \qquad (**)$$

の積分である．$x^2 + ax + b = (x+a/2)^2 - (a^2-4b)/4$ であり，判別式 $a^2 - 4b < 0$ に注意して $A = \sqrt{4b-a^2}/2$ とおく．変数変換 $t = x + a/2$ により $(**)$ は

$$\frac{1}{(t^2+A^2)^m} \qquad (**)'$$

の積分に帰着する．$m = 1$ のときは積分の公式 [7] により積分が求まる．

以下は中級クラスとして，活字を小さくする．本を見ながらなら計算できるようにはなっているべきである．[7]

$(**)'$ で $m \geqq 2$ のときは，例題 4.1.1 (3) の結果を使えばよい．

F．分数関数の積分への帰着

$R(u, v)$ を u, v の分数関数[8]とする．以下のタイプの被積分関数の積分は，そこで説明する置換によって分数関数の積分に帰着する．

1° $R(\sin x, \cos x)$

$t = \tan(x/2)$ とおく．

このとき，

$$\sin x = \frac{2t}{1+t^2}, \quad \cos x = \frac{1-t^2}{1+t^2}, \quad dx = \frac{2dt}{1+t^2}$$

である．

---

[7] ここの小活字の部分を使う問題は，以後の練習問題では (A) には出さないように努める．
[8] u, v の多項式 $P(u,v), Q(u,v)$ を使って，$R(u,v) = P(u,v)/Q(u,v)$ と書けるということ．

2° $R\left(x, \sqrt[n]{\dfrac{ax+b}{cx+d}}\right)$, $ad-bc \neq 0$

このときは $t = \sqrt[n]{\dfrac{ax+b}{cx+d}}$ とおけばよい.

3° $R\left(x, \sqrt{ax^2+bx+c}\right)$

(i) $a > 0$ のときは $\sqrt{ax^2+bx+c} = t - \sqrt{a}\,x$ とおけ.

(ii) $a < 0$, 判別式 $b^2 - 4ac > 0$ のときは $ax^2+bx+c=0$ の解を α, β ($\alpha > \beta$) とおき, $t = \sqrt{\dfrac{a(x-\alpha)}{x-\beta}}$ とおけばよい.

または

$$ax^2+bx+c = a\left(x+\dfrac{b}{2a}\right)^2 - \dfrac{b^2-4ac}{4a} = A^2 - u^2,$$

$$u = \sqrt{|a|}\left(x+\dfrac{b}{2a}\right),\ A = \dfrac{1}{2}\sqrt{\dfrac{b^2-4ac}{|a|}}$$

と変形してから $u = A\sin t$ $\left(-\dfrac{\pi}{2} < t < \dfrac{\pi}{2}\right)$ とおけば 1° に帰着する.

問 4.1.5. 上の 3° で $a < 0$ かつ $b^2 - 4ac \leqq 0$ の場合を考えていないのはなぜか.

G. 不定積分の公式（つづき）

[8] $\displaystyle\int \dfrac{1}{\sqrt{x^2+A}}\,dx = \log|x + \sqrt{x^2+A}| + C,\ A \neq 0$

[9] $\displaystyle\int \sqrt{x^2+A}\,dx = \dfrac{1}{2}\left\{x\sqrt{x^2+A} + A\log|x+\sqrt{x^2+A}|\right\} + C,\ A \neq 0$

[10] $\displaystyle\int \sqrt{a^2-x^2}\,dx = \dfrac{1}{2}\left\{x\sqrt{a^2-x^2} + a^2\sin^{-1}\dfrac{x}{a}\right\} + C,\ a > 0$

これらの右辺の微分は練習問題 2.2 (A) 4 であった. それでこの証明は終わるのであるが, ここでは, 別の方法による解法の略解を述べ, 詳しい証明は練習問題 (B)1 とする.

[8] の証明のためには, 3°(i) で述べたように $\sqrt{x^2+A} = t - x$ とおけばよい.

[9] の証明法を 3 つ述べよう.

(i) [8] と同じ置換.

(ii) 例題 4.1.1 と同様に, 被積分関数に $1 = x'$ が掛かっていると見て部分積分を行なう.

(iii) 被積分関数を $\dfrac{x^2+A}{\sqrt{x^2+A}} = \dfrac{x}{\sqrt{x^2+A}} \cdot x + \dfrac{A}{\sqrt{x^2+A}}$ と変形し, 第 1 項の積分は

問 4.1.2 に注意して部分積分し，第 2 項の積分には [8] を使えば，[9] の左辺 = ○○ − (左辺) を得る．

[10] の積分も [9] の場合に対応して，次の方法がある．
(i) 3°(ii) で述べたように $x = a\sin t$ とおく．
(ii) の方法については例題 4.1.1 (2) として説明した．
(iii) 被積分関数を $\dfrac{a^2}{\sqrt{a^2-x^2}} - \dfrac{x}{\sqrt{a^2-x^2}} \cdot x$ と変形し，第 1 項の積分には [6] を使い，第 2 項の積分は問 4.1.2 に注意して部分積分すれば，[10] の左辺 = ○○ − (左辺) を得る．

********************* **練習問題 4.1** *********************
(A)

1. 次の関数の不定積分を求めよ．

(1) $\dfrac{1}{\sqrt{x}+\sqrt{x+1}}$ (2) $x\cos x$ (3) $x^2 \sin 3x$ (4) $x^2 e^x$

2. 次の関数の不定積分を求めよ．

(1) $(ax+b)^\alpha$ $(a \neq 0)$ (2) $x(x^2-2)^4$ (3) $\dfrac{e^x - e^{-x}}{e^x + e^{-x}}$ (4) $\dfrac{\log x}{x^2}$

3. 次の関数の不定積分を求めよ．

(1) $\dfrac{x}{\sqrt{3x+1}}$ (2) $x^3 \log x$ (3) $\dfrac{(\log x)^2}{x}$ (4) $\dfrac{1}{x\log x}$

4. 次の関数の不定積分を求めよ[9]．

(1) $\cot x$ (2) $\sin^{-1} x$ (3) $x\sqrt[3]{x-1}$ (4) $\dfrac{e^x}{e^{2x}+1}$

ヒント (2) $\sin^{-1} x = 1 \cdot \sin^{-1} x$

5. 次の等式を示せ．
$$\int (\log x)^n dx = x(\log x)^n - n\int (\log x)^{n-1} dx.$$

6. 次の等式を示せ．
$$\int (\sin^{-1} x)^n dx = x(\sin^{-1} x)^n + n\sqrt{1-x^2}(\sin^{-1} x)^{n-1} - n(n-1)\int (\sin^{-1} x)^{n-2} dx.$$

7. 次の関数の不定積分を求めよ．

(1) $\tan^{-1} x$ (2) $\log(x^2+1)$ (3) $x\tan^{-1} x$ (4) $x\sqrt{2x+3}$

8. 次の関数の不定積分を求めよ．

(1) $\dfrac{x+1}{x^3+x^2-2x}$ (2) $\dfrac{2x+3}{(x+2)(x+1)^2}$ (3) $\dfrac{1}{x^4-1}$ (4) $\dfrac{1}{x^3(x^2+1)}$

---

[9] $\cot x = \dfrac{1}{\tan x}$

9. 次の関数の不定積分を求めよ．

(1) $\dfrac{x^3 - x^2 + x + 1}{x^2 - 2x + 1}$ (2) $\dfrac{2x - 2}{(x+1)^2(x^2+1)}$ (3) $\dfrac{x}{x^4 + 1}$

(4) $\dfrac{1}{(x+1)(x^2+4x+3)}$

注 (4) は $\dfrac{A}{x+1} + \dfrac{Bx+C}{x^2+4x+3}$ としたのではうまくいかない．なぜかを考えよ．

(B)

1. p.150 の公式 [8], [9] を右辺を微分するのではない方法で証明せよ．

2. 次の関数の不定積分を求めよ．

(1) $\dfrac{1}{\sin x + 1}$ (2) $\dfrac{1}{\tan^2 x}$ (3) $\dfrac{\cot x}{1 + \sin^2 x}$

3. 次の関数の不定積分を求めよ．

(1) $\dfrac{1}{1 + \cos x}$ (2) $\dfrac{1}{1 + \sin x + \cos x}$ (3) $\dfrac{x + \sin x}{1 + \cos x}$

4. 次の関数の不定積分を求めよ．

(1) $\tan^2 x$ (2) $\dfrac{1}{\cos 2x}$ (3) $\dfrac{1}{x\sqrt{x^2+1}}$

5. 次の関数の不定積分を求めよ．

(1) $(\sin^{-1} x)^2$ (2) $\dfrac{\sin^{-1} x}{\sqrt{x+1}}$ (3) $\dfrac{1 - 2\cos x}{5 - 4\cos x}$

6. 次の関数の不定積分を求めよ．

(1) $\sqrt{\dfrac{x-1}{2-x}}$ (2) $\dfrac{\sqrt{x^3+1}}{x}$

7. 次の関数の不定積分を求めよ．

(1) $\dfrac{x^2}{(x^2+4)^2}$ (2) $\dfrac{1}{x\sqrt{(3-x)(x-2)}}$ (3) $\dfrac{1}{x^3 - 1}$

8. $\tan^2 x = \dfrac{1}{\cos^2 x} - 1$ を利用して次の等式を示せ．

$$\int \tan^n x\, dx = \dfrac{1}{n-1} \tan^{n-1} x - \int \tan^{n-2} x\, dx.$$

§4.2 定積分

前節ではいろいろな関数の原始関数の求めかたを学んだ．$\sqrt{x^2+1}$ 程度の簡単な関数の原始関数を求めるのでさえ大変であったし，その原始関数はもとの関数からは想像もつかない物であった[10]．ちょっと複雑になれば，たとえば

---

[10] p.150 [9] 参照．

$1/\sqrt{x}$ の 3 次式や e^{-x^2} になればもはやお手上げの状態である．そもそも原始関数があるのかさえ疑わしくなる[11]．

そこで，原始関数の存在を示すために次の手順を踏むことにする．
1) 原始関数の定義（定義 4.1.1）はそのまま採用するが，
2) 原始関数とは無関係に定積分を定義する[12]．
3) そして，一度途絶えた定積分と原始関数とをふたたび結びつけるのが微積分の基本定理（定理 4.2.5）である．

それにより，定積分の存在から原始関数の存在が導かれるとともに，前節で考えた程度の簡単な関数は具体的に定積分が計算できることになる．

A．定積分の定義

高校で習った区分求積法のアイデアを一般化して定積分を次のように定義する．

定義 4.2.1 (定積分)． 最初は，次の 2 つの制約条件のもとで考える[13]．

制約条件 1：有界閉区間 $I = [a,b]$ 上での定積分を定義する．

制約条件 2：I 上で $f(x)$ は有界であるとする．

I を小区間に分割し（等分割とは限らない！），

$$\lim_{\text{分割を小さく}} \sum_{\text{小区間}} f(\text{小区間内の代表点}) \times (\text{小区間の幅}) \tag{4.2.1}$$

を考える．これが，

小区間への分割のしかたや小区間内の代表点の取りかた

によらない一定の値に<u>収束するとき</u>，$f(x)$ は I 上で（リーマン[14]の意味で）<u>積分可能</u>であるといい，その極限値を $\int_a^b f(x)\,dx$ と書く．

---

[11] 実は，この 2 つには定理 4.2.5 より原始関数が存在するが，それは既知の関数では表せないことが知られている．

[12] 高校では，$f(x)$ の原始関数を $F(x)$ とするとき，定積分は $\int_a^b f(x)dx = F(b) - F(a)$ でもって定義したが，ここでは，これを定義としては採用しないということ．

[12] この制約条件がみたされていない場合への定積分の定義の拡張は，広義積分とよばれており，次の節で扱う．

[13] Riemann

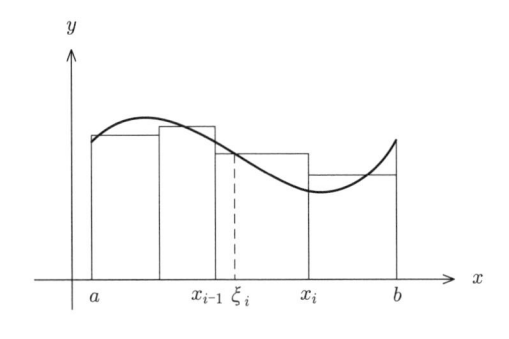

図4.1

これを数学の言葉で書くと次のようになる.
区間 $I = [a,b]$ の分割
$$\Delta : a = x_0 < x_1 < x_2 < \cdots < x_n = b$$
と
$$点\ \xi_i \in [x_{i-1},\ x_i] \qquad (i = 1, 2, 3, \cdots, n)$$
をとり,和
$$R(\Delta, [a,b], f) = \sum_{i=1}^{n} f(\xi_i)(x_i - x_{i-1})$$
を考える(この和を**リーマン和**という).
$|\Delta| = \max_{1 \leqq i \leqq n}(x_i - x_{i-1})$ とおく.
$$\lim_{|\Delta| \to 0} R(\Delta, [a,b], f)$$
が,分割 Δ の取りかたや代表点 ξ_i の取りかたによらない一定の値に収束するとき,$f(x)$ は I 上で(リーマンの意味で)**積分可能**であるといい,その極限値を $\int_a^b f(x)\,dx$ と書く[15].

問 4.2.1. $f(x) \equiv 1$ は $[a,b]$ 上で積分可能であり,$\int_a^b 1\,dx = b - a$.

ポツポツと足していくのが $\sum$ であり,ダーっと足していくのが $\int$ であるというこの考えかたは,単に原始関数の存在を考えるために重要なだけではなく,次の例に見られるように,具体的な問題に積分を適用する際の基本的なアイデアである.

---

[15] $\int_a^b f(*)\,d*$ の $*$ にどの文字を入れても同じものを表す.

■ 応用例 ■

(1) §2.1 B で考えた，必ずしも均質ではない針金の例において，端点から x の距離における線密度を $\rho(x)$ として，区間 $[a, b]$ の針金の質量を求めよう．区間 $[a, b]$ を小さな部分に分割すると，その部分の質量はほぼ

$$\rho(\text{小区間内の代表点}) \times (\text{小区間の幅})$$

に等しく，それの全小区間にわたる和が，区間 $[a, b]$ の部分の針金の質量を近似しており，分割幅を小さくしていけば，針金の質量が得られるであろう：

区間 $[a, b]$ の針金の質量

$$= \lim_{\text{分割を小さく}} \sum_{\text{小区間}} \rho(\text{小区間の代表点}) \times (\text{小区間の幅})$$
$$= \int_a^b \rho(x)\,dx.$$

(2) 数直線上を運動している点の時刻 t における速度を $v(t)$ とし，時刻 $t = a$ から $t = b$ の間における点の位置の変化を求めよう．時間間隔 $[a, b]$ を小さな時間間隔に分割すると，その部分での点の位置の変化はほぼ

$$v(\text{小区間内の代表点}) \times (\text{小区間の幅})$$

に等しく，それの全小区間にわたる和が，区間 $[a, b]$ における点の位置の変化を近似しており，分割幅を小さくしていけば，点の位置の真の変化量が得られるであろう：

時刻 $t = a$ から $t = b$ の間における点の位置の変化量

$$= \lim_{\text{分割を小さく}} \sum_{\text{小区間}} v(\text{小区間内の代表点}) \times (\text{小区間の幅})$$
$$= \int_a^b v(t)\,dt.$$

(3) $y = f(x) \geqq 0$ とし，図形 $S : a \leqq x \leqq b,\ 0 \leqq y \leqq f(x)$ の面積を考えよう．x 軸を分割し，分点を通る縦線により S を分割する．その一つひとつ，たとえば，図の影の部分の面積を長方形 $X_1 X_2 Y_1 Y_2$ で近似し，その総和を求め，分割幅を小さくしていけば，S の面積が求まるであろう：

$$S \text{ の面積} = \int_a^b f(x)\,dx.$$

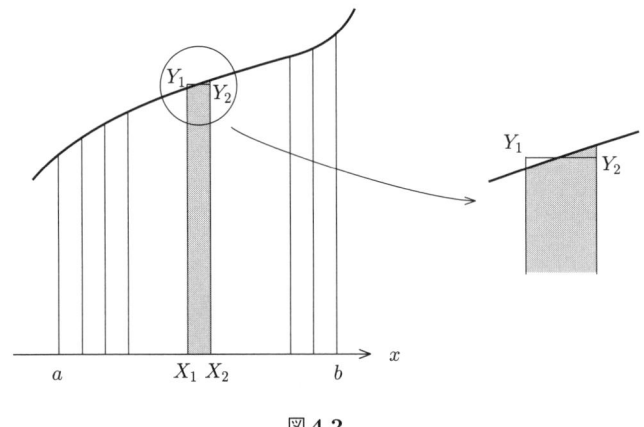

図 4.2

それでは，（問 1 以外に）どのような関数が定積分可能であろうか．1 つの十分条件は次で与えられる．

定理 4.2.1 (連続関数の可積分性). 有界閉区間 $I = [a, b]$ で連続な関数は，そこで積分可能である．

証明はこの本のレベルを超えるので行なわない．

たとえば，$F(x) = \int_0^x \exp(-t^2)\,dt$ は上の定理により意味をもち，x の関数を定める[16]．このように，積分は新しい関数を定義する力をもっている．

B．定積分の性質 I

定積分の基本的性質をあげておこう．

定理 4.2.2. $f(x), g(x)$ を区間 $[a, b]$ で積分可能な関数，α, β を定数とする．このとき

[1]（**線形性**） $\alpha f(x) + \beta g(x)$ も $[a, b]$ で積分可能で

$$\int_a^b \{\alpha f(x) + \beta g(x)\}\,dx = \alpha \int_a^b f(x)\,dx + \beta \int_a^b g(x)\,dx.$$

---

[16] この関数は統計学（や誤差論）において本質的に重要な働きをするので，コンピュータのできるはるか昔から $\dfrac{1}{\sqrt{2\pi}} \int_0^x \exp(-t^2/2)\,dt$ の値を計算した数表が作成されている．なお，例題 5.5.2 も参照のこと．

[2] **(単調性)** $f(x) \leqq g(x)$ ならば
$$\int_a^b f(x)\,dx \leqq \int_a^b g(x)\,dx.$$
[3] $|f(x)|$ も $[a, b]$ で積分可能で
$$\left|\int_a^b f(x)\,dx\right| \leqq \int_a^b |f(x)|\,dx.$$

証明 区間 $[a, b]$ を
$$\Delta : a = x_0 < x_1 < x_2 < \cdots x_n = b$$
と分割し，各小区間内に点 ξ_i をとり，リーマン和を考える．

[1]
$$R(\Delta, [a,b], \alpha f + \beta g)$$
$$= \sum_{i=1}^n \{\alpha f(\xi_i) + \beta g(\xi_i)\}(x_i - x_{i-1})$$
$$= \alpha \sum_{i=1}^n f(\xi_i)(x_i - x_{i-1}) + \beta \sum_{i=1}^n g(\xi_i)(x_i - x_{i-1})$$
$$= \alpha R(\Delta, [a,b], f) + \beta R(\Delta, [a,b], g)$$

であり，$|\Delta| \to 0$ のとき，仮定より最後の辺は
$$\alpha \int_a^b f(x)\,dx + \beta \int_a^b g(x)\,dx$$
に収束する．ゆえに，左辺も収束にする．その極限を目的の式の左辺と書くのであった．

[2] $R(\Delta, [a,b], f) \leqq R(\Delta, [a,b], g)$ であるから，$|\Delta| \to 0$ として目的の式を得る．

[3] $|f(x)|$ が積分可能であることの証明は難しいので省略する．$-|f(x)| \leqq f(x) \leqq |f(x)|$ であるから，[2] より [3] の不等式を得る． □

系 区間 $[a, b]$ で $f(x)$ は積分可能かつ $m \leqq f(x) \leqq M$ とすると
$$m(b-a) \leqq \int_a^b f(x)\,dx \leqq M(b-a).$$

証明 $m \leqq f(x) \leqq M$ と上の定理より

$$m \int_a^b 1\, dx \leqq \int_a^b f(x)\, dx \leqq M \int_a^b 1\, dx$$

であるが，問 4.2.1 より $\int_a^b 1\, dx = b - a$ である． □

C．定積分の性質 II

いままでは $a < b$ としてきた．$a \geqq b$ の場合には

$$\int_a^b f(x)\, dx = -\int_b^a f(x)\, dx, \quad \int_a^a f(x)\, dx = 0$$

と定義する．

定理 4.2.3 (区間に関する加法性)．　$f(x)$ を区間 I で連続な関数とする．この区間内に 3 点 a, b, c をとると

$$\int_a^b f(x)\, dx = \int_a^c f(x)\, dx + \int_c^b f(x)\, dx$$

が成り立つ．

証明　case 1：$a < c < b$ のとき，$[a,c]$, $[c,b]$ の分割をそれぞれ Δ^1, Δ^2 とし，それらの分点を合わせた点を分点とする分割を Δ とすると，

$$R(\Delta, f) = R(\Delta^1, f) + R(\Delta^2, f)$$

であり，分割を細かくすると

$$R(\Delta, f) \longrightarrow \int_a^b f(x)\, dx$$

$$R(\Delta^1, f) \longrightarrow \int_a^c f(x)\, dx, \quad R(\Delta^2, f) \longrightarrow \int_c^b f(x)\, dx$$

であるから定理が成り立つ．

case 2：$a < b < c$ のとき，case 1 より

$$\int_a^c f(x)\, dx = \int_a^b f(x)\, dx + \int_b^c f(x)\, dx$$

であるが，

$$\int_b^c f(x)\, dx = -\int_c^b f(x)\, dx$$

であり，この項を移行して定理の式を得る．

他の場合も同様である． □

定理 4.2.4 (平均値の定理)．　$f(x)$ を区間 $[a,b]$ で連続な関数とするとき，次をみたす c $(a \leqq c \leqq b)$ が存在する：

$$\int_a^b f(x)\,dx = f(c) \cdot (b-a).$$

証明　$f(x)$ の $[a,b]$ における最大値を M，最小値を m とする（定理 1.3.4 よりこれは存在する）．定理 4.2.2 の系より，

$$m \leqq \frac{1}{b-a}\int_a^b f(x)\,dx \leqq M$$

である．$f(x)$ が最小値 m をとる x を a_1，最大値 M をとる点を b_1 とし，$a_1 \leqq x \leqq b_1$ または $b_1 \leqq x \leqq a_1$ に中間値の定理 (定理 1.3.3) を適用して

$$\frac{1}{b-a}\int_a^b f(x)\,dx = f(c) \qquad (a \leqq c \leqq b)$$

なる c が存在することがわかる． □

D．微積分の基本定理

定理 4.2.5 (微積分の基本定理)．

[1] 連続関数 $f(x)$ に対して

$$F(x) = \int_a^x f(t)\,dt \tag{4.2.2}$$

とおく[17]（定理 4.2.1 よりこれは存在する）．

この $F(x)$ は微分可能であり，$f(x)$ の原始関数である．すなわち

$$\frac{d}{dx}\int_a^x f(t)\,dt = f(x) \tag{4.2.3}$$

が成り立つ．すなわち，任意の連続関数は原始関数をもつ．

---

[17] p.154の脚注 15 で注意したように，$\int_a^x f(*)\,d*$ の $*$ には何を入れても同じものを表す．とくに，$\int_a^x f(x)\,dx$ としても同じである．

[2] $f(x)$ の原始関数の 1 つを $G(x)$ とすると

$$\int_a^b f(x)\,dx = G(b) - G(a) \tag{4.2.4}$$

である．

注 (4.2.4) の右辺を $[G(x)]_a^b$ と書く．

証明 [1] $F(x)$ を (4.2.2) で定義された関数とする．

$$F(x+h) - F(x) = \int_a^{x+h} f(t)\,dt - \int_a^x f(t)\,dt = \int_x^{x+h} f(t)\,dt.$$

定理 4.2.4 より

$$\int_x^{x+h} f(t)\,dt = f(\xi) \cdot h$$

となる ξ ($x < \xi < x+h$ または $x+h < \xi < x$) が存在する．

$$\lim_{h \to 0} \frac{F(x+h) - F(x)}{h} = \lim_{\xi \to x} f(\xi) = f(x).$$

ゆえに $F(x)$ は微分可能であり，(4.2.3) が成り立つ．

[2] 定理 4.1.1 より，$G(x) = F(x) + C$ なる定数 C が存在する．$x = a$, $x = b$ を代入して

$$\begin{aligned} G(b) &= F(b) + C = \int_a^b f(t)\,dt + C \\ G(a) &= F(a) + C = C. \end{aligned}$$

辺々を引いて (4.2.4) を得る． $\square$

E．定積分の計算

原始関数が求まる場合には定理 4.2.5 を使って定積分を計算することができる．また，定理 4.1.2 の不定積分（原始関数）に関する置換積分や部分積分の公式は次のように，定積分の公式に転換される．

定理 4.2.6 (置換積分). $f(x), \varphi(t)$ は次の条件をみたしているとする：
(i) $f(x)$ は $[c, d]$ で連続；
(ii) $x = \varphi(t)$ は $I = [\gamma, \delta]$ において C^1 級で $\varphi(I) \subset [c, d]$．

このとき $\gamma < \alpha < \beta < \delta$ (または $\gamma < \beta < \alpha < \delta$), $\varphi(\alpha) = a$, $\varphi(\beta) = b$ に対して

$$\int_a^b f(x)\,dx = \int_\alpha^\beta f(\varphi(t))\varphi'(t)\,dt. \qquad (4.2.5)$$

注 仮定より，合成関数 $f(\varphi(t))$ が I において定義され，連続である．

証明 $f(x)$ の原始関数の 1 つを $F(x)$，$f(\varphi(t))\varphi'(t)$ の原始関数の 1 つを $G(t)$ とおくと，定理 4.1.2 [3] より

$$F(\varphi(t)) = G(t) + C.$$

ゆえに，定理 4.2.5 より

$(4.2.5)$ の右辺 $= G(\beta) - G(\alpha) = F(\varphi(\beta)) - F(\varphi(\alpha)) = F(b) - F(a)$
$ = (4.2.5)$ の左辺

である． □

注意 t が α から β まで変化するとき $x = \varphi(t)$ は a から b まで変化するが，その途中では，$[c, d]$ 内にありさえすれば区間 $[a, b]$ (または $[b, a]$) の外へ出てもよい．

定理 4.2.7 (部分積分). $f(x), g(x)$ が $[a, b]$ で C^1 級であるとき

$$\int_a^b f'(x)g(x)\,dx = [f(x)g(x)]_a^b - \int_a^b f(x)g'(x)\,dx.$$

証明 恒等式 $\{f(x)g(x)\}' = f'(x)g(x) + f(x)g'(x)$ の両辺を a から b まで積分し，第 2 項を移項すればよい． □

不定積分を求めるのが困難であっても定積分が求まる場合がある．

例題 4.2.1. 次の値を求む．

$$I_n = \int_0^{\pi/2} \sin^n x\,dx = \int_0^{\pi/2} \cos^n x\,dx.$$

解 この 2 つの積分が等しいことは，置換 $x = \pi/2 - t$ によって容易にわかる．

$n \geqq 2$ のとき，部分積分により

$$I_n = \int_0^{\pi/2} \sin^{n-1} x \sin x \, dx$$
$$= -\left[\sin^{n-1} x \cos x\right]_0^{\pi/2} + (n-1) \int_0^{\pi/2} \sin^{n-2} x \cos^2 x \, dx$$
$$= (n-1) \int_0^{\pi/2} \sin^{n-2} x (1 - \sin^2 x) \, dx$$
$$= (n-1)(I_{n-2} - I_n)$$

であるから

$$I_n = \frac{n-1}{n} I_{n-2}.$$

他方，直接計算することにより

$$I_0 = \frac{\pi}{2}, \quad I_1 = 1.$$

ゆえに

$$I_n = \begin{cases} \dfrac{2m-1}{2m} \dfrac{2m-3}{2m-2} \cdots \dfrac{1}{2} \dfrac{\pi}{2} & (n = 2m) \\ \dfrac{2m}{2m+1} \dfrac{2m-2}{2m-1} \cdots \dfrac{2}{3} & (n = 2m+1) \end{cases}$$

である． □

最後に，部分積分の応用として，テイラーの定理の剰余項を積分を使って表現する式をあげておこう．

定理 4.2.8 (テイラーの定理)． テイラーの定理（定理 2.5.1）における剰余項 R_n は積分を使って

$$R_n = \int_a^x \frac{(x-t)^{n-1}}{(n-1)!} f^{(n)}(t) \, dt \tag{4.2.6}$$

と表される．

証明 この証明においては x を定数，t を変数と見ており，微分は t につい

ての微分である．明らかに

$$f(x) = f(a) + \int_a^x f'(t)\,dt. \tag{*}$$

これが示すべき式の $n=1$ の場合である．この第 2 項を $1 = -(x-t)'$ と見て部分積分して

$$\int_a^x f'(t)\,dt = -[(x-t)f'(t)]_{t=a}^{t=x} + \int_a^x (x-t)f''(t)\,dt$$

$$= (x-a)f'(a) + \int_a^x (x-t)f''(t)\,dt. \tag{**}$$

これを $(*)$ に代入して，示すべき式の $n=2$ の場合を得る．

さらに $(**)$ の第 2 項を部分積分して

$$\int_a^x (x-t)f''(t)\,dt = -\left[\frac{1}{2}(x-t)^2 f''(t)\right]_{t=a}^{t=x} + \int_a^x \frac{(x-t)^2}{2} f'''(t)\,dt$$

$$= \frac{1}{2}(x-a)^2 f''(a) + \int_a^x \frac{(x-t)^2}{2} f'''(t)\,dt.$$

以下これを繰り返せばよい． □

問 4.2.2. 上の定理を数学的帰納法を用いて証明せよ．

******************** 練習問題 4.2 **********************

(A)

1. 次の定積分を計算せよ．

(1) $\displaystyle\int_0^1 \frac{x}{x^2+1}\,dx$ (2) $\displaystyle\int_1^2 \log x\,dx$ (3) $\displaystyle\int_1^4 \frac{dx}{\sqrt{x}+1}$

(4) $\displaystyle\int_0^\pi x\sin x\,dx$

2. 次の定積分を計算せよ．

(1) $\displaystyle\int_1^{\sqrt{2}} \frac{dx}{x^3+x}$ (2) $\displaystyle\int_{-1}^1 \frac{dx}{x^2-4}$ (3) $\displaystyle\int_0^2 x^2 e^{-2x}\,dx$ (4) $\displaystyle\int_0^\pi \sin^4 x\,dx$

3. 定積分を利用して次の極限値を求めよ．

(1) $\displaystyle\lim_{n\to\infty} \frac{1}{n}\left(\sqrt{\frac{1}{n}} + \sqrt{\frac{2}{n}} + \cdots + \sqrt{\frac{n}{n}}\right)$

(2) $\displaystyle\lim_{n\to\infty}\left(\frac{1}{n+1}+\frac{1}{n+2}+\cdots+\frac{1}{2n}\right)$

(3) $\displaystyle\lim_{n\to\infty}\frac{1}{n^6}\sum_{k=1}^{n}k^5$ (4) $\displaystyle\lim_{n\to\infty}\frac{1}{n}\sum_{k=0}^{n-1}2^{k/n}$

(5) $\displaystyle\lim_{n\to\infty}n\left\{\frac{1}{n^2}+\frac{1}{n^2+1^2}+\frac{1}{n^2+2^2}+\cdots+\frac{1}{n^2+(n-1)^2}\right\}$

4. 次の定積分を計算せよ．

(1) $\displaystyle\int_1^{\sqrt{5}}x\sqrt{x^2-1}\,dx$ (2) $\displaystyle\int_1^3\frac{dx}{x(2x-1)}$ (3) $\displaystyle\int_1^{\sqrt{3}}\frac{dx}{(x^2+1)(x^2+3)}$

(4) $\displaystyle\int_0^1(\sin^{-1}x)^2dx$

5. 自然数 m,n に対して次を示せ．

(1) $\displaystyle\int_{-\pi}^{\pi}\sin mx\cdot\sin nx\,dx=\int_{-\pi}^{\pi}\cos mx\cdot\cos nx\,dx=\begin{cases}0 & (m\neq n)\\ \pi & (m=n)\end{cases}$

(2) $\displaystyle\int_{-\pi}^{\pi}\sin mx\cdot\cos nx\,dx=0$

6. m,n を自然数とする．$I(m,n)=\displaystyle\int_0^1 x^m(1-x)^n dx$ とおいたとき，次を示せ．

(1) $I(m,n)=\dfrac{m}{n+1}I(m-1,n+1)$ (2) $I(m,n)=\dfrac{m!\,n!}{(m+n+1)!}$

(B)

1. 次の定積分を計算せよ．

(1) $\displaystyle\int_0^1 x\tan^{-1}x\,dx$ (2) $\displaystyle\int_0^{\pi/2}\frac{dx}{2+\cos x}$ (3) $\displaystyle\int_0^{\pi/2}\frac{x}{1+\cos x}\,dx$

2. (1) $\tan 2x$ を $\tan x$ を使って表す公式をつくれ．

(2) 定積分 $\displaystyle\int_{-\pi/4}^{\pi/4}\frac{dx}{1+\sin x}$ の値を計算せよ．

(3) 定積分 $\displaystyle\int_{\pi/4}^{\pi/2}\frac{dx}{3+2\cos x+\sin x}$ の値を計算せよ．

3. 次の不等式を示せ．

(1) $\dfrac{\pi}{2}<\displaystyle\int_0^{\pi/2}\left(1-\frac{1}{2}\cos^2 x\right)^{-1/2}dx<\dfrac{\pi}{\sqrt{2}}$

(2) $\dfrac{3}{4}<\displaystyle\int_0^1\sqrt[3]{1-x^3}\,dx<1$

4. (1) $\displaystyle\int_0^{\pi/2}(\sin x)^{n+1}dx<\int_0^{\pi/2}(\sin x)^n dx<\int_0^{\pi/2}(\sin x)^{n-1}dx$ を示せ．

(2) $1 < \left\{\dfrac{1\cdot 3\cdot 5\cdots(2n-1)}{2\cdot 4\cdot 6\cdots(2n)}\right\}^2 (2n+1)\dfrac{\pi}{2} < 1 + \dfrac{1}{2n}$ を示せ.

(3) 次の等式を証明せよ.
$$\lim_{n\to\infty}\dfrac{(2^n n!)^2}{(2n)!\sqrt{2n+1}} = \sqrt{\dfrac{\pi}{2}} \qquad (\textbf{Wallis の公式})$$

5. $f(t)$ が連続関数であるとき，次の等式を示せ.

(1) $\displaystyle\int_0^{\frac{\pi}{2}} f(\sin x)\,dx = \int_0^{\frac{\pi}{2}} f(\cos x)\,dx$

(2) $\displaystyle\int_0^{\pi} f(\sin x)\,dx = 2\int_0^{\frac{\pi}{2}} f(\sin x)\,dx$

(3) $\displaystyle\int_0^{\pi} xf(\sin x)\,dx = \dfrac{\pi}{2}\int_0^{\pi} f(\sin x)\,dx = \pi\int_0^{\frac{\pi}{2}} f(\sin x)\,dx$

6. 有界関数 $f(x)$ が閉区間 $[a,b]$ で積分可能ならば，関数 $F(x) = \displaystyle\int_a^x f(t)\,dt$ は $[a,b]$ で連続であることを示せ.

7. $a > 0$ を定数とする．任意の x に対して $f(x+a) = f(x)$ をみたすとき $f(x)$ は周期 a の周期関数であるという．連続関数 $f(x)$ が周期 a の周期関数であるとき，任意の定数 c に対して $\displaystyle\int_c^{c+a} f(x)\,dx = \int_0^a f(x)\,dx$ が成立することを示せ.

8. $f(x)$, $g(x)$ は区間 $[a,b]$ で連続とする．すべての実数 t に対して
$\displaystyle\int_a^b \{tf(x)+g(x)\}^2 dx \geqq 0$ が成立することを利用して，不等式
$$\left\{\int_a^b f(x)g(x)\,dx\right\}^2 \leqq \left\{\int_a^b f(x)^2 dx\right\}\left\{\int_a^b g(x)^2 dx\right\} \qquad (\textbf{Schwarz の不等式})$$
を証明し，等号は一方の関数が他方の関数の定数倍になるときに限ることも示せ.

9. $f(x)$ が区間 $[0,1]$ で連続かつ単調増加で $\displaystyle\int_0^1 f(x)\,dx = 0$ であるとき, $\displaystyle\int_0^1 xf(x)\,dx \geqq 0$ となることを示せ.

10. 区間 $[a,b]$ で $f(x)$ は連続, $g(x)$ は積分可能でつねに $g(x) \geqq 0$ (あるいは, つねに $g(x) \leqq 0$) であるとする．このとき，
$$\int_a^b f(x)g(x)\,dx = f(c)\int_a^b g(x)\,dx$$
となる $c \in [a,b]$ がある (**積分の第 1 平均値の定理**) ことを示せ.

11. $f(x)$ を有界閉区間 $I = [a,b]$ で積分可能であるとする．$c \in I$ とし，$\tilde{f}(x)$ を，$x = c$ 以外では $f(x)$ と等しい関数とする．このとき, $\tilde{f}(x)$ も I 上で積分可能であり，両者の I 上での積分は一致する.

§4.3　広義積分

前節では，積分区間は有界閉区間であり，被積分関数 $f(x)$ が I 上で有界な場合の定積分を考えた．

この節ではこの 2 つの制約条件がみたされていない場合を考える．

A．広義積分の定義

[1] $a < b \leqq +\infty$ として，$b = \infty$ であったり，$x \to b$ のとき $f(x)$ が有界ではない場合の積分

$$\int_a^b f(x)\,dx \qquad (*)$$

を定義しよう．

$f(x)$ は $a < u < b$ なる任意の u に対して，$[a, u]$ で有界であり，前節の意味で積分可能とする（$f(x)$ が $[a, b)$ で定義された連続関数ならばこの条件がみたされている．実用上はそのような場合だけを考えれば十分である）．

このとき，極限

$$\lim_{u \to b} \int_a^u f(x)\,dx \qquad (**)$$

が存在するならば，広義積分 $(*)$ は収束するといい，この極限値を $(*)$ と書き，$f(x)$ の a から b までの**広義積分** という．極限 $(**)$ が存在しないとき，$(*)$ は発散するという．

[2] $-\infty \leqq a < b$ のときの $(a, b]$ 上での広義積分も同様に定義される．

[3] $-\infty \leqq a < b \leqq +\infty$ で，

  (i) $a = -\infty$ であるか，$x \to a$ のとき $f(x)$ が有界ではなく

さらに

  (ii) $b = \infty$ であるか，$x \to b$ のとき $f(x)$ が有界ではない

場合を考える．$a < c < b$ として，積分

$$\int_a^c f(x)\,dx \qquad \text{と} \qquad \int_c^b f(x)\,dx$$

がそれぞれ [2] と [1] の意味で存在するとき広義積分 $\int_a^b f(x)\,dx$ は収束すると

いい，その値を両者の和でもって定義する：
$$\int_a^b f(x)\,dx = \int_a^c f(x)\,dx + \int_c^b f(x)\,dx.$$
この値は c の取りかたによらない．

注意 $f(x)$ を有界閉区間 $I = [a, b]$ で定義された関数とする．$f(x)$ は本当は I 上で有界であり，積分可能なのだが，$f(x)$ の $x = a$ の近くでの振る舞いがよくわからず，$f(x)$ が任意の a' $(a < a' < b)$ に対して，$[a', b]$ で積分可能であることしかわからないとしよう．

このとき，積分 $\int_a^b f(x)\,dx$ を $x = a$ においては広義積分だと解釈して積分しても正しい積分値が得られる．

実際，$|f(x)| \leq M$ とすると
$$\int_a^b f(x)\,dx = \int_a^{a'} f(x)\,dx + \int_{a'}^b f(x)\,dx$$
であり，この第 1 項は $\left| \int_a^{a'} f(x)\,dx \right| \leq M(a' - a)$ と評価されるから
$$\int_a^b f(x)\,dx - M(a' - a) \leq \int_{a'}^b f(x)\,dx \leq \int_a^b f(x)\,dx + M(a' - a)$$
である．ここで，$a' \to a$ とすると，左辺と右辺は正しい積分 $\int_a^b f(x)\,dx$ に収束するから，中辺も同じ値に収束するが，それが広義積分と見たときの積分値である．

B．簡単な例

たとえば，**A** の [1] の場合だと，$f(x)$ が $[a, b)$ で連続であり，原始関数 $F(x)$ が既知ならば
$$\lim_{u \to b} \int_a^u f(x)\,dx = \lim_{u \to b} F(u) - F(a)$$
を使って容易に広義積分が計算できる．[2], [3] の場合も同様である．

例題 4.3.1.

(1) $\displaystyle\int_0^1 \frac{dx}{\sqrt{1 - x^2}}$ (2) $\displaystyle\int_{-\infty}^{\infty} \frac{dx}{1 + x^2}$

解 (1) 被積分関数 $f(x) = 1/\sqrt{1-x^2}$ は $x = 1$ で定義されていないからこの積分は $x = 1$ で広義積分である．$f(x)$ は $F(x) = \sin^{-1} x$ を原始関数としてもつから

$$\text{与式} = \lim_{u \to 1} \int_0^u \frac{dx}{\sqrt{1-x^2}} = \lim_{u \to 1} F(u) - F(0) = \lim_{u \to 1} \sin^{-1} u = \sin^{-1} 1 = \frac{\pi}{2}.$$

(2) 被積分関数 $f(x) = 1/(1+x^2)$ は $F(x) = \tan^{-1} x$ を原始関数としてもつ．

$$\int_0^\infty \frac{dx}{1+x^2} = \lim_{u \to \infty} \int_0^u \frac{dx}{1+x^2} = \lim_{u \to \infty} \tan^{-1} u = \frac{\pi}{2},$$

$$\int_{-\infty}^0 \frac{dx}{1+x^2} = \lim_{v \to -\infty} \int_v^0 \frac{dx}{1+x^2} = -\lim_{v \to -\infty} \tan^{-1} v = \frac{\pi}{2}$$

より

$$\int_{-\infty}^\infty \frac{dx}{1+x^2} = \int_{-\infty}^0 \frac{dx}{1+x^2} + \int_0^\infty \frac{dx}{1+x^2} = \pi. \qquad \square$$

例題 4.3.2. α を定数とする．

(1) $\displaystyle\int_0^1 x^{-\alpha} dx = \begin{cases} \text{収束} \ (\alpha < 1 \text{ のとき}), \\ \text{発散} \ (\alpha \geqq 1 \text{ のとき}). \end{cases}$

(2) $\displaystyle\int_1^\infty x^{-\alpha} dx = \begin{cases} \text{収束} \ (\alpha > 1 \text{ のとき}), \\ \text{発散} \ (\alpha \leqq 1 \text{ のとき}). \end{cases}$

解 (1) $\alpha \neq 1$ のときは

$$\int_u^1 x^{-\alpha} dx = \frac{1-u^{1-\alpha}}{1-\alpha} \to \begin{cases} \dfrac{1}{1-\alpha} \ (\alpha < 1 \text{ のとき}) \\ \infty \ (\alpha > 1 \text{ のとき}) \end{cases} \quad (u \to 0 \text{ のとき})$$

であり，$\alpha = 1$ のときは

$$\int_u^1 x^{-1} dx = -\log u \to \infty \quad (u \to 0 \text{ のとき})$$

である．

(2) も同様である． $\qquad \square$

C．収束の判定条件

前小節のように積分値が求まってしまう場合は例外的である．積分値が求まらなくても，その収束か発散かを判定することが重要になる場合が多い．そのような判定法について調べよう．

最初に次のことに注意しておく．$a < b \leqq \infty$ とし，$f(x)$ を $[a, b)$ で連続な関数で $f(x) \geqq 0$ とすると，$a < u < b$ のとき $\int_a^u f(x)\,dx$ は u の関数としては単調増加関数であるから

$$\int_a^b f(x)\,dx = \lim_{u \to b} \int_a^u f(x)\,dx$$

は収束するか $+\infty$ に発散するかなので[18]，広義積分 $\int_a^b f(x)\,dx$ が存在することを $\int_a^b f(x)\,dx < \infty$ と表す．

広義積分の収束の判定法としては次の比較判定法が有用である．

定理 4.3.1 (広義積分の収束の比較判定法)．　$a < b \leqq \infty$ とし，$[a, b)$ で連続な関数 $f(x)$ に対して，次の性質をもつ連続関数 $g(x)$ が存在したとする．

$$\text{(i)} \quad |f(x)| \leqq g(x), \quad \text{(ii)} \int_a^b g(x)\,dx < \infty.$$

このとき，広義積分 $\int_a^b f(x)\,dx$ は収束し，

$$\left| \int_a^b f(x)\,dx \right| \leqq \int_a^b g(x)\,dx$$

が成り立つ．

この系として次の 2 つの命題が得られる．

系 1　$a < b \leqq \infty$ とし，$[a, b)$ で連続な関数 $f(x), g(x)$ が

$$\text{(i)} \quad 0 \leqq f(x) \leqq g(x), \quad \text{(ii)} \int_a^b g(x)\,dx < \infty$$

をみたすとする．このとき，広義積分 $\int_a^b f(x)\,dx$ は収束する．

---

[18] 定理 1.1.4 の系参照．

系 2 $a < b \leqq \infty$ とし，関数 $f(x)$ は $[a, b)$ で連続であり，$\int_a^b |f(x)|\,dx < \infty$ であれば[19]

[1] $\int_a^b f(x)\,dx$ は収束し，　[2] $\left|\int_a^b f(x)\,dx\right| \leqq \int_a^b |f(x)|\,dx$

である．

注意 $0 \leqq f(x) \leqq g(x)$ のときには，系 1 より，広義積分 $\int_a^b f(x)\,dx$ が発散すれば広義積分 $\int_a^b g(x)\,dx$ も発散する．

定理から系を導くこと：系 1 は定理の $f(x) \geqq 0$ のときにほかならない．また，定理で $g(x) = |f(x)|$ とおけば系 2 が得られる．

逆に，この 2 つの系から定理が導かれる．実際，定理の仮定より $f_1(x) = |f(x)|$ と $g(x)$ の組が系 1 の仮定をみたすから，$f_1(x) = |f(x)|$ の広義積分が収束し，系 2 より $f(x)$ の広義積分も収束する．

そこで，系 1, 2 を証明することによって定理を証明することにする．

系 1 の証明　仮定より $a < u < b$ なる任意の u に対して

$$0 \leqq \int_a^u f(x)\,dx \leqq \int_a^u g(x)\,dx \leqq \int_a^b g(x)\,dx < \infty.$$

ゆえに，定理の前に注意したことにより $\lim_{u \to b} \int_a^u f(x)\,dx$ は収束する．　□

系 2 の証明

$$f_+(x) = \max\{f(x), 0\}, \quad f_-(x) = -\min\{f(x), 0\}$$

とおく．

$$0 \leqq f_+(x) \leqq |f(x)|, \quad 0 \leqq f_-(x) \leqq |f(x)|,$$

---

[19] このとき広義積分 $\int_a^b f(x)\,dx$ は**絶対収束**するという．収束することを強調して「絶対に収束する」と言っているのではない．被積分関数を絶対値を付けたものにおきかえてもその積分が収束するという意味である．

$$f(x) = f_+(x) - f_-(x), \quad |f(x)| = f_+(x) + f_-(x)$$

であり，$f(x)$ が連続だから $f_+(x)$，$f_-(x)$，$|f(x)|$ は連続である[20]．系 1 において，f を f_+，f_- とし，$g(x)$ を $|f(x)|$ とすることにより

$$\int_a^b f_+(x)\,dx < \infty, \quad \int_a^b f_-(x)\,dx < \infty$$

となることがわかる．したがって，

$$\int_a^u f(x)\,dx = \int_a^u f_+(x)\,dx - \int_a^u f_-(x)\,dx$$

は $u \to b$ のとき収束する．また，この式より

$$\left|\int_a^u f(x)\,dx\right| \leq \int_a^u f_+(x)\,dx + \int_a^u f_-(x)\,dx = \int_a^u |f(x)|\,dx$$

であるから，[2] を得る． □

この定理の応用としては，$g(x) = x^{-\alpha}$ ととり，$g(x)$ の広義積分の収束には例題 4.3.2 を使うことが有効なことが多い．

例題 4.3.3. 次の広義積分の収束，発散を調べよ．

(1) $\displaystyle\int_0^1 \frac{x^4}{\sqrt{1-x^2}}\,dx$. (2) $\displaystyle\int_1^\infty \frac{1}{1+\log x}\,dx$. (3) $\displaystyle\int_0^{\pi/2} \frac{\sin x}{x}\,dx$.

解 (1) この積分は $x = 1$ において広義積分である．$0 \leq x < 1$ では

$$\frac{x^4}{\sqrt{1-x^2}} = \frac{x^4}{\sqrt{1+x}}\frac{1}{\sqrt{1-x}} \leq \frac{1}{\sqrt{1-x}}$$

であるが，$\displaystyle\int_0^1 \frac{1}{\sqrt{1-x}}\,dx$ は変数変換 $t = 1-x$ をすれば例題 4.3.2 (1) より収束することがわかる．ゆえに，定理 4.3.1 より，与えられた広義積分は収束する．

(2) $x \geq 1$ では，$1 + \log x < 1 + x$ であるから，$\dfrac{1}{1+\log x} > \dfrac{1}{1+x}$ であり，$\displaystyle\int_1^\infty \frac{dx}{1+x} = +\infty$ より，この広義積分は発散する．

---

[20] 練習問題 1.3 (B) 1 参照．

(3) これは一見 $x=0$ において広義積分であるように見えるが,

$$f(x) = \begin{cases} \dfrac{\sin x}{x} & (x > 0) \\ 1 & (x = 0) \end{cases}$$

とおけば, $f(x)$ は $x \geqq 0$ で連続であり, 積分 $\displaystyle\int_0^{\pi/2} f(x)\,dx$ は広義積分ではなく, 定理 4.2.1 より収束する (§4.3 A. の最後の注参照). □

例題 4.3.4. 次の広義積分は収束するか.

(1) $\displaystyle\int_0^\infty \frac{1}{(x+1)(x+2)}dx$ (2) $\displaystyle\int_0^\infty \frac{\sin x}{(x+1)(x+2)}dx$

(1) について

偽解
$$\frac{1}{(x+1)(x+2)} = \frac{1}{x+1} - \frac{1}{x+2} \quad (*)$$

であるから

$$\int_0^\infty \frac{1}{(x+1)(x+2)}dx = \int_0^\infty \left\{\frac{1}{x+1} - \frac{1}{x+2}\right\}dx$$

$$= [\log(x+1)]_0^\infty - [\log(x+2)]_0^\infty$$

$$= \infty - \log 1 - (\infty - \log 2)$$

$$= \log 2.$$

ゆえに収束する.

解説 $\infty - \infty = 0$ という計算をしてはならない (定理 1.1.2 のあとの注意 2 [2] 参照).

解 [解法 1] $(*)$ より

$$\int_0^u \frac{1}{(x+1)(x+2)}dx = \int_0^u \left\{\frac{1}{x+1} - \frac{1}{x+2}\right\}dx$$

$$= [\log(x+1)]_0^u - [\log(x+2)]_0^u$$

$$= \log(u+1) - \log 1 - \{\log(u+2) - \log 2\}$$

$$= \log\frac{u+1}{u+2} + \log 2$$

であるが
$$\lim_{u\to\infty} \log \frac{u+1}{u+2} = \lim_{u\to\infty} \log \frac{1+1/u}{1+2/u} = 0$$
であるから，問題の広義積分は収束する． (未完)

この解法では，(1) は解けるが (2) はお手上げである．次の解法がよりエレガントであるし，(2) を解くのにも使える．

[解法 2] $\dfrac{1}{(x+1)(x+2)} \leq \dfrac{1}{(x+1)^2}$ であるから，$g(x) = (x+1)^{-2}$ として系 1 を使う．
$$\int_0^\infty (x+1)^{-2} dx = \left[-(x+1)^{-1}\right]_0^\infty < \infty$$
であるから，系 1 より与えられた広義積分は収束する．

[(2) の解] $g(x) = (x+1)^{-2}$ として定理 4.3.1 を使えば与えられた広義積分が収束することがわかる． □

********************　練習問題 4.3　**********************

(A)

1. 次の広義積分は収束するか．収束する場合にはその値を求めよ．

 (1) $\displaystyle\int_0^2 \frac{dx}{\sqrt{4-x^2}}$　 (2) $\displaystyle\int_1^2 \frac{dx}{x\sqrt{x-1}}$　 (3) $\displaystyle\int_0^1 x \log x \, dx$

 (4) $\displaystyle\int_0^{\pi/2} \frac{dx}{\sin x \cos x}$

2. 次の広義積分は収束するか．収束する場合にはその値を求めよ．

 (1) $\displaystyle\int_{-1}^1 \frac{dx}{\sqrt[4]{(1+x)^3}}$　 (2) $\displaystyle\int_0^2 \frac{x}{\sqrt{4-x^2}} dx$　 (3) $\displaystyle\int_0^\infty x e^{-x^2} dx$

 (4) $\displaystyle\int_0^3 \frac{\log x}{x} dx$

3. 次の広義積分は収束するか．収束する場合にはその値を求めよ．

 (1) $\displaystyle\int_{-\infty}^\infty \frac{dx}{x^2+4}$　 (2) $\displaystyle\int_1^\infty \frac{\log x}{x^2} dx$

 (3) $\displaystyle\int_0^\infty \frac{dx}{(x^2+a^2)(x^2+b^2)}$　 $(a, b > 0, \ a \neq b)$

 (4) $\displaystyle\int_0^\infty e^{-ax} \cos bx \, dx$　 $(a > 0)$　 (5) $\displaystyle\int_0^\infty \frac{dx}{e^x(1+e^x)}$

4. 次の等式を示せ.
$$\int_0^\infty x^n e^{-px} dx = \frac{n!}{p^{n+1}} \quad (n = 0, 1, 2, \cdots, p > 0)$$

5. 次の等式を示せ.
$$\int_0^1 x^p (\log x)^n dx = \frac{(-1)^n n!}{(p+1)^{n+1}} \quad (n = 0, 1, 2, \cdots, p > -1)$$

6. $\int_{-1}^2 \frac{dx}{x} = \Big[\log|x|\Big]_{-1}^2 = \log 2$ という計算は正しいか.

(B)

1. 次の広義積分の収束・発散を判定せよ.

(1) $\int_0^\infty e^{-x^2} dx$ 　　(2) $\int_1^\infty \frac{dx}{x\sqrt{x^2-1}}$ 　　(3) $\int_0^1 \sqrt{\frac{x}{1-x}} dx$

(4) $\int_1^\infty \frac{\cos x}{x} dx$

2. (1) 広義積分 $A_n = \int_0^\infty \frac{(1+x)^n}{e^x} dx$ は収束することを示せ.

(2) $A_n = 1 + nA_{n-1} \quad (n \geq 1)$ を示せ.

(3) $A_n = n!\left(1 + \frac{1}{1!} + \frac{1}{2!} + \cdots + \frac{1}{n!}\right)$ を示せ.

3. $f(x), g(x)$ は $[a, b)$ で定義された連続関数で, $f(x) \geq 0, g(x) \geq 0$ であるとする. また, $\lim_{x \to b} \frac{f(x)}{g(x)} = r$ とおく. このとき, 次のことを証明せよ.

(1) $0 < r < \infty$ ならば $\int_a^b f(x) dx$ と $\int_a^b g(x) dx$ について, 一方が収束すれば他方も収束し, 一方が発散すれば他方も発散する.

(2) $r = 0$ ならば, $\int_a^b g(x) dx$ が収束すれば $\int_a^b f(x) dx$ も収束する.

(3) $r = \infty$ ならば, $\int_a^b g(x) dx$ が発散すれば $\int_a^b f(x) dx$ も発散する.

ヒント (1) のときには, $b' < x$ では $r/2 \leq f(x)/g(x) \leq 2r$ が成り立つような $b'(< b)$ が存在する (練習問題 2.6(B) 3 [1] 参照).

4. (1) $t > 0$ のとき, 広義積分
$$\Gamma(t) = \int_0^\infty e^{-x} x^{t-1} dx$$

は収束する[21].

---

[21] この $\Gamma(t)$ を Γ **関数** (ガンマ関数) という. この関数は (3) に見るように階乗の一般化であり, 数理統計学において重要な働きをするだけではなく, 数学の幅広い分野において現れる重要な関数である.

(2) $\Gamma(t+1) = t\Gamma(t)$.
(3) n を自然数とすると $\Gamma(n) = (n-1)!$.

5. (1) $p, q > 0$ のとき，広義積分
$$B(p,q) = \int_0^1 x^{p-1}(1-x)^{q-1} dx$$
は収束する[22].

(2) $B(q,p) = B(p,q)$.

(3) $B(p, q+1) = \dfrac{q}{p} B(p+1, q)$.

(4) n, m を自然数とすると $B(m,n) = \dfrac{(m-1)!(n-1)!}{(m+n-1)!} = \dfrac{\Gamma(m)\Gamma(n)}{\Gamma(m+n)}$.

§4.4 微分積分と数理モデル

A．微生物の培養

■ **ねずみ算**　江戸時代の数学書のベストセラー「塵劫記」に次のような問題がある．

> 正月に，ねずみちちははいでて，子を十二ひきうむ．おやともに十四ひきになる．此ねずみ二月には，子もまた子を十二疋ずつうむゆへに，おやとも九十八ひき成．かくのごとくに，月に一度ずつ，おやも子も，またまごもひこも，月々に十二ひきうむ時に，十二月にはなに程に成ぞ．

第 n 月のネズミの数を a_n とおくと，翌月に生まれるネズミの数は今月のネズミの数の 6 倍であるから，$a_{n+1} - a_n = 6a_n$ であり，$a_{n+1} = (1+6)a_n$ である．ゆえに，ネズミの数は等比数列で増大し，$a_n = a_0(1+6)^n$ $(a_0 = 2)$ である．

■ **微生物の増殖**　栄養が豊富で温度その他の環境が快適である培養基中の微生物の，増殖が活発な時期における増殖は，

$$\text{単位時間あたりの増加量はその時点における微生物の量に比例する} \quad (*)$$

という．時刻 t における微生物の量を $x(t)$，比例定数を r とおく．命題 $(*)$ は
$$x(t+1) - x(t) = rx(t)$$
を意味するのではなく，
$$\frac{x(t + \Delta t) - x(t)}{\Delta t} = rx(t), \quad (**)$$
あるいは，$\Delta t \to 0$ とした
$$\frac{dx(t)}{dt} = rx(t) \quad (**)'$$

---

[22] この $B(p,q)$ を B 関数（ベータ関数）という．この B は b の大文字と同じ字形ではあるが，β の大文字である．

を意味していることに注意しよう．これを2つの方法で解こう．
[第1の方法]：$t=0$ から $t=t$ までを n 等分し，$\Delta t = t/n$ とする．$x_i = x((i/n)t)$ と略記すると $(*)$ は
$$x_{i+1} - x_i = r\Delta t\, x_i$$
となり，x_i はねずみ算のときと同じく等比数列となる．
$$x(t) = x_n = x(0)(1+rt/n)^n$$
である．次に，$n \to \infty$ の極限を考えよう．とくに，$x(0)=1$，$t=1$，$r=1$ としたときの極限が定義 1.1.3 で与えた e の定義であることに注意しよう．一般の t, r の場合は，例題 1.3.2 に注意して，$\xi = n/(rt)$ とおくと，
$$x(t) = x(0)\left\{\left(1+\frac{1}{\xi}\right)^\xi\right\}^{rt}$$
であるから，$\xi \to \infty$ として
$$x(t) = x(0)e^{rt} \qquad (***)$$
を得る．

[第2の方法]：$(**)'$ の両辺を $x(t)$ で割り，$t=0$ から $t=t$ まで積分すると
$$\int_0^t x'(\tau)/x(\tau)\,d\tau = \int_0^t r\,d\tau = rt.$$
変数変換 $x = x(\tau)$ により
$$\text{左辺} = \int_{x(0)}^{x(t)} (1/x)\,dx = \log\{x(t)/x(0)\}.$$
これより $(***)$ を得る．

■ **ロジスティック曲線** ■ 培養基中の微生物の増殖は，一定の時間の経過後は，その増殖の早さは鈍化するという．そのときの状況を表す数理モデルとしては，増殖率 r が個体数 x の1次式で減少するとする
$$\frac{dx(t)}{dt} = r(1-x(t)/M)x(t), \qquad r, M > 0 \text{ は定数}$$
がよく用いられている（$0 < x(0) < M$ である）．このときにも，両辺を $(1-x/M)x$ で割り，$t=0$ から $t=t$ まで積分して
$$\int_0^t \frac{x'}{(1-x/M)x}d\tau = \int_0^t r\,d\tau = rt.$$
左辺に変数変換 $x = x(\tau)$ を行ない，被積分関数を部分分数に分解すると
$$\text{左辺} = \int_{x(0)}^{x(t)} \left(\frac{1}{x} + \frac{1/M}{1-x/M}\right) dx = \left[\log\frac{x}{1-x/M}\right]_{x(0)}^{x(t)}$$

であるから, $x(t)$ について解いて

$$x(t) = \frac{M}{1 + \left(\frac{M}{x(0)} - 1\right)e^{-rt}}$$

を得る. このグラフは図 4.3 のとおりであり[23], $x = M$ で飽和状態に達することが見てとれる.

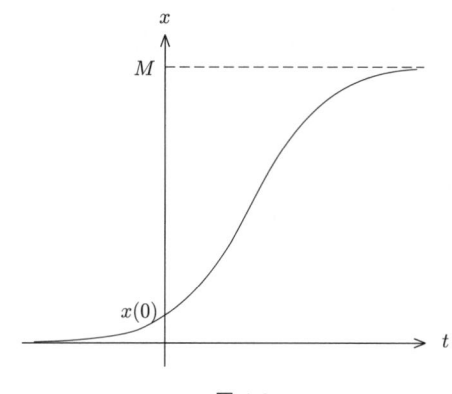

図 4.3

B. 放射性物質

放射性物質が単位時間内に崩壊する量は, その時点における放射性物質の量に比例するという. 時刻 t における放射性物質の量を $x(t)$ とおき, 比例定数を $-k\,(k > 0)$ とおくと, (∗∗), (∗∗)′, (∗∗∗) で $r = -k$ とおいた式を得る. とくに (∗∗∗) より $x(t) = x(0)e^{-kt}$ である.

大気中の放射性同位元素 ^{14}C は, 上の法則で崩壊すると同時に, 宇宙線により窒素からつくられているという. その単位時間あたりの生成量を p とおくと

$$x'(t) = -kx(t) + p \tag{†}$$

となる. これもいままでと同様に, 両辺を右辺で割ることによって解ける[24]が, ここでは別の方法を試みよう. $p = 0$ の場合の解が $x(t) = x(0)e^{-kt}$ であったということは, $e^{kt}x(t)$ が定数であること, すなわち, その導関数が 0 であることを意味する. これを方程式 $x' = -kx$ から直接示すには

$$x'(t) + kx(t) = e^{-kt}\frac{d}{dt}(e^{kt}x(t))$$

に注意すればよい. これを使うと (†) は

$$\frac{d}{dt}(e^{kt}x(t)) = pe^{kt}$$

となる. これを 0 から t まで積分して,

$$e^{kt}x(t) - x(0) = (p/k)(e^{kt} - 1),$$

すなわち

$$x(t) = x(0)e^{-kt} + (p/k)(1 - e^{-kt})$$

を得る. 宇宙生成から十分時間がたっており $t = \infty$ とみなせるならば, $x = p/k$ という一定値である[25].

---

[23] この曲線はロジスティック曲線とよばれている.
[24] 練習問題とする.
[25] この事実は考古学における年代測定に使われている.

C. 運動方程式

質点の1次元的運動を考え，時刻 t における位置を $x(t)$ とおくと，速度は x'，加速度は x'' である．質点の質量を m，質点に働く力を f とすると，質点の運動法則は
$$mx''(t) = f$$
であるという．

外力 f が重力だけのときを考えよう．地表面の近くでは重力 f は質量 m に比例するという．比例定数を g とおき，質点の高さを x とするときの運動方程式は $x''(t) = -g$ となり，2回積分することにより
$$x(t) = -(1/2)gt^2 + v(0)t + x(0), \quad v(0) = x'(0)$$
を得る．

質点が水平に置かれたバネに取り付けられているとき，質点は自然な位置からの伸び $x(t)$ に比例する復元力を受けるという．比例定数を k とおくと運動方程式は
$$mx''(t) = -kx(t)$$
となる．これを解くことはこの本の程度を越えるが，
$$x(t) = C\sin(\omega t + \alpha), \quad \omega = \sqrt{k/m}, \quad C, \alpha : 任意定数$$
がこの方程式をみたすことは直接微分して確かめることができる．それ以外に解があるかないかという問題は，微分方程式論を学ぶまでお預けとしておこう．

******************** **練習問題 4.4** ********************

(A)

1. p.177 の方程式 (†) を，両辺を右辺で割ることによって解け．

(B)

1. 空気中では，速さに比例する空気抵抗があるという．初速度 v_0 で真上に投げあげられた物体が最高点に達するまでの時間を求めよ．

2. 水上では船は速度 v に依存する抵抗 $f = -av - bv^2$ $(a, b > 0)$ を受けるという．速度 v_0 で走っている船がエンジンを切ってから止まるまでの時間を求めよ．また，そのあいだに船の進む距離を求めよ．

3. 水の入った円柱形の容器の底に小さな穴が空いている．その穴から流出する水の速度は，水面の高さの平方根に比例するという．水が半減するのに t_0 秒かかったとすれば，水が全部流出するには何秒かかるか．

4. 水平な机の上に置いたおもりにひもを付けひもの先端を引っ張って動かすとき，おもりの描く軌跡はその接線がひもに一致するという．
ひもの長さを a (> 0) とし，おもりを点 $(a, 0)$ に置き，ひもの他端を原点からスタートして，y 軸上を正の方向に引っ張るときのおもりの軌跡を求めよ．
ヒント　微分方程式を解くには $x = a\cos t$ とおけ．

§4.5　定積分の応用・面積と長さ

この節では定積分の応用として，曲線で囲まれた図形の面積や曲線の長さについて考える．

A．曲線の表示

区間 I で定義された関数 $y = f(x)$ のグラフは曲線を表す．

図 4.4 のように，この形で表せない曲線もある．そのときでも，$\varphi(t), \psi(t)$ を有界閉区間 $I = [a, b]$ で定義された連続関数とし，t が a から b まで動くときに点 $\mathrm{P}(x, y) = (\varphi(t), \psi(t))$ が描く図形

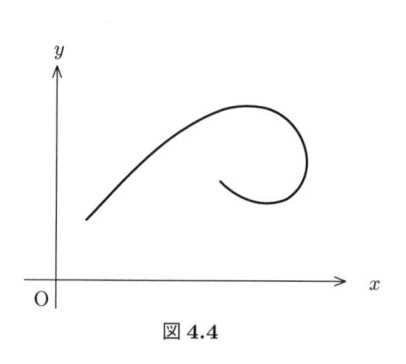

図 4.4

$$C : x = \varphi(t),\ y = \psi(t),\ a \leqq t \leqq b$$

として曲線を表すことができることがある[26]．これを曲線の媒介変数表示（パラメータ表示）という．このとき，$t = a$ に対応する点を**始点**，$t = b$ に対応する点を**終点**という．始点と終点が一致している曲線を**閉曲線**という．曲線の媒介変数表示においては，t が増加するときに点 $\mathrm{P}(x, y) = (\varphi(t), \psi(t))$ が動く方向に曲線には向きが付けられていると見ることが便利なことがある．

また，極座標

$$x = r \cos \theta,\ y = r \sin \theta$$

を使って，各 θ に対応する動径 r を

$$r = f(\theta)$$

と指定することによって曲線を表示することもある．

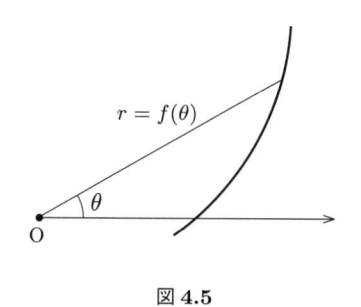

図 4.5

---

[26] $[a, b]$ の代わりに，(a, b) や $[a, \infty)$ などを使って表されるものもある．

B．面積

1°. $f(x), g(x)$ を $a \leqq x \leqq b$ で定義された連続関数で，$g(x) \leqq f(x)$ とする．この2つの関数のグラフと縦線 $x = a, x = b$ で囲まれた図形 $\{(x,y) \mid g(x) \leqq y \leqq f(x), a \leqq x \leqq b\}$ の面積 S が

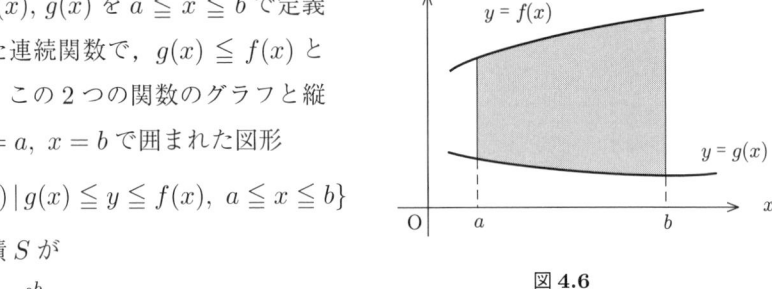

$$S = \int_a^b \{f(x) - g(x)\}\, dx \quad (4.5.1)$$

図 4.6

であることは，定積分の導入において説明したとおりである．

2°. 閉曲線 C が

$$C : x = \varphi(t),\ y = \psi(t),\ \alpha \leqq t \leqq \beta$$

とパラメータ表示されているとき，C で囲まれた図形の面積 S を求めよう．

定理 4.5.1. 閉曲線 C が上式で与えられており，$\varphi(t), \psi(t)$ は連続で，有限個の点を除いては微分可能で，導関数も連続とする．また，t が α から β まで動くとき，点 $(\varphi(t), \psi(t))$ は，この閉曲線で囲まれた図形を<u>左に見ながら</u>1周するものとする．このとき，C で囲まれた図形の面積 S は

$$S = \int_\alpha^\beta \varphi(t)\psi'(t)\, dt = -\int_\alpha^\beta \psi(t)\varphi'(t)\, dt \quad (4.5.2)$$

$$= \frac{1}{2}\int_\alpha^\beta \{\varphi(t)\psi'(t) - \varphi'(t)\psi(t)\}\, dt \quad (4.5.3)$$

$$= \frac{1}{2}\int_\alpha^\beta \begin{vmatrix} \varphi(t) & \varphi'(t) \\ \psi(t) & \psi'(t) \end{vmatrix} dt \quad (4.5.4)$$

である．

4.5 定積分の応用・面積と長さ   *181*

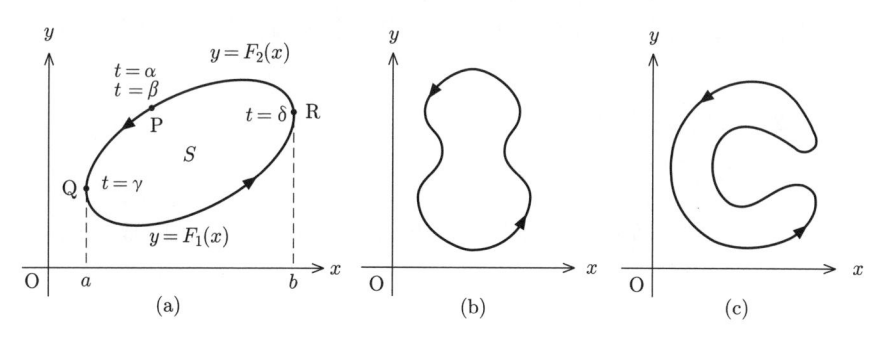

図 **4.7**

証明　図 4.7 (a) のような簡単な場合について説明する．すなわち，縦線 $x=$ 一定と曲線 C とは $a \leqq x \leqq b$ のとき交わり，$x=a$ のときの交点は 1 点 Q, $x=b$ のときの交点は 1 点 R であり，その間では，曲線 C は下側の部分：$y=F_1(x)$ と上側の部分：$y=F_2(x)$ とから成り立っているものとする．

　$t=\alpha$ で点 P を出発した点は上辺を通って $t=\gamma$ で点 Q に達し，その後，下辺を通って $t=\delta$ で点 R に達し，再び上辺を通って $t=\beta$ で点 P に帰ってくるものとする．

$$S = \int_a^b F_2(x)\,dx - \int_a^b F_1(x)\,dx \qquad (*1)$$

であるが，後者の積分は，変数変換

$$x = \varphi(t),\ F_1(x) = y = \psi(t),\ \ \gamma \leqq t \leqq \delta$$

により

$$\int_a^b F_1(x)\,dx = \int_\gamma^\delta \psi(t)\varphi'(t)\,dt \qquad (*2)$$

となる．前者の積分も同じ変数変換を行なえばよいのであるが，t の範囲が QP の部分では $\alpha \leqq t \leqq \gamma$, PR の部分では $\delta \leqq t \leqq \beta$ であることに注意すると

$$\int_a^b F_2(x)\,dx = \int_\beta^\alpha \psi(t)\varphi'(t)\,dt + \int_\beta^\delta \psi(t)\varphi'(t)\,dt$$

$$= -\int_\alpha^\gamma \psi(t)\varphi'(t)\,dt - \int_\delta^\beta \psi(t)\varphi'(t)\,dt \qquad (*3)$$

を得る．$(*1)$ に $(*2), (*3)$ を代入して，(4.5.2) の第 2 式を得る．

(4.5.2) の第 1 式を得るには，第 2 式を部分積分し $\varphi(\alpha) = \varphi(\beta)$, $\psi(\alpha) = \psi(\beta)$ に注意すればよい．

(4.5.2) の中辺と右辺を加えて 2 で割ることにより (4.5.3) が得られる．(4.5.3) は行列式を使って (4.5.4) とも書ける． □

図 4.7 (b) のような場合だと，上の証明において x と y の役割を取り替えることによって証明できる．この定理は，あとに述べる定理 5.7.1 の応用例である例題 5.7.1 として再登場する．図 4.7 (c) のような場合の証明は，例題 5.7.1 の証明として行なうことにする．

3°. 極座標を用いて曲線が $r = f(\theta)$ と表されているとき，この曲線と 2 本の半直線 $\theta = \alpha$, $\theta = \beta$ で囲まれた部分の面積 S を求めよう．

定積分の導入で説明したように，$y = f(x)$ の下の部分の面積を考えるのに，$x = x$ と $x = x + \Delta x$ で囲まれた部分を短冊形で近似し，その和で全体の面積を求めた．ここでは，半直線 $\theta = \theta$ と $\theta = \theta + \Delta \theta$ で囲まれた部分（図の影の部分）を扇形で近似する：

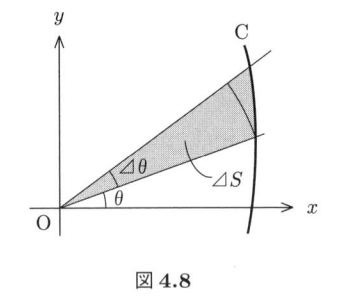

図 4.8

$$\Delta S \approx \frac{1}{2} r^2 \Delta \theta.$$

これを加えあわせて $\Delta \theta \to 0$ とすれば，左辺は全体の面積に，右辺は積分となり

$$S = \frac{1}{2} \int_\alpha^\beta f(\theta)^2 \, d\theta \tag{4.5.5}$$

となることが予想される．実際，$r = f(\theta)$ が連続関数であるとき，この右辺の積分が存在し，面積に等しいことを証明することができる．

C. 曲線の長さ

1°. 曲線

$$C : x = \varphi(t),\ y = \psi(t),\ \alpha \leqq t \leqq \beta$$

の長さ L を考えよう．区間 $\alpha \leqq t \leqq \beta$ を

$$\Delta :\ \alpha = t_0 < t_1 < \cdots < t_{n-1} < t_n = \beta$$

と分割し，各分点に対応する C 上の点を順次結んで折線をつくる．この折線の長さ L_Δ は

$$L_\Delta = \sum_{i=1}^{n} \sqrt{(\varphi(t_i) - \varphi(t_{i-1}))^2 + (\psi(t_i) - \psi(t_{i-1}))^2}$$

で与えられる．分割の最大幅を小さくしていったとき L_Δ が一定の値に収束するならば，その極限値をこの曲線の長さという[27]．

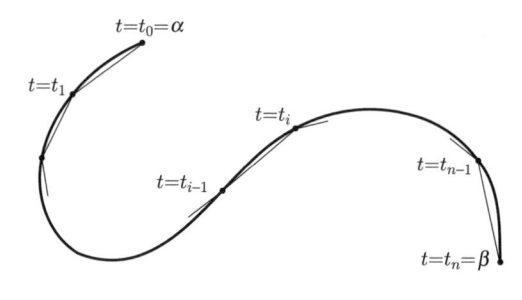

図 4.9

定理 4.5.2.

[1] 曲線 C が上式で与えられており，$\varphi(t), \psi(t)$ は連続で，有限個の点を除いては微分可能で，導関数も連続とする．このとき曲線 C の長さは

$$L = \int_\alpha^\beta \sqrt{\varphi'(t)^2 + \psi'(t)^2}\,dt \tag{4.5.6}$$

である．

---

[27] あまりにもギザギザした曲線だと L_Δ は収束しない．このときには，曲線は長さをもたないことになる．

[2] 曲線 C が $y = f(x)$, $a \leqq x \leqq b$ で与えられており，$f(x)$ は連続で，有限個の点を除いては微分可能で，導関数も連続とする．このとき曲線 C の長さは

$$L = \int_a^b \sqrt{1 + f'(x)^2}\, dx \tag{4.5.7}$$

である．

擬証明　[1] 簡単のため，$\varphi(t)$, $\psi(t)$ は全体で C^1 級とする．平均値の定理により

$$\frac{\varphi(t_i) - \varphi(t_{i-1})}{t_i - t_{i-1}} = \varphi'(t_i'), \ \frac{\psi(t_i) - \psi(t_{i-1})}{t_i - t_{i-1}} = \psi'(t_i'')$$

をみたす t_i', t_i'' ($t_{i-1} \leqq t_i', t_i'' \leqq t_i$) が存在するから

$$L_\Delta = \sum_{i=1}^n \sqrt{\varphi'(t_i')^2 + \psi'(t_i'')^2}\, (t_i - t_{i-1})$$

である．ここでもし $t_i' = t_i''$ ならば，分割の最大幅を小さくしていったとき L_Δ は定積分の定義により (4.5.6) の右辺に収束する．

必ずしも $t_i' = t_i''$ でない場合の証明は省く．

[2] $x = \varphi(t) = t$ とおくことにより，[1] より [2] が従う（このときには，上の証明において $\frac{\varphi(t_i) - \varphi(t_{i-1})}{t_i - t_{i-1}} = 1$ であるから，t_i' は現れず，上の証明は擬証明ではなく正しい証明である）． □

2°.

定理 4.5.3.　曲線 C が極座標を用いて，C^1 級の関数 f で

$$r = f(\theta),\ \alpha \leqq \theta \leqq \beta$$

と表されているときの曲線の長さ L は

$$L = \int_\alpha^\beta \sqrt{f(\theta)^2 + f'(\theta)^2}\, d\theta \tag{4.5.8}$$

で与えられる．

証明　　$x = f(\theta)\cos\theta,\ y = f(\theta)\sin\theta$

であるから
$$\left(\frac{dx}{d\theta}\right)^2 + \left(\frac{dy}{d\theta}\right)^2 = (f'(\theta)\cos\theta - f(\theta)\sin\theta)^2 + (f'(\theta)\sin\theta + f(\theta)\cos\theta)^2$$
$$= f'(\theta)^2 + f(\theta)^2.$$

これを (4.5.6) の右辺に代入すればよい. □

例題 4.5.1. 曲線: $r = 1 + \cos\theta$ の長さ L を求めよ.

偽解 $\dfrac{dr}{d\theta} = -\sin\theta$ である. θ が 0 から 2π まで動くと曲線を1周するから
$$L = \int_0^{2\pi} \sqrt{r^2 + r'^2}\,d\theta = \int_0^{2\pi} \sqrt{(1+\cos\theta)^2 + \sin^2\theta}\,d\theta$$
$$= \int_0^{2\pi} \sqrt{2(\cos\theta + 1)}\,d\theta = 2\int_0^{2\pi} \sqrt{\cos^2\frac{\theta}{2}}\,d\theta$$
$$\underset{(*)}{=} 2\int_0^{2\pi} \cos\frac{\theta}{2}\,d\theta = 4\left[\sin\frac{\theta}{2}\right]_0^{2\pi} = 0.$$

あれ？ 長さが0なんて. どこが間違いかな.

解 $(*)$ の等式が間違いで，正しくは
$$\int_0^{2\pi} \sqrt{\cos^2\frac{\theta}{2}}\,d\theta = \int_0^{2\pi} \left|\cos\frac{\theta}{2}\right|d\theta$$
である. この右辺は積分区間を $[0,\pi]$ と $[\pi, 2\pi]$ に分けて積分すればよい. こんなことなら最初から積分区間を分けておけばよい. すなわち，考えている曲線の $0 \leqq \theta \leqq \pi$ の部分と $\pi \leqq \theta \leqq 2\pi$ の部分は x 軸に対して対称であるから，上半分の部分の長さの2倍が全体の長さである.

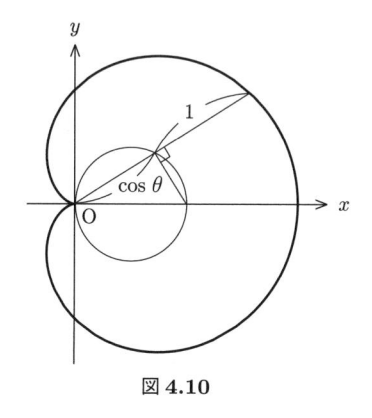

図 4.10

$$L = 2\int_0^{\pi} \sqrt{r^2 + r'^2}\,d\theta = \text{上の計算より} = 8\left[\sin\frac{\theta}{2}\right]_0^{\pi} = 8. \quad □$$

******************** **練習問題 4.5** *********************

(A)

1. 半径 $a\,(>0)$ の円の周の長さが $2\pi a$ であることを積分を使って確かめよ[28]。

2. サイクロイド：$x = t - \sin t,\ y = 1 - \cos t$ の $0 \leqq t \leqq 2\pi$ の部分と x 軸によって囲まれる部分の面積を求めよ。

   解説 半径 1 の車輪が x 軸上を滑ることなく転がるときの，車輪の外周上の点 P の軌跡を求めることを考える．点 P が最初に原点にあったとしよう．OQ= 弧 PQ の長さを t とおくとき，点 P の軌跡はこの式で表される．

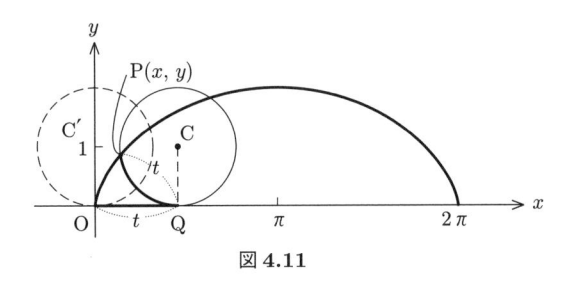

   図 4.11

3. サイクロイド：$x = t - \sin t,\ y = 1 - \cos t$ の $0 \leqq t \leqq 2\pi$ の部分の長さを求めよ．

4. カージオイド：$r = 1 + \cos\theta\ (0 \leqq \theta \leqq 2\pi)$ によって囲まれる部分の面積を求めよ（図 4.10 参照）．

5. レムニスケート：$r^2 = \cos 2\theta\ (0 \leqq \theta \leqq \dfrac{\pi}{4},\ \dfrac{3}{4}\pi \leqq \theta \leqq \dfrac{5}{4}\pi,\ \dfrac{7}{4}\pi \leqq \theta \leqq 2\pi)$ によって囲まれる部分の面積を求めよ．

   解説 $\mathrm{F}(a, 0),\ \mathrm{F}'(-a, 0),\ (a > 0)$ を 2 定点とする．点 P が，条件 $\overline{\mathrm{PF}} \cdot \overline{\mathrm{PF}'} = a^2$ をみたしながら動くときに点 P が描く曲線をレムニスケートという．極座標を使うと，余弦公式より
   $$a^4 = \overline{\mathrm{PF}}^2 \cdot \overline{\mathrm{PF}'}^2 = \left(r^2 + a^2 - 2ar\cos\theta\right)\left(r^2 + a^2 - 2ar\cos(\pi - \theta)\right)$$
   である．これを整理して $r^2 = 2a^2\cos 2\theta$ となる．

---

[28] すべての円は相似であり $\dfrac{\text{円の周の長さ}}{\text{直径}}$ は円によらず一定である．この一定値を π とおいたのであるから，半径 $a\,(>0)$ の円の周の長さが $2\pi a$ であることは計算以前のことである．ゆえにここは「証明せよ」ではない．

図 4.12

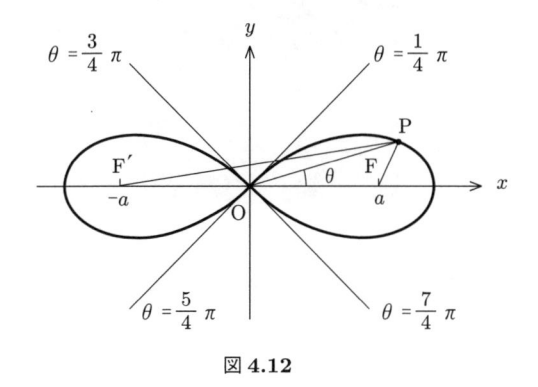

6. 曲線 $r = \sin\theta$ $(0 \leqq \theta \leqq \pi)$ によって囲まれる部分の面積を求めよ．

7. 曲線 $r = \sin 2\theta$ $(0 \leqq \theta \leqq \dfrac{\pi}{2},\ \pi \leqq \theta \leqq \dfrac{3}{2}\pi)$ によって囲まれる部分の面積を求めよ．

(B)

1. 楕円 : $x^2 + \dfrac{y^2}{4} = 1$ によって囲まれる部分の面積を求めよ．

2. アステロイド : $x^{\frac{2}{3}} + y^{\frac{2}{3}} = 1$ $(x, y \geqq 0)$ の長さを求めよ．
 解説 長さ1の棒を y 軸に立てかける．この棒が棒の上端が y 軸上を下へ，棒の下端が x 軸上を右へという形で倒れていくときに棒の掃く領域の縁がこのアステロイドであることが知られている（図 4.13 参照）．

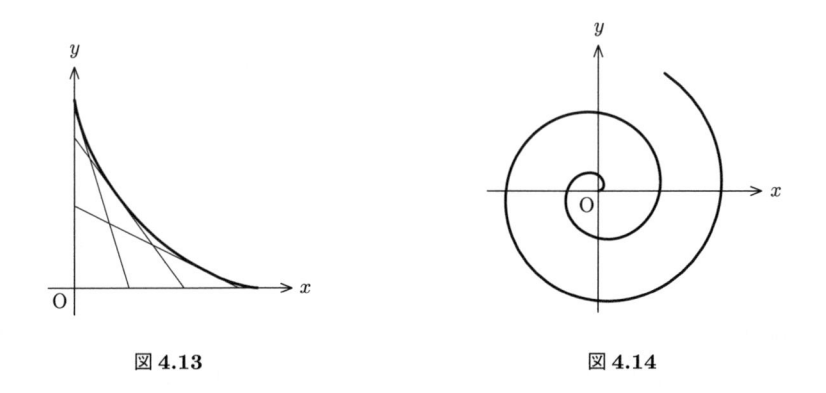

図 4.13　　　　　　　　図 4.14

3. アルキメデスの螺旋 : $r = \theta$ $(\alpha \leqq \theta \leqq \beta)$ の長さを求めよ（図 4.14 参照）．

第5章

多変数関数の積分法

この章では多変数関数の積分
$$\iint_D f(x,y)\,dxdy \quad や \quad \int \cdots \int_D f(x_1,\cdots,x_n)\,dx_1\cdots dx_n$$
について学ぶ．多変数関数の積分においては，1変数の場合の不定積分に対応する概念はなく，§4.2 で学んだ定積分に対応するものだけを考えることになる．

2変数関数の積分について詳しく説明し，3変数以上の関数の積分について簡単に触れることにする．

§5.1　2重積分

1変数の場合には積分範囲は区間という簡単なものであったが，多変数の場合の積分範囲 D は複雑な図形でありえるが，実は境界があまりにも複雑な図形の上では重積分は定義できない．実用上は，次に述べる基本集合上の積分と，§5.5 で述べる集合上の積分を考えれば十分であるので，本書ではそのような場合だけを扱う．

A．基本集合

> **定義 5.1.1.**
> [1] $[a,b]$ で定義された連続関数 $\varphi_1(x), \varphi_2(x); \varphi_1(x) \leqq \varphi_2(x)$ を使って
> $$D = \{(x,y) \mid \varphi_1(x) \leqq y \leqq \varphi_2(x),\ a \leqq x \leqq b\}$$
> と表される集合を**縦線集合**という．

[2] $[c,d]$ で定義された連続関数 $\psi_1(y), \psi_2(y); \psi_1(y) \leqq \psi_2(y)$ を使って
$$D = \{(x,y) \mid \psi_1(y) \leqq x \leqq \psi_2(y),\ c \leqq y \leqq d\}$$
と表される集合を**横線集合**という．

[3] 縦線集合または横線集合 D_1, D_2 が**本質的には交わらない**[1]とは，$D_1 \cap D_2$ が空であるか，有限個の点や，$y = \varphi(x)$ とか $x = \psi(y)$ (φ, ψ は連続) の形の有限個の曲線からなっていることをいう．

[4] 互いに本質的には交わらない縦線集合または横線集合の有限個の和集合を**基本集合**[2]という．

2つの基本集合が本質的には交わらないということも [3] と同様にして定義される．

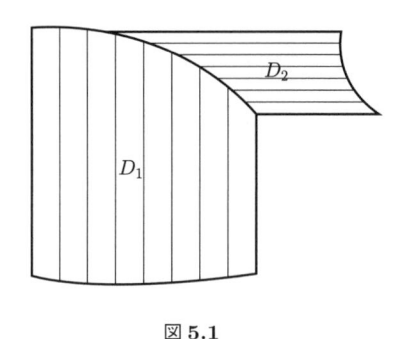

図 5.1

基本集合は境界を含んでいるので閉集合である．また，基本集合は有界集合である．

B．基本集合上の 2 重積分

$f(x,y)$ を基本集合 D 上で定義された<u>有界な実数値関数</u>とする．D 上での f の積分を定義しよう．

D は有界であるから，$D \subset K$ となる長方形が存在する．それを
$$K = [a,b] \times [c,d] = \{(x,y) \mid a \leqq x \leqq b,\ c \leqq y \leqq d\}$$

---

[1] 一般的な用語ではなく，この本だけの用語．
[2] これも，あまり一般的な用語ではない．

とおく. また
$$f^*(x,y) = \begin{cases} f(x,y) & ((x,y) \in D) \\ 0 & ((x,y) \notin D) \end{cases}$$
とおく.

区間 $[a,b]$, $[c,d]$ をそれぞれ分割する.

$$\Delta: \begin{array}{l} a = x_0 < x_1 < x_2 < \cdots < x_m = b, \\ c = y_0 < y_1 < y_2 < \cdots < y_n = d. \end{array} \quad (5.1.1)$$

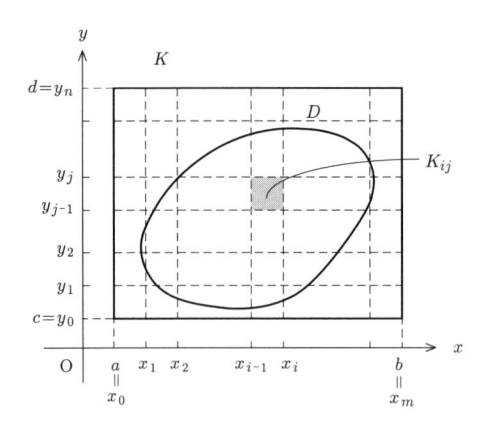

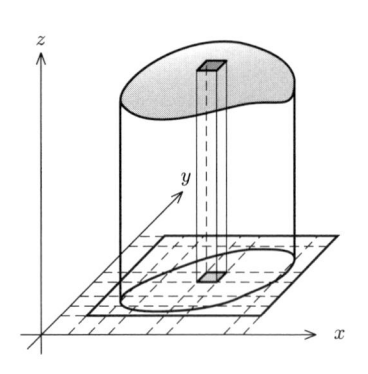

図 5.2

これにより，長方形 K は小長方形群

$$K_{ij} = [x_{i-1}, x_i] \times [y_{j-1}, y_j], \ (i=1,2,\cdots,m;\ j=1,2,\cdots,n)$$

に分割される．おのおのの面積は $|K_{ij}| = (x_i - x_{i-1})(y_j - y_{j-1})$ である．各小長方形内に代表点

$$(\xi_{ij}, \eta_{ij}) \in K_{ij}$$

をとり，和

$$R(\Delta, D, f) = \sum_{i=1, j=1}^{m,n} f^*(\xi_{ij}, \eta_{ij}) |K_{ij}| \quad (5.1.2)$$

を考える（この和をリーマン和という）[3].

---

[3] $f(x,y) \geqq 0$ のときは，(5.1.2) の右辺の各項は，図の柱の体積である.

分割の細かさを計る尺度として，$|\Delta|$ を

$$x_i - x_{i-1} \ (i=1,2,\cdots,m); \quad y_j - y_{j-1} \ (j=1,2,\cdots,n)$$

の最大のものとおく．

> **定義 5.1.2.** 極限
> $$\lim_{|\Delta|\to 0} R(\Delta, D, f)$$
> が，分割 Δ の取りかたや代表点 (ξ_{ij}, η_{ij}) の取りかたによらない一定の値に収束するとき，$f(x,y)$ は D 上で（リーマンの意味で）**重積分可能**[4]であるといい，その極限値を
> $$\iint_D f(x,y)\,dxdy$$
> と書く．また，これを**重積分**（**2 重積分**）という．

この定義が D をおおう K の取りかたによらないことに注意しておく．

定理 4.2.1 と同様に

> **定理 5.1.1**（連続関数の可積分性）． 基本集合 D 上で定義された連続関数は，そこで重積分可能である．

証明は難しいので省く．

応用例 1 $f(x,y) \geqq 0$ を基本集合 D の上で積分可能な関数とするとき
$$\iint_D f(x,y)\,dxdy$$
は立体
$$V = \{(x,y,z) \mid 0 \leqq z \leqq f(x,y),\ (x,y) \in D\}$$
の体積である．

応用例 2 空間を流体がみたしており，点 (x,y,z) におけるその流体の速度が $\boldsymbol{v}(x,y,z) = (v_1(x,y,z), v_2(x,y,z), v_3(x,y,z))$ であるとき，xy 平面の領域 D

---

[4] 単に積分可能ともいう．

を通って単位時間内に下から上へ流れる流体の量は
$$\iint_D v_3(x,y,0)\,dxdy$$
である．

C．重積分の基本的性質

定理 5.1.2. D を平面上の基本集合，f, g を D 上で積分可能な有界な実数値関数とする．このとき次が成り立つ．

[1] **(線形性)** α, β を定数とする．$\alpha f(x,y) + \beta g(x,y)$ も D で積分可能で
$$\iint_D \{\alpha f(x,y) + \beta g(x,y)\}\,dxdy$$
$$= \alpha \iint_D f(x,y)\,dxdy + \beta \iint_D g(x,y)\,dxdy.$$

[2] **(単調性)** $f(x,y) \leqq g(x,y)$ ならば
$$\iint_D f(x,y)\,dxdy \leqq \iint_D g(x,y)\,dxdy.$$

[3] $|f(x,y)|$ も D で積分可能で
$$\left|\iint_D f(x,y)\,dxdy\right| \leqq \iint_D |f(x,y)|\,dxdy.$$

証明は，定理 4.2.2 の証明と同様であるから省略する．

定理 5.1.3. 基本集合 D が本質的には交わらない 2 つの基本集合 D_1, D_2 の和であるとき，連続関数 f に対して次が成り立つ[5]．
$$\iint_D f(x,y)\,dxdy = \iint_{D_1} f(x,y)\,dxdy + \iint_{D_2} f(x,y)\,dxdy.$$

証明は難しいので省略する．

---

[5] 下式の右辺では $D_1 \cap D_2$ の部分が重複して積分に現れているが，「D_1 と D_2 が本質的に交わらない」とは，この重複部分の面積が 0 であり，積分の値には影響しないというイメージ．

******************** **練習問題 5.1** ********************

(A)

1. 関数 $f(x,y) = A$ (A は定数) を，重積分の定義に従って $K = [a,b] \times [c,d]$ 上で積分せよ．
2. $D = \{(x,y) \mid x^2 \leqq y \leqq x,\ 0 \leqq x \leqq 1/2\}$ を横線集合の和集合として書きなおせ．
3. $D = \{(x,y) \mid y - 1 \leqq x \leqq y,\ 0 \leqq y \leqq 1\}$ を縦線集合の和集合として書きなおせ．
4. $D = \{(x,y) \mid x^2/4 + y^2 \leqq 1\}$ を縦線集合，横線集合としてそれぞれ書き表せ．

---

§5.2 累次積分

前節では重積分という概念の説明を行なったが，そのままでは具体的な関数の重積分の計算はほとんどできない．ここでは，重積分の計算を，1変数の積分の繰り返しにより求めるという手法について述べる．

A．累次積分

定理 5.2.1.

[1] $f(x,y)$ を縦線集合
$$D = \{(x,y) \mid \varphi_1(x) \leqq y \leqq \varphi_2(x),\ a \leqq x \leqq b\}$$
$$(\varphi_1(x) \leqq \varphi_2(x) : 連続)$$
で定義された連続関数とする．このとき
$$\iint_D f(x,y)\,dxdy = \int_a^b \left\{ \int_{\varphi_1(x)}^{\varphi_2(x)} f(x,y)\,dy \right\} dx. \quad (5.2.1)$$

[2] $f(x,y)$ を横線集合
$$D = \{(x,y) \mid \psi_1(y) \leqq x \leqq \psi_2(y),\ c \leqq y \leqq d\} \quad (\psi_1(y) \leqq \psi_2(y) : 連続)$$
で定義された連続関数とする．このとき
$$\iint_D f(x,y)\,dxdy = \int_c^d \left\{ \int_{\psi_1(y)}^{\psi_2(y)} f(x,y)\,dx \right\} dy. \quad (5.2.2)$$

この 2 つの右辺の積分を**累次積分**という．内部の { } の積分は，[1] だと x

は定数とみなしての積分である.

証明 [1] を証明する. 定数 c, d を $c \leqq \varphi_1(x) \leqq \varphi_2(x) \leqq d$ ととり, $K = [a,b] \times [c,d]$ とおく. $D \subset K$ である. また

$$f^*(x,y) = \begin{cases} f(x,y) & ((x,y) \in D) \\ 0 & ((x,y) \notin D) \end{cases}$$

とおく.

分割 (5.1.1) を考え, 小長方形 $K_{ij} = [x_{i-1}, x_i] \times [y_{j-1}, y_j]$ における $f^*(x,y)$ の最大値, 最小値をそれぞれ M_{ij}, m_{ij} とおく.

$x_{i-1} \leqq \xi_i \leqq x_i$, $y_{j-1} \leqq y \leqq y_j$ においては

$$m_{ij} \leqq f^*(\xi_i, y) \leqq M_{ij}.$$

これを y について y_{j-1} から y_j まで積分して

$$m_{ij}(y_j - y_{j-1}) \leqq \int_{y_{j-1}}^{y_j} f^*(\xi_i, y) dy \leqq M_{ij}(y_j - y_{j-1}).$$

これに $x_i - x_{i-1}$ を掛けて, i, j について加えると

$$\sum_{i=1, j=1}^{m,n} m_{ij}(x_i - x_{i-1})(y_j - y_{j-1})$$

$$\leqq \sum_{i=1}^{m} \left\{ \sum_{j=1}^{n} \int_{y_{j-1}}^{y_j} f^*(\xi_i, y) dy \right\} (x_i - x_{i-1}) \quad (*)$$

$$\leqq \sum_{i=1, j=1}^{m,n} M_{ij}(x_i - x_{i-1})(y_j - y_{j-1})$$

を得る.

この左辺 (右辺) はリーマン和 (5.1.2) において, 小長方形内の代表点 (ξ_{ij}, η_{ij}) として, $f^*(x,y)$ が最小値 (最大値) をとる点をとったものであるから, 分割を細かくしていけば, それらはどちらも

$$\iint_K f^*(x,y) \, dxdy = \iint_D f(x,y) \, dxdy$$

に収束する. ゆえに, $(*)$ の中辺も同じ値に収束する.

さて,
$$\Phi(x) = \int_{\varphi_1(x)}^{\varphi_2(x)} f(x,y)\,dy$$
とおくと, (∗) の中辺の { } 内は
$$\int_c^d f^*(\xi_i, y)\,dy = \int_{\varphi_1(\xi_i)}^{\varphi_2(\xi_i)} f(\xi_i, y)\,dy = \Phi(\xi_i)$$
であるから,
$$(*)\,\text{の中辺} = \sum_{i=1}^m \Phi(\xi_i)(x_i - x_{i-1})$$
であり, 分割を細かくしていけば, これは (収束することはすでにわかっているので)
$$\int_a^b \Phi(x)\,dx = \int_a^b \left\{ \int_{\varphi_1(x)}^{\varphi_2(x)} f(x,y)\,dy \right\} dx$$
に収束する. □

記号についての注意　(5.2.1) の右辺を
$$\int_a^b dx \int_{\varphi_1(x)}^{\varphi_2(x)} f(x,y)\,dy$$
と書くこともある[6]が, これは
$$\left\{ \int_a^b dx \right\} \cdot \left\{ \int_{\varphi_1(x)}^{\varphi_2(x)} f(x,y)\,dy \right\}$$
ではないので注意すること. (5.2.2) の右辺についても同様である.

B．積分順序の交換

上の定理の系として

定理 5.2.2 (積分順序の交換).　積分領域 D が縦線集合
$D = \{(x,y) \mid \varphi_1(x) \leqq y \leqq \varphi_2(x),\ a \leqq x \leqq b\}$　($\varphi_1(x) \leqq \varphi_2(x)$：連続関数)
であると同時に, 横線集合
$D = \{(x,y) \mid \psi_1(y) \leqq x \leqq \psi_2(y), c \leqq y \leqq d\}$　($\psi_1(x) \leqq \psi_2(x)$：連続関数)

---

[6] 練習問題では主としてこちらの記号を使っている.

でもあるとする．$f(x,y)$ を D で定義された連続関数とする．このとき
$$\int_a^b \left\{ \int_{\varphi_1(x)}^{\varphi_2(x)} f(x,y)\,dy \right\} dx = \iint_D f(x,y)\,dxdy$$
$$= \int_c^d \left\{ \int_{\psi_1(y)}^{\psi_2(y)} f(x,y)\,dx \right\} dy \quad (5.2.3)$$
が成り立つ．

(5.2.3) の左辺の中側の積分は，x を固定して y での積分であり，その積分範囲は図 5.3 (a) の太線上である．それを細線上を走査したものが重積分の積分領域である．他方，(5.2.3) の右辺では，最初に y を固定して図 5.3 (b) の横線上で積分を行っている．

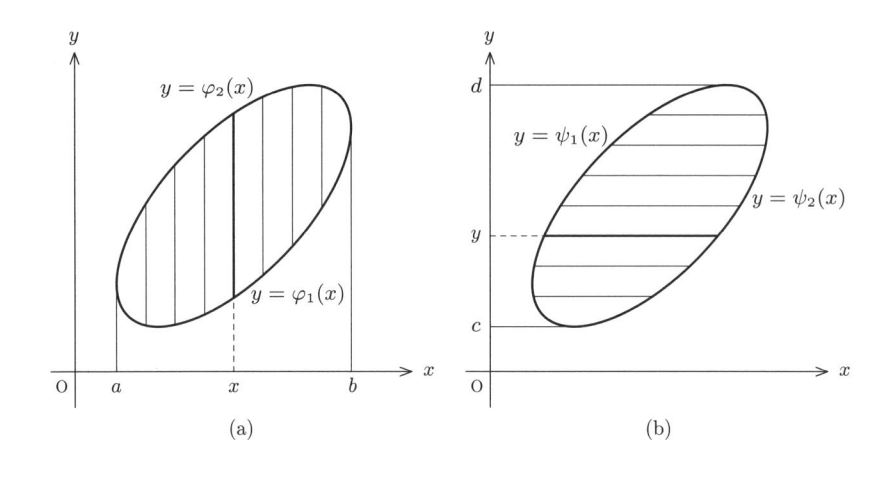

図 5.3

(5.2.3) の最左辺を最右辺に，あるいはその逆に変形することを**積分順序の交換**という．これは重積分を計算するときの重要なテクニックの 1 つである．

次の例題は積分順序の交換の御利益を示すものである．

例題 5.2.1. 累次積分
$$I = \int_0^1 \left\{ \int_y^1 e^{-x^2} dx \right\} dy$$
を求めよ．

解 不定積分 $\int e^{-x^2} dx$ は既知の関数では表せないから，問題に書かれた順序に積分を実行するという方針で答えを出すのは（不可能ではないが）難しい．

積分範囲は，y を $0 \leqq y \leqq 1$ に止めた上で，x を $y \leqq x \leqq 1$ の範囲で動かしたものであるから，図 5.4 の D の部分である．それは図より

$$D = \{(x,y) \mid 0 \leqq y \leqq x,\ 0 \leqq x \leqq 1\}$$

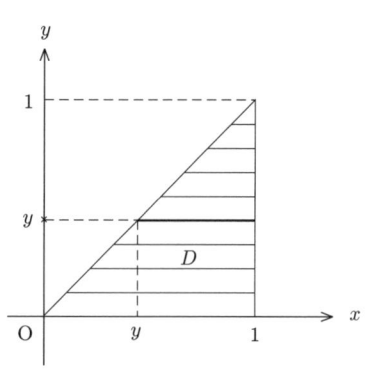

図 5.4

とも表せるから，積分順序を交換して

$$I = \int_0^1 \left\{ \int_0^x e^{-x^2} dy \right\} dx = \int_0^1 x e^{-x^2} dx = \left[\frac{-1}{2} e^{-x^2} \right]_0^1 = \frac{1}{2}\left(1 - \frac{1}{e}\right)$$

である． □

例題 5.2.2. 次の累次積分の積分順序を入れ替えよ．

(1) $\displaystyle\int_0^1 \left\{ \int_{x^2}^x f(x,y) dy \right\} dx$ (2) $\displaystyle\int_0^{1/2} \left\{ \int_{x^2}^x f(x,y) dy \right\} dx$

解 (1) x を止めたとき y の動く範囲は $x^2 \leqq y \leqq x$ であり，その x の動く範囲は $0 \leqq x \leqq 1$ であるから，(x,y) の動く範囲 D は図 5.5 (a) のとおりである．これを横線集合と見ると

$$D = \{(x,y) \mid y \leqq x \leqq \sqrt{y},\ 0 \leqq y \leqq 1\}$$

であるから

$$与式 = \int_0^1 \left\{ \int_y^{\sqrt{y}} f(x,y)\, dx \right\} dy$$

である.

(2) (x,y) の動く範囲 D は図 5.5 (b) のとおりである．これを $y \leqq 1/4$ と $y \geqq 1/4$ に分けて

$$与式 = \int_0^{1/4} \left\{ \int_y^{\sqrt{y}} f(x,y)\,dx \right\} dy + \int_{1/4}^{1/2} \left\{ \int_y^{1/2} f(x,y)\,dx \right\} dy$$

である.

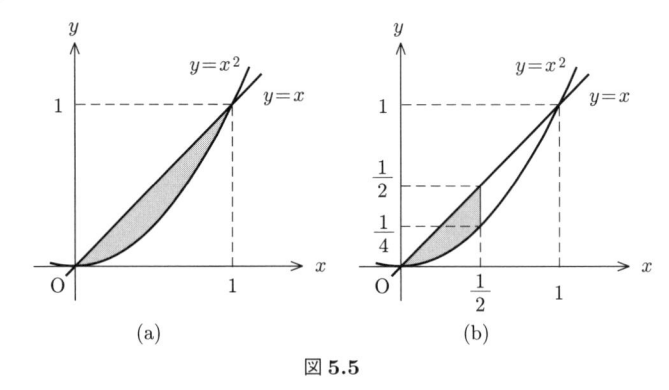

図 5.5

注意 積分順序入れ替えにおける計算は，上の例でいえば，$x^2 \leqq y \leqq x$ を x について解いて $y \leqq x \leqq \sqrt{y}$ を得ることであるが，こういう計算だけに頼っていると，(2) の第 2 項を見落とすというミスを犯しがちである．これを避けるためにも，(x,y) の動く範囲 D を図示するように心がけるべきである.

C．微積分の順序交換

積分順序交換の定理の応用として，表題の定理を述べよう.

定理 5.2.3. f を長方形 $K = [a,b] \times [c,d]$ で定義された連続関数で，y について偏微分可能で，$\dfrac{\partial f}{\partial y}$ も K で連続とする．

このとき，$F(y) = \displaystyle\int_a^b f(x,y)\,dx$ は微分可能で

$$\frac{d}{dy}F(y) = \int_a^b \frac{\partial f}{\partial y}(x,y)\,dx \tag{5.2.4}$$

が成り立つ.

証明 (5.2.4) の右辺を y につき c から Y まで積分し，積分の順序を交換すると

$$\int_c^Y \left(\int_a^b \frac{\partial f}{\partial y}(x,y)\,dx \right) dy = \int_a^b \left(\int_c^Y \frac{\partial f}{\partial y}(x,y)\,dy \right) dx$$

$$= \int_a^b (f(x,Y) - f(x,c))\,dx = F(Y) - F(c).$$

両辺を Y で微分して (5.2.4) を得る． □

******************** **練習問題 5.2** ********************
(A)

1. 次の積分を計算せよ．

(1) $\iint_D (3x^2 + y)\,dxdy, \quad D = \{(x,y) \mid 0 \leqq x \leqq 1,\ 0 \leqq y \leqq 2\}$

(2) $\iint_D \dfrac{dxdy}{(2+x+y)^2}, \quad D = \{(x,y) \mid 0 \leqq x \leqq 1,\ 1 \leqq y \leqq 2\}$

(3) $\iint_D y^2\,dxdy, \quad D = \{(x,y) \mid -y \leqq x \leqq y,\ 0 \leqq y \leqq 1\}$

(4) $\iint_D e^{x+y}\,dxdy, \quad D = \{(x,y) \mid 0 \leqq x \leqq y,\ 0 \leqq y \leqq 1\}$

2. 次の積分を計算せよ．

(1) $\iint_D y \sin x\,dxdy, \quad D = \{(x,y) \mid 0 \leqq x \leqq y,\ 0 \leqq y \leqq \pi\}$

(2) $\iint_D x^2 \cos y^2\,dxdy, \quad D = \{(x,y) \mid 0 \leqq x \leqq y,\ 0 \leqq y \leqq \sqrt{\pi}\}$

(3) $\iint_D \sin(x+y)\,dxdy, \quad D = \{(x,y) \mid 0 \leqq x \leqq y,\ 0 \leqq y \leqq \pi/2\}$

(4) $\iint_D (x+y)\,dxdy, \quad D = \{(x,y) \mid 0 \leqq x \leqq \pi/2,\ \sin x \leqq y \leqq 2\sin x\}$

3. 次の積分を計算せよ．

(1) $\iint_D y\,dxdy, \quad D = \{(x,y) \mid y/2 \leqq x \leqq 2y,\ x+y \leqq 1\}$

(2) $\iint_D x\,dxdy, \quad D = \{(x,y) \mid y \leqq x \leqq \sqrt{y}\}$

(3) $\iint_D y\,dxdy, \quad D = \{(x,y) \mid x^2 \leqq y \leqq 1\}$

(4) $\iint_D xy\,dxdy, \quad D = \{(x,y) \mid x+y \leqq 2,\ y^2 \leqq x,\ 0 \leqq y\}$

4. 次の積分を計算せよ．

(1) $\int_0^2 dy \int_0^1 xe^{xy} dx$ (2) $\int_0^9 dx \int_0^{\sqrt{x}} \dfrac{dy}{y+1}$ (3) $\int_0^1 dx \int_x^1 \dfrac{x^2}{1+y^2} dy$

(4) $\int_0^1 dx \int_x^1 \sin(\pi y^2)\, dy$

(B)

1. 次の積分を計算せよ．

(1) $\int_0^4 dx \int_{\sqrt{x}}^2 \dfrac{dy}{\sqrt{y^3+1}}$ (2) $\int_0^1 dx \int_{x^2}^1 \sqrt{y^2+y}\, dy$

(3) $\int_0^1 dx \int_{\sqrt{x}}^{1+\sqrt{1-x}} e^{x/y}\, dy$

(4) $\iint_D xy^2 dxdy, \quad D = \{(x,y) \mid x \leq y-2,\ x^2 + y \leq 4\}$

2. 連続関数 $f(x)$ について，次の等式を証明せよ．
$$\int_a^b f(x) \left\{ \int_x^b f(y)\, dy \right\} dx = \dfrac{1}{2} \left\{ \int_a^b f(x)\, dx \right\}^2.$$

3. C^3 級関数 $f(x)$ について，次の等式を証明せよ．
$$\int_0^a dx \int_0^x \sqrt{(a-x)(x-y)} f'''(y)\, dy = \dfrac{\pi}{4} \left\{ f(a) - f(0) - af'(0) - \dfrac{a^2}{2} f''(0) \right\}.$$

4. $f(x,y)$ を C^1 級関数とする．
$$F(x) = \int_a^x f(x,t)\, dt$$
の導関数を求めよ．

---

§5.3　3 重積分

いままで 2 重積分について考えてきたが，n 重積分も同様にして考えることができる．3 重積分について簡単に述べよう．

A．基本集合

xy 平面の基本集合 D で定義された連続関数 $\varphi_1(x,y) \leq \varphi_2(x,y)$ を使って
$$V = \{(x,y,z) \mid \varphi_1(x,y) \leq z \leq \varphi_2(x,y), (x,y) \in D\} \tag{*1}$$
と書かれる集合や，yz 平面の基本集合 D で定義された連続関数 $\psi_1(y,z) \leq \psi_2(y,z)$ を使って
$$V = \{(x,y,z) \mid \psi_1(y,z) \leq x \leq \psi_2(y,z), (y,z) \in D\} \tag{*2}$$

と書かれる集合や，zx 平面の基本集合 D で定義された連続関数 $\chi_1(x,z) \leqq \chi_2(x,z)$ を使って
$$V = \{(x,y,z)|\ \chi_1(x,z) \leqq y \leqq \chi_2(x,z), (x,z) \in D\} \tag{*3}$$
と書かれる集合が，2重積分において縦線集合，横線集合が果たした役割を果たす．

これらの形の2つの集合の共通部分が，空集合であるか，点や連続曲線や $z = \varphi(x,y)$ とか $x = \psi(y,z)$ とか $y = \chi(x,z)$ の形の連続な曲面などの有限個の和であるとき，それらは互いに本質的には交わらないということにしよう．

互いに本質的には交わらない (*1), (*2), (*3) の形の有限個の集合の和の形をしているものを基本集合という．基本集合が互いに本質的に交わらないということも同様に定義される．

B．基本集合上の積分

V を $\mathbb{R}^3$ 内の基本集合，f を V で定義された有界な実数値関数とする．$V \subset K$ なる直方体 K をとり
$$f^*(x,y,z) = \begin{cases} f(x,y,z) & ((x,y,z) \in V) \\ 0 & ((x,y,z) \notin V) \end{cases}$$
とおく．

直方体を $K = [a,a'] \times [b,b'] \times [c,c']$ とする．分割
$$\Delta : \begin{array}{l} a = x_0 < x_1 < x_2 < \cdots < x_l = a', \\ b = y_0 < y_1 < y_2 < \cdots < y_m = b', \\ c = z_0 < z_1 < z_2 < \cdots < z_n = c' \end{array}$$
により，直方体 K を小直方体群
$$K_{ijk} = [x_{i-1}, x_i] \times [y_{j-1}, y_j] \times [z_{k-1}, z_k]$$
に分割する．その体積は $|K_{ijk}| = (x_i - x_{i-1})(y_j - y_{j-1})(z_k - z_{k-1})$ である．各小直方体内に代表点
$$(\xi_{ijk}, \eta_{ijk}, \zeta_{ijk}) \in K_{ijk}$$
をとり，和
$$R(\Delta, V, f) = \sum_{i,j,k} f^*(\xi_{ijk}, \eta_{ijk}, \zeta_{ijk})|K_{ijk}|$$
が分割の幅を小さくしていったときに，分割 Δ の取りかたや代表点 $(\xi_{ijk}, \eta_{ijk}, \zeta_{ijk})$ の取りかたによらない一定の値に収束するとき，$f(x,y,z)$ は V 上で積分可能であるといい，その極限値を
$$\iiint_V f(x,y,z)\,dxdydz$$
と書く．

定理 5.1.1 と同様に，連続関数は V 上で積分可能である．
定理 5.1.2, 5.1.3 と類似の定理が成り立つ．

V を (∗1) で定義された集合とし，f を V で積分可能な関数とするとき

$$\iiint_V f(x,y,z)\,dxdydz = \iint_D \left\{ \int_{\varphi_1(x,y)}^{\varphi_2(x,y)} f(x,y,z)dz \right\} dxdy$$

が成り立つ．V が (∗2) や (∗3) で定義された集合のときも同様である．これにより，定理 5.2.2 と類似の積分順序交換の定理が得られる．

例 物体 V の点 (x,y,z) における密度を $\rho(x,y,z)$ とするとき，物体 V の質量は

$$\iiint_V \rho(x,y,z)\,dxdydz$$

である．

******************** **練習問題 5.3** ********************

(A)

1. 以下の各 V について，$V = \{(x,y,z) \mid \varphi_1(x,y) \leqq z \leqq \varphi_2(x,y),\ (x,y) \in D\}$ という形に表したときの $D, \varphi_1(x,y), \varphi_2(x,y)$ を求めよ．また D を xy 平面に図示せよ．
  (1) $V = \{(x,y,z) \mid x+y \leqq 1,\ 0 \leqq x,\ 0 \leqq y,\ 0 \leqq z \leqq x\}$
  (2) $V = \{(x,y,z) \mid 0 \leqq x \leqq y \leqq 1,\ 0 \leqq z \leqq x+y\}$
  (3) $V = \{(x,y,z) \mid 0 \leqq z \leqq 1-x^2-y^2\}$

2. 以下の各 V について，$V = \{(x,y,z) \mid \psi_1(y,z) \leqq x \leqq \psi_2(y,z),\ (y,z) \in D\}$ という形に表したときの $D, \psi_1(y,z), \psi_2(y,z)$ を求めよ．また，D を yz 平面に図示せよ．
  (1) $V = \{(x,y,z) \mid x+y+z \leqq 1,\ 0 \leqq x,\ 0 \leqq y,\ 0 \leqq z\}$
  (2) $V = \{(x,y,z) \mid |x|+|y|+|z| \leqq 1\}$

3. 以下の各 V について，$V = \{(x,y,z) \mid \varphi_1(x,y) \leqq z \leqq \varphi_2(x,y),\ (x,y) \in D\}$ という形に表したときの $D, \varphi_1(x,y), \varphi_2(x,y)$ を求めよ．また，D を xy 平面に図示せよ．
  (1) $V = \{(x,y,z) \mid 0 \leqq z \leqq x+y-1,\ 0 \leqq x \leqq 1,\ 0 \leqq y \leqq 1\}$
  (2) $V = \{(x,y,z) \mid x^2+y^2+z^2 \leqq 1,\ 0 \leqq x,\ 0 \leqq y,\ 0 \leqq z\}$
  (3) $V = \{(x,y,z) \mid x^2+y^2+z^2 \leqq 1,\ x^2+y^2 \leqq x,\ 0 \leqq z\}$

4. 次の積分を計算せよ．
  (1) $\iiint_V y\,dxdydz,\quad V = \{(x,y,z) \mid x+y \leqq 1,\ 0 \leqq x,\ 0 \leqq y,\ 0 \leqq z \leqq x\}$
  (2) $\iiint_V x\,dxdydz,\quad V = \{(x,y,z) \mid 0 \leqq x \leqq y \leqq 1,\ 0 \leqq z \leqq x+y\}$
  (3) $\iiint_V xz\,dxdydz,\quad V = \{(x,y,z) \mid 0 \leqq z \leqq 1-x^2-y^2\}$

(B)

1. 次の積分を計算せよ.

(1) $\iiint_V \dfrac{dxdydz}{(1+x+y+z)^3}$,
$$V = \{(x,y,z) \mid x+y+z \leqq 1,\ 0 \leqq x,\ 0 \leqq y,\ 0 \leqq z\}$$

(2) $\iiint_V xy\,dxdydz$, $V = \{(x,y,z) \mid x+y+z \leqq 1,\ 0 \leqq x,\ 0 \leqq y,\ 0 \leqq z\}$

(3) $\iiint_V x^2\,dxdydz$, $V = \{(x,y,z) \mid |x|+|y|+|z| \leqq 1\}$

2. 連続関数 $f(x)$ について, 次の等式を証明せよ.
$$\int_0^x dy \int_0^y dz \int_0^z f(t)\,dt = \frac{1}{2}\int_0^x (x-t)^2 f(t)\,dt.$$

§5.4 変数変換

A. 問題と結論

1変数関数の積分 $\displaystyle\int_a^b f(x)\,dx$ は, 変数変換
$$x = \varphi(u),\ a = \varphi(\alpha),\ b = \varphi(\beta)$$
により
$$\int_a^b f(x)\,dx = \int_\alpha^\beta f(\varphi(u))\varphi'(u)\,du$$
となった. 2重積分においてこれに対応するものを考える. 変数変換
$$\Phi : \begin{cases} x = \varphi(u,v) \\ y = \psi(u,v) \end{cases} \tag{5.4.1}$$
により, uv 平面の集合 E が xy 平面の集合 D に移っているものとする.

次のことを仮定する.

仮定1 $\varphi,\ \psi$ は C^1 級である.

仮定2 変換のヤコビアン[7]は
$$J(u,v) = \frac{D(x,y)}{D(u,v)} = \begin{vmatrix} \varphi_u & \varphi_v \\ \psi_u & \psi_v \end{vmatrix} \neq 0$$

---

[7] p.112 参照.

図 5.6

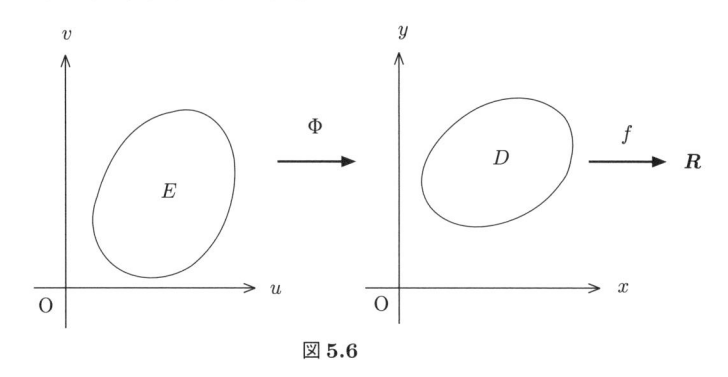

をみたす（このとき，逆写像の理論 (p.135) により，点 (u_0, v_0) とその移った先 (x_0, y_0) それぞれの近くだけを考えれば Φ は 1 対 1 となっているが，さらに次を仮定する）．

仮定 3 $\Phi: E \to D$ は（E 全体で）1 対 1 で上への写像である．

仮定 4 D, E は基本集合である（実は，どちらか一方が基本集合ならば，他方も基本集合となる）．

仮定 5 $f(x, y)$ は D で連続である．

このとき，次の定理が成り立つ．

定理 5.4.1. 以上の仮定のもとで
$$\iint_D f(x, y)\,dxdy = \iint_E f(\varphi(u, v), \psi(u, v))|J(u, v)|dudv. \qquad (5.4.2)$$

1 変数の場合には $\varphi'(u)$ には絶対値が付いていないが，重積分の場合には，ヤコビアンに絶対値が付いていることに注意．
$$dxdy = |J|dudv$$
と覚えるとよい．

定理の証明はあとまわしにして，例題による使いかたの説明を先にしよう．

例題 5.4.1.
$$I = \iint_D x^2\,dxdy, \quad D: |x+2y| \leqq 1,\ |x-y| \leqq 1$$
を計算せよ．

解 3つの解法を示すが，1つだけわかればよいというのではなく，それぞれの解法の考えかたを習得して貰いたい．

解法 1 積分領域 D は図のとおりである．変数変換

$$\begin{cases} u = x + 2y \\ v = x - y \end{cases}$$

すなわち

$$\begin{cases} x = (u + 2v)/3 \\ y = (u - v)/3 \end{cases}$$

により，積分範囲は $E : -1 \leqq u, v \leqq 1$ となる．このとき

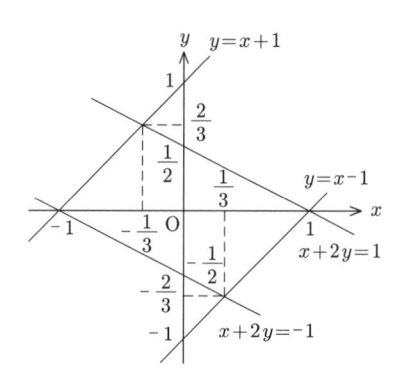

図 5.7

$$J = \begin{vmatrix} x_u & x_v \\ y_u & y_v \end{vmatrix} = \begin{vmatrix} 1/3 & 2/3 \\ 1/3 & -1/3 \end{vmatrix} = -1/3$$

であり

$$I = \int_{-1}^{1} \left\{ \int_{-1}^{1} \left(\frac{u+2v}{3} \right)^2 du \right\} \frac{1}{3} dv = \cdots = \frac{20}{81}.$$

解法 2 積分領域 D を縦線集合と見る．x の範囲を $-1 \leqq x \leqq -1/3$, $-1/3 \leqq x \leqq 1/3$, $1/3 \leqq x \leqq 1$ の 3 つに分けて

$$I = \int_{-1}^{-1/3} x^2 \left\{ \int_{-(x+1)/2}^{x+1} dy \right\} dx + \int_{-1/3}^{1/3} x^2 \left\{ \int_{-(x+1)/2}^{-(x-1)/2} dy \right\} dx$$

$$+ \int_{1/3}^{1} x^2 \left\{ \int_{x-1}^{-(x-1)/2} dy \right\} dx = \text{以下略.}$$

解法 3 D を横線集合と見て，$y \leqq 0$ と $0 \leqq y$ に分ける．

$$I = \int_{-2/3}^{0} \left\{ \int_{-2y-1}^{y+1} x^2 dx \right\} dy + \int_{0}^{2/3} \left\{ \int_{y-1}^{-2y+1} x^2 dx \right\} dy = \text{以下略.} \quad \square$$

B．極座標

極座標
$$x = r\cos\theta,\ y = r\sin\theta$$
においては
$$J = \begin{vmatrix} x_r & x_\theta \\ y_r & y_\theta \end{vmatrix} = \begin{vmatrix} \cos\theta & -r\sin\theta \\ \sin\theta & r\cos\theta \end{vmatrix} = r$$
であるから，
$$\int_D f(x,y)\,dxdy = \int_E f(r\cos\theta, r\sin\theta)\,r\,drd\theta$$
が成り立つ．
$$dxdy = r\,drd\theta$$
と覚えよう．

例題 5.4.2. 次の重積分の値を求めよ．
(1) $\iint_D x^2\,dxdy,\ D: x^2+y^2 \leqq 1$ (2) $\iint_D \sqrt{x}\,dxdy,\ D: x^2+y^2 \leqq x$

解 (1) 極座標に変換すると $E: 0 \leqq r \leqq 1,\ 0 \leqq \theta \leqq 2\pi$ であるから

$$I = \iint_E r^2 \cos^2\theta\, r\,drd\theta = \int_0^{2\pi}\left\{\int_0^1 r^3 \cos^2\theta\,dr\right\}d\theta$$
$$= \frac{1}{4}\int_0^{2\pi} \frac{1}{2}(\cos 2\theta + 1)\,d\theta = \frac{1}{8}\left[\frac{1}{2}\sin 2\theta + \theta\right]_0^{2\pi} = \frac{\pi}{4}$$

である．

(2) $D: (x-1/2)^2 + y^2 \leqq (1/2)^2$ であるから D は図 5.8 のとおりである．極座標に変換すると $E: 0 \leqq r \leqq \cos\theta,\ -\pi/2 \leqq \theta \leqq \pi/2$ であるから

$$I = \iint_E (r\cos\theta)^{1/2} \cdot r\,drd\theta$$
$$= \int_{-\pi/2}^{\pi/2}\left\{\int_0^{\cos\theta} (\cos\theta)^{1/2} r^{3/2}\,dr\right\}d\theta$$
$$= \frac{2}{5}\int_{-\pi/2}^{\pi/2} \cos^{1/2}\theta \cdot \cos^{5/2}\theta\,d\theta = \frac{4}{5}\int_0^{\pi/2} \cos^3\theta\,d\theta = \frac{4}{5}\cdot\frac{2}{3} = \frac{8}{15}$$

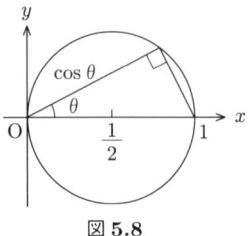

図 5.8

である．ここで，最後から 2 つ目の等号には例題 4.2.1 を使った． □

実は，この証明には論理的な欠陥がある．第1の欠陥は，変数変換の理論＝定理 5.4.1 が使えるのは $J \neq 0$ のときであるが，いまの場合は，原点においては $J = r = 0$ であるということである．第2の欠陥は，θ の動く範囲を $0 \leqq \theta \leqq 2\pi$ としたが本当は $0 \leqq \theta < 2\pi$ であり，他方，基本領域は等号付きの領域であったということである．

実は，極座標への変換においては，被積分関数が連続である場合には，この2つの欠陥はあとに述べる広義積分と同じアイデアで克服され，上の証明は正しいのであるが，そのことの説明はわずらわしいので省略する．

C．定理 5.4.1 の証明の概要

Step 1：いままでは長方形への分割 (5.1.1) だけを考えていたが，より一般の分割を考えてもよい．すなわち，基本集合 D を小さな基本集合群 D_i に分割し，その面積を $|D_i|$ とおく．各 D_i 内に点 (ξ_i, η_i) をとり，和

$$\sum_i f(\xi_i, \eta_i)|D_i|$$

を考え，分割を細かくしていく[8]と，この和は（分割の仕方や，(ξ_i, η_i) の取りかたによらず）

$$\iint_D f(x,y)\,dxdy$$

に収束する．

Step 2：Φ が 1 次変換

$$\Phi : x = \varphi(u,v) = au + bv, \quad y = \psi(u,v) = cu + dv; \quad J = ad - bc \neq 0 \quad (*)$$

である場合を考える．Φ により，uv 平面の長方形 E が xy 平面の平行四辺形 D に移っているものとし，それぞれの面積を $|E|$, $|D|$ とおくと

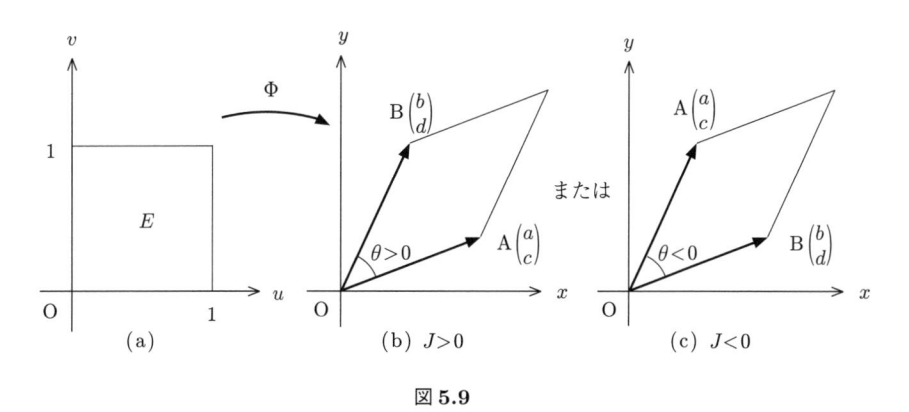

図 5.9

---

[8] 正確に言うと次のようになる．有界閉集合 A に対して，A 内にとった 2 点 P,Q$\in A$ の距離の最大値を $d(A)$ と書くとき，分割を細かくしていくとは $\max_i d(D_i)$ を小さくしていくことをいう．

である．E が図の正方形である場合にこのことを証明しよう．A, B, θ を図のようにおくと
$$|D| = |J| \cdot |E| \tag{**}$$

$$|D| = |\overrightarrow{OA}||\overrightarrow{OB}||\sin\theta|$$

であり

$$|\sin\theta| = \sqrt{1 - \cos^2\theta} = \sqrt{1 - \left(\frac{\overrightarrow{OA} \cdot \overrightarrow{OB}}{|\overrightarrow{OA}| \cdot |\overrightarrow{OB}|}\right)^2}$$

$$= \frac{\sqrt{|\overrightarrow{OA}|^2|\overrightarrow{OB}|^2 - (\overrightarrow{OA} \cdot \overrightarrow{OB})^2}}{|\overrightarrow{OA}| \cdot |\overrightarrow{OB}|}$$

$$= \frac{\sqrt{(a^2+c^2)(b^2+d^2) - (ab+cd)^2}}{|\overrightarrow{OA}| \cdot |\overrightarrow{OB}|}$$

$$= \frac{\sqrt{(ad-bc)^2}}{|\overrightarrow{OA}| \cdot |\overrightarrow{OB}|} = \frac{|J|}{|\overrightarrow{OA}| \cdot |\overrightarrow{OB}|}$$

である．ゆえに，(**) を得る．

注意 実は，図の (b) では $J > 0$, $\sin\theta > 0$ であり，図の (c) では $J < 0$, $\sin\theta < 0$ であり，どちらの場合も

$$J = |\overrightarrow{OA}||\overrightarrow{OB}|\sin\theta$$

である．

Step 3： Φ が 1 次変換 (*) である場合の定理の証明：E が長方形の場合に証明する．E を (5.1.1) のように小長方形に分割し，各小長方形 E_{ij} の Φ による像を D_{ij}，それぞれの面積を $|E_{ij}|, |D_{ij}|$ とおく．$(u_{ij}, v_{ij}) \in E_{ij}$ をとり，

$$x_{ij} = \varphi(u_{ij}, v_{ij}), \quad y_{ij} = \psi(u_{ij}, v_{ij})$$

とおく．
$$f(x_{ij}, y_{ij}) = f(\varphi(u_{ij}, v_{ij}), \psi(u_{ij}, v_{ij}))$$
の両辺に $|D_{ij}| = |J||E_{ij}|$ を掛け，ij について加えると

$$\sum_{ij} f(x_{ij}, y_{ij})|D_{ij}| = \sum_{ij} f(\varphi(u_{ij}, v_{ij}), \psi(u_{ij}, v_{ij}))|J||E_{ij}|.$$

分割を細かくしていくと，右辺は積分の定義により (5.4.2) の右辺に収束し，左辺は Step 1 より，(5.4.2) の左辺に収束する．

Step 4： 一般の Φ の場合の定理の証明：E が長方形の場合に証明する．$|E_{ij}|, |D_{ij}|, u_{ij}, v_{ij}$ を Step 3 のとおりとする（図 5.10 では (u_{ij}, v_{ij}) を E_{ij} の左下の頂点にとっている）．(u_{ij}, v_{ij}) において，Φ にテイラーの定理を適用し，

$$\begin{cases} x = \varphi(u_{ij}, v_{ij}) + \varphi_u(u_{ij}, v_{ij})(u - u_{ij}) + \varphi_v(u_{ij}, v_{ij})(v - v_{ij}) + \cdots \\ y = \psi(u_{ij}, v_{ij}) + \psi_u(u_{ij}, v_{ij})(u - u_{ij}) + \psi_v(u_{ij}, v_{ij})(v - v_{ij}) + \cdots \end{cases}$$

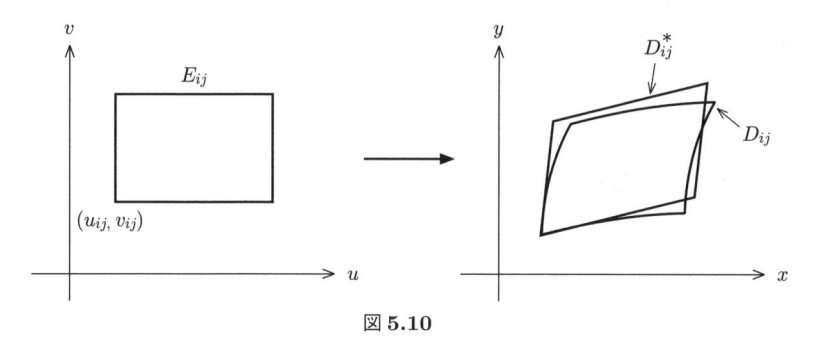

5.4 変数変換

図 5.10

この 1 次の部分

$$\Phi^*: \begin{cases} x = \varphi(u_{ij}, v_{ij}) + \varphi_u(u_{ij}, v_{ij})(u - u_{ij}) + \varphi_v(u_{ij}, v_{ij})(v - v_{ij}) \\ y = \psi(u_{ij}, v_{ij}) + \psi_u(u_{ij}, v_{ij})(u - u_{ij}) + \psi_v(u_{ij}, v_{ij})(v - v_{ij}) \end{cases}$$

による E_{ij} の像を D_{ij}^* とおくと，Step 2 より

$$|D_{ij}^*| = |J(u_{ij}, v_{ij})||E_{ij}|$$

であり，また，$|D_{ij}^*| \approx |D_{ij}|$ であるから

$$f(x_{ij}, y_{ij})|D_{ij}| \approx f(\varphi(u_{ij}, v_{ij}), \psi(u_{ij}, v_{ij}))|J(u_{ij}, v_{ij})||E_{ij}|. \tag{†}$$

これを ij について加えて

$$\sum_{ij} f(x_{ij}, y_{ij})|D_{ij}| \approx \sum_{ij} f(\varphi(u_{ij}, v_{ij}), \psi(u_{ij}, v_{ij}))|J(u_{ij}, v_{ij})||E_{ij}|. \tag{††}$$

を得[9]，分割を小さくしていくと，右辺は積分の定義により (5.4.2) の右辺に収束し，左辺は Step 1 より，(5.4.2) の左辺に収束する． □

D．3 次元の場合

3 次元での変数変換

$$\Phi : \begin{cases} x = \varphi(u, v, w) \\ y = \psi(u, v, w) \\ z = \chi(u, v, w) \end{cases}$$

により，uvw 空間の集合 E が xyz 空間の集合 V に移っている場合にも，定理 5.4.1 と同様の定理が成り立つ．

---

[9] ここには誤魔化しがある．(†) は正しいが，近似式を多数個加えると誤差が積もり積もって，(††) の誤差が大きなものになる恐れがあるからである．(††) が正しいことの証明は難しい．

定理 5.4.2. 次を仮定する.
(i) φ, ψ, χ は C^1 級である.
(ii) 変換のヤコビアンは
$$J(u,v,w) = \frac{D(x,y,z)}{D(u,v,w)} = \begin{vmatrix} \varphi_u & \varphi_v & \varphi_w \\ \psi_u & \psi_v & \psi_w \\ \chi_u & \chi_v & \chi_w \end{vmatrix} \neq 0$$
をみたす.
(iii) $\Phi : E \to V$ は（E 全体で）1 対 1 で上への写像である.
(iv) V, E は基本集合である（実は，どちらか一方が基本集合ならば，他方も基本集合となる）.
(v) $f(x,y,z)$ は V で連続である.
このとき次が成り立つ.
$$\iiint_V f(x,y,z)\,dxdydz$$
$$= \iiint_E f(\varphi(u,v,w),\psi(u,v,w),\chi(u,v,w))|J(u,v,w)|\,dudvdw.$$
(5.4.3)

例 1 円柱座標
$$x = r\cos\theta,\ y = r\sin\theta,\ z = z$$
においては，ヤコビアンは $J = r$ であるから
$$dxdydz = r\,drd\theta dz.$$

例 2 極座標（練習問題 3.3 (B) 5 参照）
$$x = r\cos\varphi\sin\theta,\ y = r\sin\varphi\sin\theta,\ z = r\cos\theta$$
においては $J = r^2\sin\theta$ であるから
$$dxdydz = r^2\sin\theta\,drd\theta d\varphi.$$

例題 5.4.3. 次の積分を求めよ.
(1) $I_1 = \iiint_V (x^2 + y^2)\,dxdydz,\ V : x^2 + y^2 \leqq 1,\ 0 \leqq z \leqq h.$
(2) $I_2 = \iiint_V x\,dxdydz,\ V : x^2 + y^2 + z^2 \leqq 1,\ 0 \leqq x.$

解 (1) 円柱座標に変換すると
$$E : 0 \leqq r \leqq 1,\ 0 \leqq \theta \leqq 2\pi,\ 0 \leqq z \leqq h$$

であるから
$$I_1 = \int_0^h \left[\int_0^{2\pi} \left\{ \int_0^1 r^3 dr \right\} d\theta \right] dz = \frac{1}{2}\pi h.$$

(2) 極座標になおすと
$$E : 0 \leqq r \leqq 1,\ 0 \leqq \theta \leqq \pi,\ -\pi/2 \leqq \varphi \leqq \pi/2$$

であるから
$$I_2 = \iiint_E r\cos\varphi \sin\theta \cdot r^2 \sin\theta\, dr d\theta d\varphi$$
$$= \int_0^1 \left[r^3 \int_0^\pi \sin^2\theta \left\{ \int_{-\pi/2}^{\pi/2} \cos\varphi d\varphi \right\} d\theta \right] dr = \frac{1}{4}\pi. \qquad \Box$$

******************** 練習問題 5.4 **********************

(A)

1. 次の積分を計算せよ．ただし，$a > 0$ とする．

(1) $\displaystyle\iint_D \frac{dxdy}{x^2+y^2}$,　$D = \{(x,y) \mid 1 \leqq x^2+y^2 \leqq 4\}$

(2) $\displaystyle\iint_D \log(x^2+y^2)\, dxdy$,　$D = \{(x,y) \mid 1 \leqq x^2+y^2 \leqq a^2\}$

(3) $\displaystyle\iint_D e^{-(x^2+y^2)} dxdy$,　$D = \{(x,y) \mid x^2+y^2 \leqq a^2\}$

(4) $\displaystyle\iint_D \cos(x^2+y^2)\, dxdy$,　$D = \{(x,y) \mid x^2+y^2 \leqq a^2\}$

2. 次の積分を計算せよ．ただし，$a > 0$ とする．

(1) $\displaystyle\iint_D (x^2-y^2)\, dxdy$,　$D = \{(x,y) \mid 1 \leqq x+y \leqq 2,\ 1 \leqq x-y \leqq 3\}$

(2) $\displaystyle\iint_D (x-y)\tan(x+y)\, dxdy$,
$$D = \{(x,y) \mid \pi/6 \leqq x+y \leqq \pi/4,\ 0 \leqq x-y \leqq \pi/2\}$$

(3) $\displaystyle\iint_D (x^2+y^2)\, dxdy$,　$D = \{(x,y) \mid x^2/4+y^2 \leqq 1\}$

(4) $\displaystyle\iint_D \frac{xy}{x^2+y^2}\, dxdy$,　$D = \{(x,y) \mid 1 \leqq x \leqq 2,\ 0 \leqq y \leqq x\}$

3. 次の積分を計算せよ．ただし，$a > 0$ とする．

(1) $\displaystyle\iint_D \sqrt{x^2+y^2}\, dxdy$,　$D = \{(x,y) \mid x^2+y^2 \leqq 2x\}$

(2) $\displaystyle\iint_D (x^2+y^2)\, dxdy$,　$D = \{(x,y) \mid x^2+y^2 \leqq y\}$

(3) $\displaystyle\iint_D \sqrt{x^2+y^2}\, dxdy, D = \{(x,y) \mid x^2+y^2 \leqq 1,\ x \leqq x^2+y^2,\ 0 \leqq x,\ 0 \leqq y\}$

(4) $\iint_D xy\,dxdy$, $D = \{(x,y) \mid \sqrt{x} + \sqrt{y/2} \leqq 1\}$

(B)

1. 次の積分を計算せよ．ただし，$a > 0$ とする．

(1) $\iint_D xy\,dxdy$, $D = \{(x,y) \mid y^2 \leqq x \leqq 2y^2,\ x^2 \leqq y \leqq 2x^2,\ x \neq 0\}$
  ($u = x^2/y$, $v = y^2/x$ とおいてみよ．)

(2) $\iint_D \dfrac{x^2+y^2}{(x+y)^3}\,dxdy$, $D = \{(x,y) \mid 1 \leqq x+y \leqq 4,\ 0 \leqq x,\ 0 \leqq y\}$
  ($x+y = u$, $y = uv$ とおいてみよ．)

(3) $\iint_D \dfrac{x+y}{x^2}e^{y/x}dxdy$, $D = \{(x,y) \mid 1 \leqq x \leqq 2,\ 0 \leqq y \leqq x\}$
  ($u = y/x$, $v = x+y$ とおいてみよ．)

(4) $\iiint_V (x+2y)(y+z)(z-3x)\,dxdydz$,
  $V = \{(x,y,z) \mid 0 \leqq x+2y \leqq 1,\ 0 \leqq y+z \leqq 2,\ 0 \leqq z-3x \leqq 1\}$

2. 次の積分を計算せよ．ただし，$a > 0$ とする．

(1) $\iiint_V \sqrt{x^2+y^2+z^2}\,dxdydz$, $V = \{(x,y,z) \mid x^2+y^2+z^2 \leqq 1\}$

(2) $\iiint_V \sqrt{1-x^2-y^2-z^2}\,dxdydz$, $V = \{(x,y,z) \mid x^2+y^2+z^2 \leqq 1\}$

(3) $\iiint_V x\,dxdydz$, $V = \{(x,y,z) \mid x^2+y^2+z^2 \leqq 1,\ 0 \leqq x,\ 0 \leqq y,\ 0 \leqq z\}$

(4) $\iiint_V z\,dxdydz$, $V = \{(x,y,z) \mid x^2+y^2+z^2 \leqq 1,\ x^2+y^2 \leqq x,\ 0 \leqq z\}$

---

§5.5　広義積分

いままでは，積分
$$\iint_D f(x,y)\,dxdy$$
は，D が基本集合であり，$f(x,y)$ が有界な場合だけを考えてきた．ここでは，そうでない場合，すなわち，D が基本集合でなかったり，$f(x,y)$ が D で有界関数でない場合を考える．アイデアは1変数の場合と同じで，積分範囲を次第に広げていくのであるが，1変数の場合と違って広げかたが多様にあるので注意を要する．

与えられた D に対して，次の 2 性質をもつ集合の列 $\{D_n\}$ がとれたとする．

(1) 各 D_n は基本集合であり，
$$D_1 \subset D_2 \subset \cdots \subset D_n \subset D_{n+1} \subset \cdots \subset D$$
である；

(2) 任意の基本集合 $K \subset D$ に対して，ある番号以上の n に対しては $K \subset D_n$ である．

このような列 $\{D_n\}$ を D の**増加近似列**とよぼう．

定義 5.5.1.　　$f(x, y)$ を D で定義された連続関数とする．積分値の数列
$$I(D_n) = \iint_{D_n} f(x, y)\, dxdy \tag{5.5.1}$$
が[10]，$n \to \infty$ のとき D の増加近似列 $\{D_n\}$ の取りかたによらない一定の値に収束するとき，$f(x, y)$ は D 上で**広義積分可能**であるといい，この極限値でもって積分 $\iint_D f(x, y)\, dxdy$ を定義する．この意味での積分を**広義積分**という．

広義積分が存在するとき，積分 $\iint_D f(x, y)\, dxdy$ は**収束**するといい，そうでないとき，この積分は**発散**するという．

すべての増加近似列に対して (5.5.1) が収束するかどうかを判定することは現実的ではない．広義積分の収束の判定と，その積分値の計算には次の 2 つの定理が有用である．

定理 5.5.1.　　$f(x, y) \geqq 0$ のときは，どれか 1 つの増加近似列に対して (5.5.1) が収束するならば，すべての増加近似列に対して (5.5.1) は同じ値に収束する．したがって，広義積分 $\iint_D f(x, y)\, dxdy$ は存在する．

証明　　ある増加近似列 $\{D_n\}$ に対して，$\lim_{n \to \infty} I(D_n)$ が収束するとする．別の増加近似列 $\{D'_n\}$ をとる．各 m に対して D'_m は基本集合であるから，増加近似列の性質 (2) より，ある番号以上の n に対しては $D'_m \subset D_n$ である．被積

---

[10] f は D_n で連続であるから，定理 5.1.3[1] より (5.5.1) の右辺の積分は存在する．

分関数が非負であるから
$$I(D'_m) \leqq I(D_n)$$
であり，$n \to \infty$ として
$$I(D'_m) \leqq \lim_{n \to \infty} I(D_n)$$
を得る．数列 $\{I(D'_m)\}$ は単調増加であり，上の式より上に有界であるから，$m \to \infty$ のとき収束して
$$\lim_{m \to \infty} I(D'_m) \leqq \lim_{n \to \infty} I(D_n) \qquad (*)$$
である．この左辺が収束するから，$\{D_n\}$ と $\{D'_n\}$ の役割を入れ替えることができ，$(*)$ の逆向きの不等式が得られ，$(*)$ が等号であることがわかる． □

注意　$f(x,y) \geqq 0$ でないときには，増加近似列 $\{D_n\}$ の取りかたによって $\lim_{n\to\infty} I(D_n)$ の値が異なり，したがって，広義積分が存在しないことがある（練習問題 (B) 4 参照）．

与えられた関数 $f(x,y)$ に対して
$$f_+(x,y) = \frac{|f(x,y)| + f(x,y)}{2} = \begin{cases} f(x,y) & (f(x,y) \geqq 0 \text{ のとき}) \\ 0 & (f(x,y) < 0 \text{ のとき}) \end{cases}$$
$$f_-(x,y) = \frac{|f(x,y)| - f(x,y)}{2} = \begin{cases} 0 & (f(x,y) \geqq 0 \text{ のとき}) \\ |f(x,y)| & (f(x,y) < 0 \text{ のとき}) \end{cases}$$
とおく．

定理 5.5.2.　$f(x,y)$ の D での広義積分が収束する必要十分条件は，f_+, f_- の D での広義積分がともに収束することである．これはまた，$|f(x,y)|$ の D での広義積分が収束することと同値である．

このとき
$$\iint_D f(x,y)\, dxdy = \iint_D f_+(x,y)\, dxdy - \iint_D f_-(x,y)\, dxdy,$$
$$\iint_D |f(x,y)|\, dxdy = \iint_D f_+(x,y)\, dxdy + \iint_D f_-(x,y)\, dxdy$$
が成り立つ．

証明は難しくはないが省略する．

$n (> 2)$ 重積分の広義積分も同様に定義でき，上の 2 つの定理も成り立つ．

例題 5.5.1. $D = \{(x, y) \mid x^2 + y^2 < 1\}$ とする．
$$\iint_D \frac{1}{\sqrt{1-x^2-y^2}} \, dxdy$$
を求めよ．

解 境界の近くで被積分関数が有界でないから，これは広義積分である．被積分関数は正であるから，定理 5.5.1 より，何か 1 つの増加近似列に対してだけ考えればよい．
$$D_n = \{(x,y) \mid \sqrt{x^2+y^2} \leqq 1 - (1/n)\}$$
とおき，極座標を使えば，$x = r\cos\theta, y = r\sin\theta$ として
$$\iint_{D_n} \frac{1}{\sqrt{1-x^2-y^2}} \, dxdy = \int_0^{2\pi} \left\{ \int_0^{1-(1/n)} \frac{r}{\sqrt{1-r^2}} \, dr \right\} d\theta$$
$$= 2\pi \int_0^{1-(1/n)} \frac{r}{\sqrt{1-r^2}} \, dr$$
$$= 2\pi \left[-\sqrt{1-r^2} \right]_0^{1-(1/n)} \longrightarrow 2\pi.$$
よって，積分の値は 2π である． □

次の例題は重要である[11]．

例題 5.5.2. $I = \int_0^\infty e^{-x^2} \, dx = \dfrac{\sqrt{\pi}}{2}$.

解
$$I_n = \int_0^n e^{-x^2} \, dx$$
とおく．$I = \lim_{n \to \infty} I_n$ である．

---

[11] p.156 の脚注参照．

$D_n : 0 \leqq x, y \leqq n$ とおく．これは第 1 象限 $D : x, y \geqq 0$ の増加近似列である．

$$I_n{}^2 = \left\{\int_0^n e^{-x^2}\,dx\right\}\left\{\int_0^n e^{-y^2}\,dy\right\} = \iint_{D_n} e^{-(x^2+y^2)}\,dxdy$$

が $n \to \infty$ のとき収束するならば，その極限値は定理 5.5.1 より，広義積分 $\iint_D e^{-(x^2+y^2)}\,dxdy$ である．ふたたび定理 5.5.1 よりこの広義積分は別の増加近似列を使っても同じであるので，$D_n' : x^2 + y^2 \leqq n^2, \ x, y \geqq 0$ を増加近似列としてとると，極座標を使って

$$\iint_{D_n'} e^{-(x^2+y^2)}\,dxdy = \int_0^{\pi/2}\left\{\int_0^n e^{-r^2} r\,dr\right\}d\theta = \frac{\pi}{2}\left[-\frac{1}{2}e^{-r^2}\right]_0^n$$
$$= \frac{\pi}{4}\left(1 - e^{-n^2}\right) \to \frac{\pi}{4}.$$

これより $I_n^2 \to \pi/4$ であるから与式を得る．

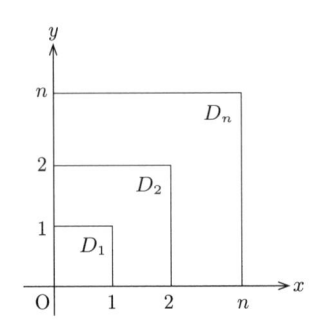

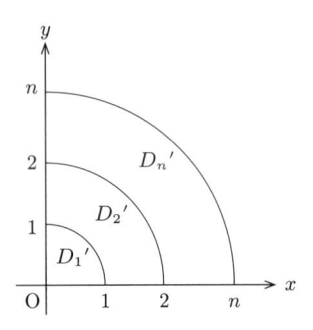

図 5.11

□

******************** 練習問題 5.5 **********************

(A)

1. 次の広義積分を計算せよ．

(1) $\iint_D \dfrac{dxdy}{x+y}, \quad D = \{(x,y) \,|\, 0 < x \leqq 1,\, 0 < y \leqq 1\}$

(2) $\iint_D e^{-x-y}\,dxdy, \quad D = \{(x,y) \,|\, 0 \leqq x,\, 0 \leqq y\}$

(3) $\iint_D e^{y/x}\,dxdy, \quad D = \{(x,y) \,|\, 0 < x \leqq 1,\, 0 \leqq y \leqq x\}$

2. 次の広義積分を計算せよ．

(1) $\iint_D \dfrac{x+y}{x^2+y^2}\,dxdy, \quad D = \{(x,y) \,|\, 0 \leqq x \leqq 1,\, 0 \leqq y \leqq x,\, (x,y) \neq (0,0)\}$

(2) $\iint_D \dfrac{dxdy}{\sqrt{x^2-y^2}}, \quad D = \{(x,y) \,|\, 0 \leqq x \leqq 1,\, 0 \leqq y < x\}$

(3) $\iint_D \dfrac{1-x}{\sqrt{1-x^2-y^2}}\,dxdy, \quad D = \{(x,y) \,|\, x^2+y^2 < 1\}$

(4) $\iint_D \log(x^2+y^2)\,dxdy, \quad D = \{(x,y) \,|\, 0 < x^2+y^2 \leqq 1\}$

3. 次の広義積分が存在するための定数 r の条件を求めよ．

(1) $\iint_D \dfrac{dxdy}{(x+y)^r}, \quad D = \{(x,y) \,|\, x \geqq 1,\, y \geqq 1\}$

(2) $\iint_D \dfrac{dxdy}{(x-y)^r}, \quad D = \{(x,y) \,|\, 0 < x \leqq 1,\, 0 \leqq y < x\}$

(B)

1. $D = \{(x,y) \,|\, -\infty < x < \infty,\, -\infty < y < \infty\}$ とするとき，次の広義積分を計算せよ．

(1) $\iint_D e^{-|x|-|y|-|x+y|}\,dxdy$ (2) $\iint_D e^{-(x^2+xy+y^2)}\,dxdy$

2. 次の計算をせよ．

(1) $\iint_D \dfrac{x}{\sqrt{x^2+y^2}}\,dxdy, \quad D = \{(x,y) \,|\, 0 \leqq x \leqq 1,\, 0 \leqq y \leqq x,\, (x,y) \neq (0,0)\}$

(2) $\displaystyle\int_0^1 dy \int_y^1 \sin\dfrac{y}{x}\,dx$

(3) $\displaystyle\int_0^1 \left\{\int_0^{1-x} e^{\frac{y-x}{y+x}}\,dy\right\} dx, \quad (x+y=u,\, y=uv \text{ とおいてみよ．})$

(4) $\iint_D \dfrac{dxdy}{\sqrt{x^2+y^2}}, \quad D = \{(x,y) \,|\, 0 < x \leqq 1,\, 0 \leqq y \leqq x\}$

3. 次の累次積分 (1), (2) を計算せよ．

(1) $\displaystyle\int_0^1 dx \int_0^1 \frac{x-y}{(x+y)^3} dy$ (2) $\displaystyle\int_0^1 dy \int_0^1 \frac{x-y}{(x+y)^3} dx$

4. $D = [0,1] \times [0,1] \setminus \{(0,0)\}$ とする．$f(x,y) = \dfrac{x-y}{(x+y)^3}$ とおく．

(1) $f_+(x,y)$, $f_-(x,y)$ を定理 5.5.2 の前で定義したものとするとき
$$\iint_D f_+(x,y)\,dxdy = \iint_D f_-(x,y)\,dxdy = +\infty.$$

(2) $a_n > 0$, $b_n > 0$ を単調に減少しつつ 0 に収束する数列とし，$D_n = D \setminus (0,a_n) \times (0,b_n)$ とおく．$I_n = \displaystyle\iint_{D_n} f(x,y)\,dxdy$ を a_n, b_n を使って表せ．

(3) I_n を上のとおりとする．次のそれぞれの場合の $\displaystyle\lim_{n\to\infty} I_n$ を求めよ．

  (i) $b_n = 2a_n$,   (ii) $b_n = (1/3)a_n$,   (iii) $a_n = 1/n$, $b_n = 1/n^2$,
  (iv) $a_n = 1/n^2$, $b_n = 1/n$.

5. a, b, c を正の数とする．$f(x)$ は $x \geqq 0$ において定義され，つねに $f(x) \geqq 0$ である連続関数とする．

(1) $\displaystyle\int_0^\infty f(t)\,dt$ が収束すると仮定して次の等式を証明せよ．
$$\int_0^\infty \int_0^\infty f(a^2 x^2 + b^2 y^2)\,dxdy = \frac{\pi}{4ab} \int_0^\infty f(t)\,dt$$

(2) $\displaystyle\int_0^\infty f(t)\sqrt{t}\,dt$ が収束すると仮定して次の等式を証明せよ．
$$\int_0^\infty \int_0^\infty \int_0^\infty f(a^2 x^2 + b^2 y^2 + c^2 z^2)\,dxdydz = \frac{\pi}{4abc} \int_0^\infty f(t)\sqrt{t}\,dt$$

6. (練習問題 4.3 (B) の 4, 5 で Γ 関数と B 関数を定義した．) $p, q > 0$ のとき
$$B(p,q) = \frac{\Gamma(p)\Gamma(q)}{\Gamma(p+q)}$$

であることを示せ．

ヒント $\Gamma(p)\Gamma(q)$ を 2 重積分の形に書き，変数変換 $x = uv$, $y = u - uv$ をせよ．

§5.6 重積分の応用

A. 体積

重積分の定義からわかるように，重積分は体積を求めるのに役立つ．

1°. たとえば，D を基本領域とし，$f(x,y), g(x,y)$ を D 上の連続関数で $f(x,y) \leqq g(x,y)$ とする．曲面 $z=f(x,y), z=g(x,y)$ ではさまれた立体
$$V = \{(x,y,z) \mid (x,y) \in D, \ f(x,y) \leqq z \leqq g(x,y)\}$$
の体積 $|V|$ は
$$|V| = \iint_D \{g(x,y) - f(x,y)\} \, dxdy$$
で求めることができる．

高校の数学でも次のような体積の計算はすでに学んでいる．

2°. 立体 V の $z=c$ による切り口の面積が $S(c)$ のとき，立体 V の平面 $z=a$ と $z=b$ $(a<b)$ で囲まれた部分の体積は
$$\int_a^b S(z) \, dz$$
である．

3°. とくに，曲線 $y=f(x)$ $(a \leqq x \leqq b)$ を x 軸のまわりに回転した立体の体積は
$$\pi \int_a^b f(x)^2 \, dx$$
である．

例題 5.6.1. $z = 1 - x^2 - y^2$ と xy 平面で囲まれる図形の体積を求めよ．

解 考えている立体を平面 $z=c$ で切ったときの切り口は $x^2 + y^2 = 1 - c$ $(0 \leqq c \leqq 1)$ であるので，切り口の面積は $\pi(1-c)$．したがって
$$求める体積 = \pi \int_0^1 (1-z) \, dz = \pi \left[z - \frac{z^2}{2} \right]_0^1 = \frac{\pi}{2}. \qquad \square$$

B．曲面積・面積分

曲面 $S: z = f(x,y)$ で表される曲面の面積を求めることを考えよう．ただし，$f(x,y)$ は C^1 級とする．xy 平面の基本集合 D に対して

$$S = \{(x,y,z) |\ z = f(x,y), (x,y) \in D\} \tag{5.6.1}$$

であるとする．それぞれの面積を $|D|$, $|S|$ で表すとしよう．

■ **S が平面の場合** ■ S の単位法線を $\boldsymbol{n} = (n_1, n_2, n_3)$ とおく．

xy 平面と平面 S との交線を y 軸にとる．x 軸は元の xy 平面内にとり，z 軸の向きは変えない．このとき図 5.11 のように，y 軸方向から眺めると平面は一直線に見える．法線 $\boldsymbol{n}$ と z 軸の正の方向とのなす角を θ（図では θ_1）とおくと，$n_3 = \cos\theta$ である．θ は図の θ_2 とも等しく，S と D の関係は，y 軸方向には長さが不変であり，x 軸方向の長さは $1 : |\cos\theta|$ の関係にある．ゆえに，面積のあいだの関係は

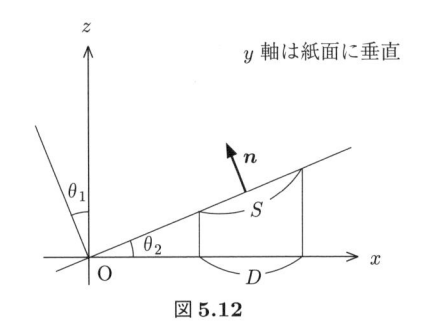

$$|S| = \frac{|D|}{|\cos\theta|} = \frac{|D|}{|n_3|} \tag{5.6.2}$$

図 **5.12**（y 軸は紙面に垂直）

である．

■ **一般の曲面** ■ 簡単のため D は長方形であるとし，例によって D を小さな長方形群 $\{D_{ij}\}$ に分割し，$(\xi_{ij}, \eta_{ij}) \in D_{ij}$ をとる．S の D_{ij} の真上にある部分を S_{ij} とおく：

$$S_{ij} = \{(x,y,z) |\ z = f(x,y), (x,y) \in D_{ij}\}.$$

点 (ξ_{ij}, η_{ij}) の真上にある S の点 $(\xi_{ij}, \eta_{ij}, f(\xi_{ij}, \eta_{ij}))$ を通る S の接平面の，D_{ij} の真上にある部分を Σ_{ij} とおく．S_{ij} の面積を $|S_{ij}|$，Σ_{ij} の面積を $|\Sigma_{ij}|$ で表す．

さて，S の面積 $|S|$ は当然

$$|S| = \sum_{ij} |S_{ij}|$$

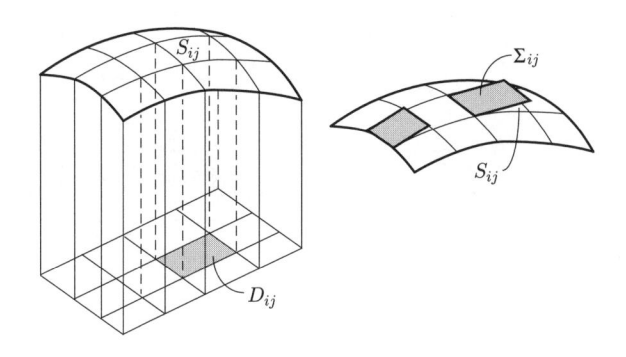

図 5.13

であるが，曲がった面 S_{ij} の面積というものをわれわれはまだ知らない．

長方形群 $\{D_{ij}\}$ の一つひとつが小さくなるように分割していれば，$|S_{ij}|$ は $|\Sigma_{ij}|$ に近いであろうから，上式の右辺の $|S_{ij}|$ を $|\Sigma_{ij}|$ におきかえた和

$$\sum_{ij} |\Sigma_{ij}| \tag{$*$}$$

を考え，この，長方形群 $\{D_{ij}\}$ への分割を小さくしていったときの極限値を S の面積と定義する．

平面 Σ_{ij} の単位法線を $\boldsymbol{n}_{ij} = (n_{ij,1}, n_{ij,2}, n_{ij,3})$ とおくと，(5.6.2) より $|\Sigma_{ij}| = |D_{ij}|/|n_{ij,3}|$ である．

さて，曲面 $z = f(x,y)$ の，その上の点 (x_0, y_0, z_0) での接平面は

$$z - z_0 = f_x(x_0, y_0)(x - x_0) + f_y(x_0, y_0)(y - y_0)$$

であった（§3.2 参照）から，$(f_x(x_0, y_0), f_y(x_0, y_0), -1)$ は接平面の法線であり，単位法線は

$$\pm \left(\frac{f_x(x_0, y_0)}{\sqrt{1 + f_x(x_0, y_0)^2 + f_y(x_0, y_0)^2}}, \frac{f_y(x_0, y_0)}{\sqrt{1 + f_x(x_0, y_0)^2 + f_y(x_0, y_0)^2}}, \frac{-1}{\sqrt{1 + f_x(x_0, y_0)^2 + f_y(x_0, y_0)^2}} \right)$$

である[12]．これより
$$|n_{ij,3}| = \frac{1}{\sqrt{1 + f_x(\xi_{ij}, \eta_{ij})^2 + f_y(\xi_{ij}, \eta_{ij})^2}}$$
であるから
$$|\Sigma_{ij}| = \sqrt{1 + f_x(\xi_{ij}, \eta_{ij})^2 + f_y(\xi_{ij}, \eta_{ij})^2} \, |D_{ij}|$$
である．この両辺を i,j につき加えて分割を細かくしていくとき，右辺は重積分の定義により
$$\iint_D \sqrt{1 + f_x(x,y)^2 + f_y(x,y)^2} \, dxdy$$
に収束する．また，そのときの左辺の極限を $|S|$ と定義した．ゆえに，次の定理を得る．

定理 5.6.1. xy 平面の基本集合 D 上で定義された C^1 級の $f(x,y)$ により，(5.6.1) で表されている曲面 S の面積は
$$|S| = \iint_D \sqrt{1 + f_x(x,y)^2 + f_y(x,y)^2} \, dxdy$$
で与えられる．

定義 5.6.1. 連続関数 $F(x,y,z)$ の曲面上の積分
$$\iint_S F(x,y,z) dS$$
も，上の定義の仮定と，その説明に使った記号のもとで
$$\iint_S F(x,y,z) \, dS = \lim_{\text{分割を小さく}} \sum_{ij} F(\xi_{ij}, \eta_{ij}, f(\xi_{ij}, \eta_{ij})) |\Sigma_{ij}|$$
$$= \iint_D F(x,y,f(x,y)) \sqrt{1 + f_x(x,y)^2 + f_y(x,y)^2} \, dxdy$$
でもって定義する．これを，F の S 上の**面積分**という．

以上を象徴的に書くと次のようになる：曲面 S の点 P における単位法線を $\boldsymbol{n} = (n_1, n_2, n_3)$ とおくとき，曲面 S の点 P の近くの微小部分の面積 dS と，その微小部分を xy 平面に投影した部分の面積 $dxdy$ の間には
$$dS = \frac{1}{|n_3|} dxdy \tag{5.6.3}$$

---

[12] 付録 A.5 参照．

の関係がある．そして，曲面 S が C^1 級の関数 $f(x,y)$ により (5.6.1) で表されているときには
$$\frac{1}{|n_3|} = \sqrt{1 + f_x(x,y)^2 + f_y(x,y)^2}$$
であるから
$$dS = \sqrt{1 + f_x(x,y)^2 + f_y(x,y)^2}\ dxdy$$
である．

例題 5.6.2. 曲面 $z = xy$ の円柱 $x^2 + y^2 \leqq a^2\ (a > 0)$ の内部にある部分の曲面積を求めよ．

解
$$\iint_{x^2+y^2\leqq a^2} \sqrt{1 + z_x^2 + z_y^2}\ dxdy = \iint_{x^2+y^2\leqq a^2} \sqrt{1 + x^2 + y^2}\ dxdy$$
$$= \int_0^a \int_0^{2\pi} \sqrt{1+r^2}\ r\,drd\theta = 2\pi \left[\frac{1}{3}(1+r^2)^{3/2}\right]_0^a$$
$$= \frac{2\pi}{3}\left[(1+a^2)^{3/2} - 1\right].\qquad\square$$

******************* **練習問題 5.6** ********************

(A)

1. $a, b, c > 0$ とするとき，楕円体
$$\frac{x^2}{a^2} + \frac{y^2}{b^2} + \frac{z^2}{c^2} \leqq 1$$
の体積を求めよ．

2. 回転放物面 $z = x^2 + y^2$ と平面 $z = 1$ で囲まれた立体の体積を求めよ．

3. 立体 $V = \{(x,y,z) \mid x^2 + y^2 \leqq 1,\ 0 \leqq z \leqq x^3 + y^3\}$ の体積を求めよ．

4. 球面 $x^2 + y^2 + z^2 = a^2\ (a > 0)$ の表面積を求めよ．

5. 球面 $x^2 + y^2 + z^2 = 1$ が，回転放物面 $z = x^2 + y^2 - 1/2$ によって切り取られる部分の曲面積を求めよ．

6. 双曲放物面 $z = xy$ が円柱面 $x^2 + y^2 = 1$ によって切り取られる部分の曲面積を求めよ．

7. 立体 $V = \{(x,y,z) \mid x^2 + z^2 \leqq 1,\ x^2 + y^2 \leqq 1\}$ の体積を求めよ．

(B)

1. 曲面 $z = \tan^{-1}(y/x)$ の円柱 $x^2 + y^2 \leqq a^2$ $(a > 0)$ の内部にある部分の表面積を求めよ．
2. 双曲面 $x^2 + y^2 - z^2 = 1$，および2つの平面 $z = 2$ と $z = -2$ とで囲まれた立体の体積を求めよ．
3. 回転放物面 $z = x^2 + y^2$，放物面 $y = 1 - x^2$，xy 平面および xz 平面で囲まれた立体の体積を求めよ．
4. 円柱面 $x^2 + z^2 = ax$ $(a > 0)$ の球面 $x^2 + y^2 + z^2 = a^2$ の内部にある部分の曲面積を求めよ．
5. 柱面 $z^2 = 4x$ のうち，円柱面 $x^2 + y^2 = x$ の内部にある部分の曲面積を求めよ．

§5.7 ストークスの定理など

A．線積分・グリーン[13]の定理

xy 平面の領域 D 内の2点 A, B を結ぶ曲線 C が

$$C: x = x(t),\ y = y(t),\quad (a \leqq t \leqq b) \tag{5.7.1}$$

とパラメータ表示されているとする．ただし，$x(t), y(t)$ は C^1 級であり，$x'(t)^2 + y'(t)^2 \neq 0$ とする．このとき，C にはパラメータが増加する方向に**向き**が付いているものと思い，点Aを**始点**，点Bを**終点**とよぶ．

D で定義された連続関数 $P(x,y), Q(x,y)$ に対して

$$\int_C P(x,y)\,dx = \int_a^b P(x(t), y(t)) \frac{dx}{dt}\,dt$$

$$\int_C Q(x,y)\,dy = \int_a^b Q(x(t), y(t)) \frac{dy}{dt}\,dt$$

と定義し，これらを**曲線 C に沿っての線積分**という．

注意 累次積分の中側に現れる $\int_a^b P(x,y)\,dx$ は y を定数と見ての積分であった．ここで定義した線積分はそれとは異なることに注意しよう．

曲線 C のパラメータ表示を取り替えても，それが向きを変えない限り線積分の値は変わらず，向きが逆になっている場合には，線積分の値は -1 倍となることが証明できる．

連続曲線 C が，有限個の C^1 曲線 $C_1, C_2, \cdots, C_n$ を繋いだものであるとき（このとき C は区分的に C^1 級であるという）には

$$\int_C = \int_{C_1} + \int_{C_2} + \cdots + \int_{C_n}$$

---

[13] Green

と定める．

線積分はしばしば，
$$\int_C P(x,y)\,dx + \int_C Q(x,y)\,dy$$
という和の形で現れるので，上式を
$$\int_C P(x,y)\,dx + Q(x,y)\,dy$$
と略記する．

(5.7.1) で与えられる曲線で，始点と終点が一致するものを閉曲線とよんだ．閉曲線であって，始点と終点以外では自分自身と交わらないものを**単一閉曲線**という．

> **定理 5.7.1** (グリーン)．　$P(x,y), Q(x,y)$ を xy 平面の領域 $\tilde{D}$ で定義された C^1 級の関数とする．$\tilde{D}$ 内の単一閉曲線 C で囲まれた内部を D とおく．C は区分的に C^1 級であり，<u>D の内部を左に見つつ 1 周している</u>ものとする．このとき
> $$\int_C P\,dx + Q\,dy = \iint_D \left(\frac{\partial Q}{\partial x} - \frac{\partial P}{\partial y} \right) dxdy \tag{5.7.2}$$
> が成り立つ．

証明

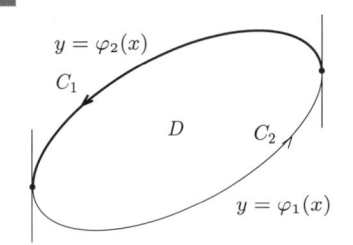

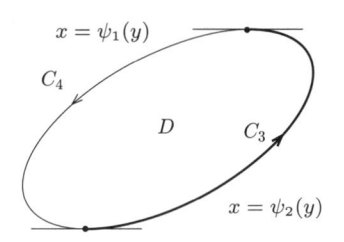

図 5.14

D が縦線集合
$$D = \{(x,y) \mid \varphi_1(x) \leqq y \leqq \varphi_2(x),\ a \leqq x \leqq b\}$$
でもあり，横線集合
$$D = \{(x,y) \mid \psi_1(y) \leqq x \leqq \psi_2(y),\ c \leqq y \leqq d\}$$

でもある場合を考えよう．

$$\iint_D \left(\frac{\partial Q}{\partial x} - \frac{\partial P}{\partial y} \right) dxdy$$
$$= \int_c^d \left(\int_{\psi_1(y)}^{\psi_2(y)} \frac{\partial Q}{\partial x} dx \right) dy - \int_a^b \left(\int_{\varphi_1(x)}^{\varphi_2(x)} \frac{\partial P}{\partial y} dy \right) dx$$
$$= \int_c^d \left(Q(\psi_2(y), y) - Q(\psi_1(y), y) \right) dy$$
$$\quad - \int_a^b \left(P(x, \varphi_2(x)) - P(x, \varphi_1(x)) \right) dx$$

であるが，y をパラメータと見ることにより

$$\int_c^d \left(Q(\psi_2(y), y) - Q(\psi_1(y), y) \right) dy$$
$$= \int_{C_3} Q(x, y) \, dy - \int_{C_4 \text{の逆向き}} Q(x, y) \, dy = \int_C Q(x, y) \, dy$$

であり，x をパラメータと見ることにより

$$-\int_a^b \left(P(x, \varphi_2(x)) - P(x, \varphi_1(x)) \right) dx$$
$$= -\int_{C_1 \text{の逆向き}} P(x, y) \, dx + \int_{C_2} P(x, y) \, dx = \int_C P(x, y) \, dx$$

であるから (5.7.2) を得る．

一般の場合にはこれらの和に分解して考えればよい．

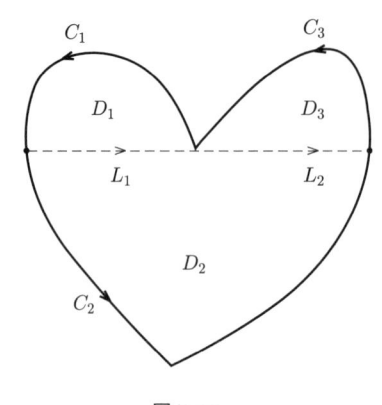

図 **5.15**

図のように，L_1, L_2 により，D を D_1, D_2, D_3 に分ける．

$$\iint_D \left(\frac{\partial Q}{\partial x} - \frac{\partial P}{\partial y} \right) dxdy = \sum_{i=1}^3 \iint_{D_i} \left(\frac{\partial Q}{\partial x} - \frac{\partial P}{\partial y} \right) dxdy$$

であり，各項には (5.7.2) が成り立っているから

$$\iint_{D_1} \left(\frac{\partial Q}{\partial x} - \frac{\partial P}{\partial y}\right) dxdy = \int_{C_1} P\,dx + Q\,dy + \int_{L_1} P\,dx + Q\,dy$$

$$\iint_{D_2} \left(\frac{\partial Q}{\partial x} - \frac{\partial P}{\partial y}\right) dxdy = \int_{L_1 \text{の逆向き}} P\,dx + Q\,dy + \int_{C_2} P\,dx + Q\,dy$$
$$+ \int_{L_2 \text{の逆向き}} P\,dx + Q\,dy$$

$$\iint_{D_3} \left(\frac{\partial Q}{\partial x} - \frac{\partial P}{\partial y}\right) dxdy = \int_{L_2} P\,dx + Q\,dy + \int_{C_3} P\,dx + Q\,dy$$

であり，これらを加えると L_i に沿う積分の項は互いにキャンセルし，(5.7.2) を得る． □

注意 D が図のように穴のあいた領域であっても定理が成り立つことは，定理の証明の後半でカット L_1, L_2 を入れたアイデアでもって証明できる．

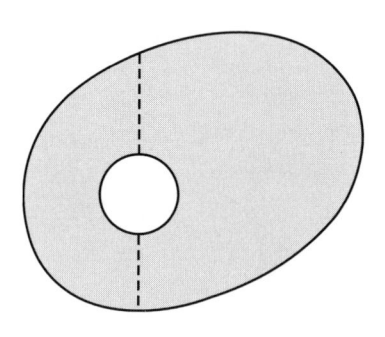

図 5.16

例題 5.7.1. 閉曲線 C に囲まれた領域 D の面積は線積分

$$\frac{1}{2}\left\{\int_C x\,dy - y\,dx\right\} \qquad (*)$$

で与えられる[14]．

解 $P = -y$, $Q = x$ とおくと，グリーンの定理より

$$\frac{1}{2}\left\{\int_C x\,dy - y\,dx\right\} = \frac{1}{2}\iint_D 2\,dxdy = \iint_D dxdy.$$ □

---

[14] 式 $(*)$ をパラメータ表示したものが (4.5.3) 式である．

幾何学的意味

式 (4.5.4) の形で考える．定理 5.4.1 の証明の Step 2 の議論より

$$\frac{1}{2}\begin{vmatrix} x & x+\Delta x \\ y & y+\Delta y \end{vmatrix} = \frac{1}{2}\begin{vmatrix} x & \Delta x \\ y & \Delta y \end{vmatrix} = \begin{cases} \Delta S & (\text{図 5.16 (a) の場合}) \\ -\Delta S & (\text{図 5.16 (b) の場合}) \end{cases}$$

であるから，図 (c) の場合では，式 (4.5.4) の積分を $t=\alpha$ から $t=\gamma$ までと $t=\gamma$ から $t=\beta$ までの和に分けたとき，前者は図 (c) の薄い影の部分と濃い影の部分の面積の和であり，後者は濃い影の部分の面積をマイナスにしたものである．

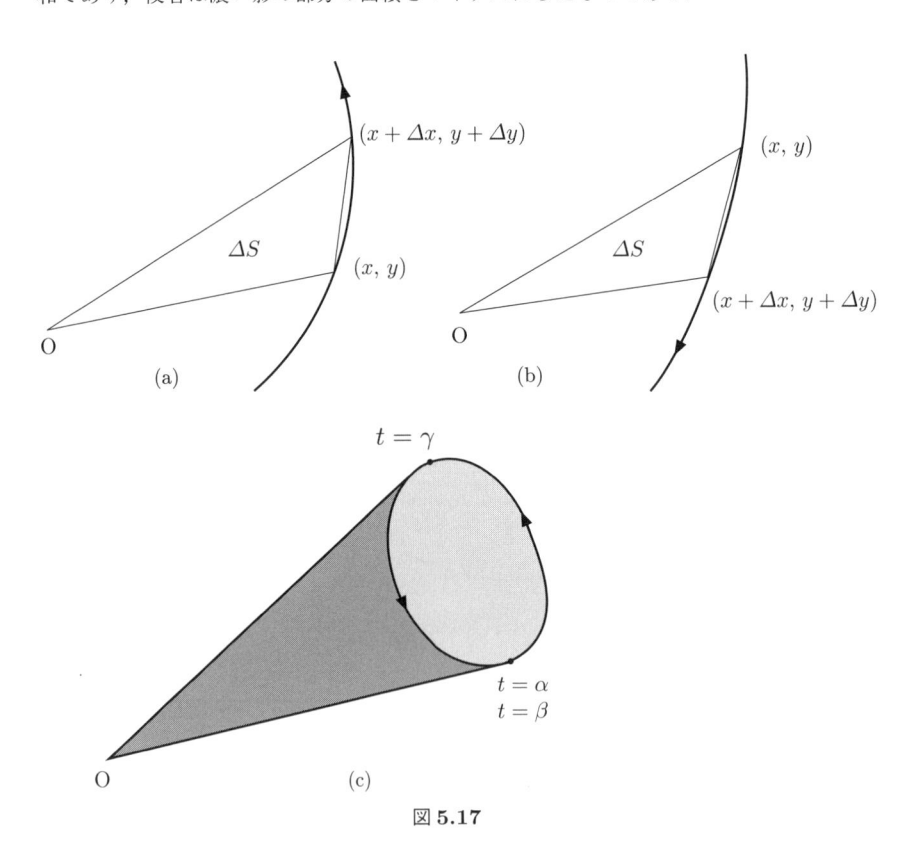

図 5.17

B．準備

(5.7.2) に対応する3次元の公式へ進む前に少し準備をしておこう．

曲面の向き

S をなめらかな曲面とする[15]．S 上の点 P における S の単位法線ベクトルを $\bm{n}_P$ とおく．単位法線ベクトルは2本あるが，ある点 P_0 でそれを一方に定め，他の点では，P が S 上を連続的に動くとき $\bm{n}_P$ も連続的に動くように定めること

---

[15] 「なめらかな曲面」の意味は常識的に理解しておけば十分である．

を考える．P_0 の近くではこの方法で，2本の単位法線ベクトルのうちの一方を指定することができることは直感的に明らかであろうが，S 全体にわたってこの方法で単位法線ベクトルのうちの一方を指定することができる曲面もあれば，できない曲面もある．すなわち，点 P を P_0 からスタートして，S 上を連続的に遠方まで動かし，別の道をたどってふたたびもとの P_0 まで帰ってきたとき，連続的に動かしていた単位法線ベクトルが逆向きになって帰ってくるようなことが起こりうる．そのようなことが起こらず，曲面全体にわたって連続的に単位法線ベクトルを定めることのできる曲面を**向き付け可能な曲面**といい，このようにして単位法線ベクトルを定めることを曲面に**向きを付ける**という．以後出てくる曲面は，向き付け可能であり，単位法線ベクトルはこのようにして定められているものとする．

■ **微分記号**[16] ■　3変数関数 $f(x,y,z) \in C^1$ に対して $\operatorname{grad} f$ を[17]

$$\operatorname{grad} f(x,y,z) = \left(\frac{\partial f}{\partial x}, \frac{\partial f}{\partial y}, \frac{\partial f}{\partial z}\right)$$

と定義し，f の**勾配**という．

形式的微分記号[18] ∇

$$\nabla = \left(\frac{\partial}{\partial x}, \frac{\partial}{\partial y}, \frac{\partial}{\partial z}\right)$$

を使って $\operatorname{grad} f$ を ∇f とも書く．

3次元ベクトルに値をとる，3変数関数

$$\boldsymbol{f}(x,y,z) = (f_1(x,y,z), f_2(x,y,z), f_3(x,y,z))$$

に対して，$\operatorname{div} \boldsymbol{f}$ を[19]

$$\operatorname{div} \boldsymbol{f} = \frac{\partial f_1}{\partial x} + \frac{\partial f_2}{\partial y} + \frac{\partial f_3}{\partial z}$$

と定義し，$\boldsymbol{f}$ の**発散**という．また $\operatorname{div} \boldsymbol{f}$ を，$\nabla \cdot \boldsymbol{f}$ とも書く．形式的に「ベクトル」∇ と $\boldsymbol{f}$ との内積と見るのである．

上と同じ $\boldsymbol{f}$ に対して $\operatorname{rot} \boldsymbol{f}$ ($\operatorname{curl} \boldsymbol{f}$ とも書く) を[20][21]

$$\operatorname{rot} \boldsymbol{f} = \left(\frac{\partial f_3}{\partial y} - \frac{\partial f_2}{\partial z}, \frac{\partial f_1}{\partial z} - \frac{\partial f_3}{\partial x}, \frac{\partial f_2}{\partial x} - \frac{\partial f_1}{\partial y}\right)$$

と定義し，$\boldsymbol{f}$ の**回転**という．これを $\nabla \times \boldsymbol{f}$ とも書く．

$$\operatorname{grad} : \text{スカラー値関数} \mapsto \text{ベクトル値関数}$$
$$\operatorname{div} : \text{ベクトル値関数} \mapsto \text{スカラー値関数}$$
$$\operatorname{rot} : \text{ベクトル値関数} \mapsto \text{ベクトル値関数}$$

である．

---

[16] 2次元における記号 $\operatorname{grad} f$ とナブラ (∇) を p.111 で導入した．ここではその3次元版を考える．
[17] grad は gradient の略であり，グラディエントと読む．
[18] ナブラと読む．
[19] div は divergence の略であり，ダイバージェンスと読む．
[20] rot は rotation の略であり，ローテイションと読む．
[21] curl はカールと読む．

C．ガウス[22]の定理

定理 5.7.2 (ガウスの定理). 空間内の有界領域 V の表面 S が区分的になめらかであるとし，S の外向き単位法線ベクトルを $\boldsymbol{n}$ とおく．$\boldsymbol{f}(x,y,z)$ を V より少し広い領域で定義された，各成分が C^1 級である関数とする．このとき次式が成り立つ．

$$\iiint_V \operatorname{div} \boldsymbol{f}(x,y,z)\,dxdydz = \iint_S \boldsymbol{f}\cdot\boldsymbol{n}\,dS. \tag{5.7.3}$$

$\boldsymbol{f} = (f,g,h)$, $\boldsymbol{n} = (n_1, n_2, n_3)$ とおきベクトル記号を使わなければ，(5.7.3) は

$$\iiint_V \left\{\frac{\partial f}{\partial x} + \frac{\partial g}{\partial y} + \frac{\partial h}{\partial z}\right\} dxdydz = \iint_S (f n_1 + g n_2 + h n_3)\,dS \tag{5.7.3}'$$

である．

証明の概要 簡単な場合：すなわち

$$V = \{(x,y,z) \mid \varphi_1(x,y) \leqq z \leqq \varphi_2(x,y),\ (x,y) \in D\},$$
$$S = S_1 \cup S_2 \cup S_3$$
$$S_i = \{(x,y,z) \mid z = \varphi_i(x,y),\ (x,y) \in D\}\ (i=1,2)$$
$$S_3 = \{(x,y,z) \mid \varphi_1(x,y) \leqq z \leqq \varphi_2(x,y),\ (x,y) \in \partial D\}$$

なる場合について，h のかかわる項の等式

$$\iiint_V \frac{\partial h}{\partial z}\,dxdydz = \iint_S h n_3\,dS = \sum_{i=1}^{3} \iint_{S_i} h n_3\,dS \tag{5.7.4}$$

を示そう．

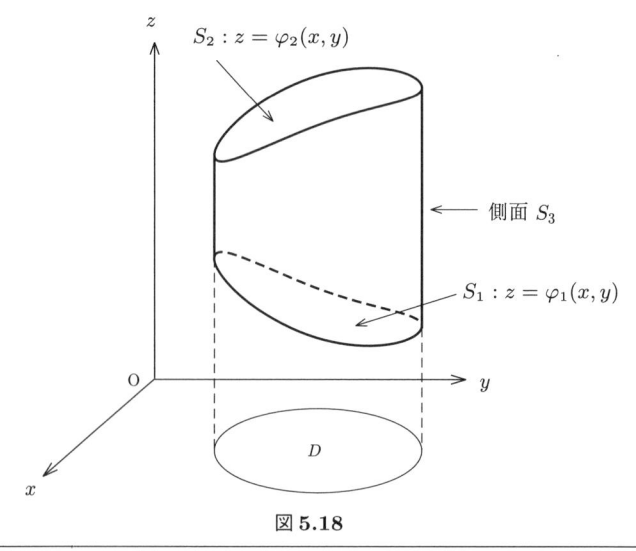

図 5.18

---

[22] Gauss

S_3 上では，n は水平方向であるから $n_3 = 0$ であり，上式の右辺の S_3 上の積分は消える．n は S_2 上では上を向いており ($n_3 > 0$)，S_1 上では下を向いている ($n_3 < 0$) ことに注意すると，(5.6.3) より

$$\iint_{S_2} hn_3 \, dS = \iint_D h(x, y, \varphi_2(x, y)) \, dxdy,$$

$$\iint_{S_1} hn_3 \, dS = -\iint_D h(x, y, \varphi_1(x, y)) \, dxdy$$

である．
　他方，(5.7.4) の左辺は

$$\iiint_V \frac{\partial h}{\partial z} \, dxdydz = \iint_D \left\{ \int_{\varphi_1(x,y)}^{\varphi_2(x,y)} \frac{\partial h}{\partial z} \, dz \right\} dxdy$$

$$= \iint_D \{ h(x, y, \varphi_2(x, y)) - h(x, y, \varphi_1(x, y)) \} \, dxdy$$

である．以上により，このような V に対しては (5.7.4) が示された．
　一般の領域 V の場合には，V を上のタイプの領域に分割する．それぞれの領域においては (5.7.4) が成り立つ．それらを加え合わせると，左辺は (5.7.4) の左辺となる．右辺の面積分のうち分割によって発生した部分では，互いに法線が逆方向を向いたものが現れ，それらはキャンセルするので，結局，もともとの V の表面の部分の積分だけが残る．
　(5.7.3)$'$ の他の項についても同様である． □

[**物理的解釈**]：領域 V が流体でみたされており，$f(x, y, z)$ を点 (x, y, z) における流れの速度とする．(5.7.3) の右辺は，流体が表面 S を通って単位時間内に V 外に流出（負なら流入）する量（体積）を表している．
　流体が非圧縮性（すなわち体積不変）であるとすると，流出した量は V 内で湧き出したことになる．それが左辺である．点 P を囲む小さな領域 V では (5.7.3) の左辺はほぼ $\nabla \cdot f \, \Delta x \Delta y \Delta z$ に等しいであろうから，$\nabla \cdot f(x, y, z)$ はその点における，単位体積，単位時間あたりの流体の湧きだし量を表しているとみなせる．そこで $\nabla \cdot f$ をベクトル場 f の発散とよんでいる．

D．ストークス[23]の定理

空間内の曲線 C が

$$C: x = x(t), \ y = y(t), \ z = z(t), \ (a \leq t \leq b)$$

とパラメータ表示されているときにも，C に沿っての線積分を

$$\int_C f(x, y, z) \, dx = \int_a^b f(x(t), y(t), z(t)) \frac{dx}{dt} \, dt$$

などで定義する．

---

[23] Stokes

定理 5.7.3 (ストークスの定理). S を空間内の向き付け可能ななめらかな曲面で，$\boldsymbol{n}$ をその向きを定める単位法線ベクトルとする．また，その境界 C はなめらかな閉曲線であるとする．C 上を人が，足から頭へ向かうベクトルが S の法線方向と一致するようにして，S がつねに左側にあるように進むときの，進む方向を C の向きと定める．

$\boldsymbol{f} = (f, g, h)$ を，S を含む領域で定義された，各成分が C^1 級であるベクトル値関数とする．このとき次が成り立つ．

$$\iint_S \operatorname{rot} \boldsymbol{f} \cdot \boldsymbol{n} \, dS = \int_C f\, dx + g\, dy + h\, dz. \tag{5.7.5}$$

証明　簡単のため，S の xy 平面への射影を D として，
$$S = \{(x, y, z) \mid z = \phi(x, y), (x, y) \in D\}$$
と書かれており，法線ベクトルは上向き ($n_3 > 0$) とする．

また，$\boldsymbol{f} = (f, 0, 0)$ の場合だけを考えれば十分である．このとき
$$\operatorname{rot} \boldsymbol{f} = (0, f_z, -f_y), \quad \boldsymbol{n} = \frac{1}{\sqrt{1 + \phi_x{}^2 + \phi_y{}^2}}(-\phi_x, -\phi_y, 1),$$
$$\operatorname{rot} \boldsymbol{f} \cdot \boldsymbol{n} = -(f_z \phi_y + f_y) n_3$$
であるから
$$\iint_S \operatorname{rot} \boldsymbol{f} \cdot \boldsymbol{n} \, dS = -\iint_D (f_z \phi_y + f_y) \, dxdy$$
$$= -\iint_D \frac{\partial}{\partial y} f(x, y, \phi(x, y)) \, dxdy$$

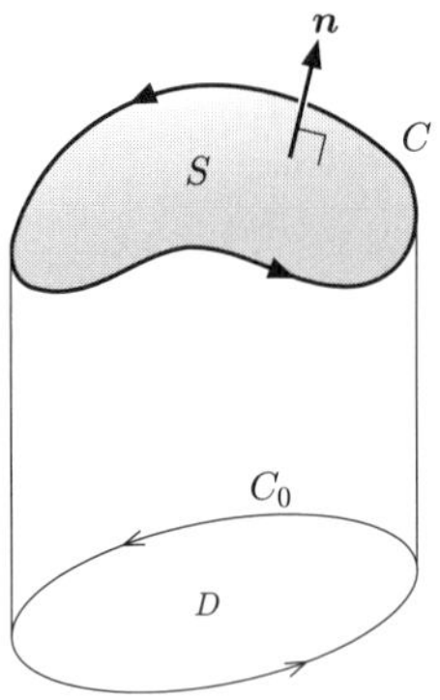

図 5.19

である．D の境界を C_0 とおくと，上の式はグリーンの定理（定理 5.7.1）において $P = f$，$Q = 0$ とおくことにより
$$\int_{C_0} f(x, y, \phi(x, y)) \, dx = \int_C f \, dx$$
に等しい．

一般の曲面 S の場合は，例によって，S を上のタイプの領域に分割する．それぞれの曲面においては (5.7.5) が成り立ち，それらを加え合わせると，左辺は (5.7.5) の左辺となる．右辺の線積分のうち分割によって発生した部分では，互いに逆向きのものが現れ，それらはキャンセルするので，結局，もともとの C の部分の積分だけが残る．　□

注　2次元のグリーンの定理を用いて3次元のストークスの定理を証明した．しかし，できあがってしまえば，2次元のグリーンの定理は3次元のストークスの定理で $\boldsymbol{n} = (0, 0, 1)$ とした特別な場合に過ぎない．

実は，2次元のグリーンの定理は3次元のガウスの定理の特別の場合でもあるのだが，その説明は省く．

曲線 C の始点 A から，曲線 C 上の点 $\mathrm{P}(x,y,z)$ までの，この曲線に沿っての長さを s とおき，x,y,z を s を使って $x=x(s)$，$y=y(s)$，$z=z(s)$ とパラメータ表示すると，(4.5.6) の 3 次元版より

$$s = \int_\alpha^s \sqrt{x'(s)^2 + y'(s)^2 + z'(s)^2}\,ds$$

であるから，両辺を s で微分して $x'(s)^2 + y'(s)^2 + z'(s)^2 = 1$，すなわち

$$\boldsymbol{t} = \left(\frac{dx}{ds}, \frac{dy}{ds}, \frac{dz}{ds}\right)$$

の長さは 1 である．$\boldsymbol{t}$ は，C の向きと同じ向きをもっている，点 P における C の単位接ベクトルである．これを使って (5.7.5) の右辺を書き換えることにより，(5.7.5) は次のようにも書ける．

$$\iint_S \mathrm{rot}\,\boldsymbol{f} \cdot \boldsymbol{n}\,dS = \int_C \boldsymbol{f} \cdot \boldsymbol{t}\,ds \tag{5.7.5}'$$

[定理 5.7.3 の物理的解釈]

1°．剛体が z 軸のまわりを一定の角速度 ω で回転しているとしよう．時刻 $t=0$ において $(r\cos\theta_0,\,r\sin\theta_0,\,z)$ にあった点の時刻 t における位置は，

$$\boldsymbol{x}(t) = (x(t), y(t), z(t)) = (r\cos(\theta_0 + \omega t),\, r\sin(\theta_0 + \omega t),\, z)$$

であるから，その速度 $\boldsymbol{f}$ は

$$\boldsymbol{f} = (-\omega r\sin(\theta_0 + \omega t),\, \omega r\cos(\theta_0 + \omega t),\, 0) = \omega(-y(t), x(t), 0),$$

すなわち，点 $\boldsymbol{x}$ での速度は $\boldsymbol{f} = \omega(-y, x, 0)$ である．これより

$$\mathrm{rot}\,\boldsymbol{f} = 2\omega(0, 0, 1)$$

である．

2°．一般に剛体がある直線のまわりを一定の角速度で回転しているときの，各点での速度ベクトルを $\boldsymbol{f}$ とおくと

$$\mathrm{rot}\,\boldsymbol{f} = 2\vec{\omega}$$

が成り立つことが知られている．ここで，$\vec{\omega}$ は，回転の方向に右ねじを回したとき，右ねじの進む方向を向き，大きさが角速度であるベクトルである（これを角速度ベクトルという）．このように $\mathrm{rot}\,\boldsymbol{f}$ は回転（＝渦）の強さを表すベクトルとみなすことができる．

3°．全体としては回転運動をしていない，流体の運動においても，各点での速度ベクトルが $\boldsymbol{f}$ であるとき，各点に $\mathrm{rot}\,\boldsymbol{f}$ である渦が付随していると解釈しよう．このとき，(5.7.5) の左辺は曲面上の各点における渦の法線成分の総和を表している．曲面を微小面分に分割すると，隣接する辺での渦は逆向きであるから消し合い，曲面の縁での流れだけが，速度 $\boldsymbol{f}$ の接線方向の成分だけが残る．これが (5.7.5)$'$ の右辺である．

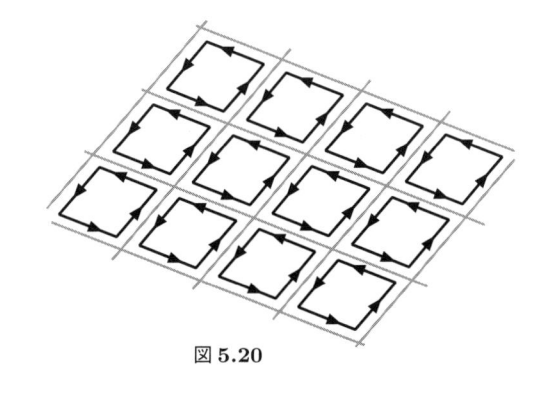

図 5.20

練習問題 5.7

(A)

1. 点 $A(1,0)$ から点 $B(0,1)$ まで,次のような曲線 C に沿っての線積分 $\int_C (x^2+y^2)\,dx,\ \int_C (x^2+y^2)\,dy$ を計算せよ.

(1) 線分 AB

(2) 単位円周の 4 分の 1 の部分

(3) 点 A から点 $(1,1)$ まで線分で,そのあと $(1,1)$ から B まで線分で

(4) 点 A から点 $(0,0)$ まで線分で,そのあと $(0,0)$ から B まで線分で

2. $(0,0)$ から $(1,1)$ に至る,円周 $x^2+y^2=2x$ の短い方の弧を C とするとき,線積分 $\int_C (x-y^2)\,dx + 2xy\,dy$ を計算せよ.

(B)

1. 円周 $C:(x-a)^2+y^2=b^2\ (a\neq b,\ b>0)$ には反時計まわりの向きがついているものとする.このとき,線積分 $\int_C \dfrac{-y\,dx+x\,dy}{x^2+y^2}$ を計算せよ.

ヒント $|a|<b$ と $|a|>b$ では異なる.重要で,有名な問題だがやさしくはない.

2. f を C^2 級関数, $\boldsymbol{f}$ を各成分が C^2 級であるベクトル値関数とする.このとき,次の等式が成り立つことを証明せよ.

(1) $\operatorname{rot}\operatorname{grad} f = \nabla \times (\nabla f) = \boldsymbol{0}$ (2) $\operatorname{div}\operatorname{rot}\boldsymbol{f} = \nabla \cdot (\nabla \times \boldsymbol{f}) = 0$

(3) $\operatorname{div}\operatorname{grad} f = \nabla \cdot (\nabla f) = \Delta f = \dfrac{\partial^2 f}{\partial x^2} + \dfrac{\partial^2 f}{\partial y^2} + \dfrac{\partial^2 f}{\partial z^2}$

(4) $\operatorname{div}(f\operatorname{grad} g) = \nabla f \cdot \nabla g + f\Delta g$

3. $V, S, \boldsymbol{n}$ を定理 5.7.2 のとおりとする. f, g を C^2 級とする.このとき次が成り立つ(これもグリーンの定理という).

$$\iiint_V f\Delta g\,dxdydz = \iint_S f\frac{\partial g}{\partial \boldsymbol{n}}\,dS - \iiint_V (\nabla f)\cdot(\nabla g)\,dxdydz.$$

$$\iiint_V \{f\Delta g - (\Delta f)g\}\,dxdydz = \iint_S \left(f\frac{\partial g}{\partial \boldsymbol{n}} - \frac{\partial f}{\partial \boldsymbol{n}}g\right)dS.$$

ここで, $\partial g/\partial \boldsymbol{n} = \boldsymbol{n}\cdot\nabla g$ は g の $\boldsymbol{n}$ 方向の方向微分である(§3.3 B 参照).

第6章

級　　数

　§6.1 では各項が実数である数列の和＝級数の意味とそれが収束するための判定法について学ぶ．そこでは絶対収束という概念がもっとも重要である．

　§6.2 では各項が関数である列＝関数列の収束やその和＝関数項級数の収束について学ぶ．そこでは，微分や積分を行なうという操作と極限をとるという操作との順序を交換してもよい条件を学ぶが，その際一様収束という概念が基本的な役割を果たす．

　§6.3 では関数項級数の特別なものではあるが，理論的にも応用的にも重要である巾級数[1]について学ぶ．

§6.1　級数
A．級数の収束・発散

　数列 $\{a_n\}$ が与えられているとき，それを項の順に形式的に ＋ の記号で結んだ

$$\sum_{n=1}^{\infty} a_n = a_1 + a_2 + \cdots + a_n + \cdots \qquad (6.1.1)$$

を**級数**という．その意味について考えよう．たとえば，

$$1 + (-1) + 1 + (-1) + \cdots \qquad (*)$$

は，括弧の付けかたによって

---

　[1] 巾は冪の略字でベキと読む．ハバとは無関係（脚注 7 へ続く）．

$$\{1+(-1)\}+\{1+(-1)\}+\cdots = 0$$

とも

$$1+\{(-1)+1\}+\{(-1)+1\}+\cdots = 1$$

ともなり，括弧の付けかたにより異なる値となる．括弧を付けるということは計算をする順序に優先順位を指定するということであるが，この例はそれを変更すると答が違ってくることを意味している．したがって，無限のものの和を考えるときには足し算を行なう順序を指定しなければならない．

そこで，級数 (6.1.1) を考えるときには，「前から順に計算する」と約束する．

前から順に計算していくと，順次

$$s_1 = a_1, \ s_2 = a_1 + a_2, \cdots, s_n = \sum_{k=1}^{n} a_k \tag{6.1.2}$$

という数列が得られる．s_n を級数 (6.1.1) の **第 n 部分和** という．$\lim_{n\to\infty} s_n$ が収束するとき，級数 (6.1.1) は **収束する** といい，$\lim_{n\to\infty} s_n = s$ を級数 (6.1.1) の **和** といい，$\sum_{n=1}^{\infty} a_n = s$ と書く．数列 $\lim_{n\to\infty} s_n$ が収束しないときには，級数 (6.1.1) は **発散する** という．このときには式 (6.1.1) は単に書いただけであり，意味をもたない．

問 6.1.1. 級数 $(*)$ は発散する．

問 6.1.2. r を定数とするとき級数 $\sum_{n=1}^{\infty} r^n$ は，$|r|<1$ のとき収束し，$|r|\geqq 1$ のとき発散する（この事実は高校時代に習ってよく知っていることであろうが，この際，その証明も自分のものとしておくべきである）．

定理 6.1.1 (和・定数倍). 級数 $\sum_{n=1}^{\infty} a_n, \ \sum_{n=1}^{\infty} b_n$ が収束しているとする．

[1] 級数 $\sum_{n=1}^{\infty} (a_n + b_n)$ も収束し

$$\sum_{n=1}^{\infty}(a_n+b_n) = \sum_{n=1}^{\infty} a_n + \sum_{n=1}^{\infty} b_n$$

が成り立つ.

[2] c を定数とすると級数 $\sum_{n=1}^{\infty} ca_n$ も収束し

$$\sum_{n=1}^{\infty} ca_n = c\sum_{n=1}^{\infty} a_n$$

が成り立つ.

証明 [1] 第 n 部分和を考える. これは有限個の和であるから

$$\sum_{k=1}^{n}(a_k + b_k) = \sum_{k=1}^{n} a_k + \sum_{k=1}^{n} b_k$$

である. 仮定より次式の右辺の各項は収束するから, 定理 1.1.2 より左辺も収束し, 等号が成り立つ.

$$\lim_{n\to\infty}\left\{\sum_{k=1}^{n} a_k + \sum_{k=1}^{n} b_k\right\} = \lim_{n\to\infty}\sum_{k=1}^{n} a_k + \lim_{n\to\infty}\sum_{k=1}^{n} b_k.$$

[2] も同様である. □

定理 6.1.2. 級数 (6.1.1) が収束するならば, $\lim_{n\to\infty} a_n = 0$ である.

証明 部分和を s_n, 級数の和を s とおく. $n \to \infty$ のとき

$$a_n = s_n - s_{n-1} \to s - s = 0$$

である. □

この定理の対偶として次が成り立つ.

$$\lim_{n\to\infty} a_n = 0 \text{ が成り立たないならば}^2 \sum_{n=1}^{\infty} a_n \text{ は発散する.}$$

定理 6.1.2 の逆が成り立たないことはあとに述べる例題 6.1.1 (1) の例からわかる.

---

[2] 「$\lim a_n \neq 0$ ならば」ではないことに注意.「$\lim a_n \neq 0$ ならば」とは, $\lim a_n$ は存在するが, それは 0 とは異なるという意味であり,「$\lim a_n = 0$ が成り立たない」とは, $\lim a_n$ が存在しないか, または存在しても 0 とは異なるという意味である.

B．正項級数

すべての項が非負 ($a_n \geqq 0$) である級数を**正項級数**という．正項級数の収束判定については使い勝手のよい判定法がいくつかある．その基礎になるのが次の定理である

定理 6.1.3. 正項級数 (6.1.1) が収束する必要十分条件は，部分和 (6.1.2) が有界であることである．

証明 正項級数においては部分和 s_n は単調増加である．s_n が有界ならば定理 1.1.4 より，収束する．逆に，s_n が s に収束するならば，$s_n \leqq s$ であるから s_n は有界である． □

正項級数 $\displaystyle\sum_{n=1}^{\infty} a_n$ が収束することを，$\displaystyle\sum_{n=1}^{\infty} a_n < \infty$ と書く．

定理 6.1.4 (比較判定法). $\displaystyle\sum_{n=1}^{\infty} a_n$ と $\displaystyle\sum_{n=1}^{\infty} b_n$ を正項級数とする．このとき

[1] $a_n \leqq c b_n \quad (n \geqq n_0$ なるすべての n に対して$)$

をみたす正の定数 c と，ある自然数 n_0 が存在するとき，

$$\sum_{n=1}^{\infty} b_n < \infty \quad \text{ならば} \quad \sum_{n=1}^{\infty} a_n < \infty.$$

[2] $\dfrac{a_n}{b_n} \to \ell \ (0 < \ell < \infty) \ (n \to \infty$ のとき$)$ のときには，$\displaystyle\sum_{n=1}^{\infty} a_n$ と $\displaystyle\sum_{n=1}^{\infty} b_n$ の一方が収束すれば他方も収束する．

証明 [1] $\displaystyle\sum_{n=1}^{\infty} b_n = T < \infty$ とおく．$\displaystyle\sum_{n=1}^{\infty} a_n$ の第 n 部分和 s_n は

$$s_n = a_1 + \cdots + a_{n_0-1} + a_{n_0} + \cdots + a_n \leqq a_1 + \cdots + a_{n_0-1} + cT$$

をみたし有界数列であるから，定理 6.1.3 より，級数 $\displaystyle\sum_{n=1}^{\infty} a_n$ は収束する．

[2] 仮定と例題 2.6.3 より，ある番号 n_0 以上のすべての n に対して

$$\frac{1}{2}\ell < \frac{a_n}{b_n} < 2\ell$$

すなわち
$$a_n < 2\ell b_n \quad \text{と} \quad b_n < \frac{2}{\ell}a_n$$
である．前者より $\sum_{n=1}^{\infty} b_n$ が収束すれば $\sum_{n=1}^{\infty} a_n$ も収束することが従い，後者よりその逆が従う． □

定理 6.1.5 (積分判定法)．　関数 $f(x)$ は $x \geqq 1$ で $f(x) \geqq 0$, 連続かつ単調減少とする．このとき，正項級数 $\sum_{n=1}^{\infty} f(n)$ と広義積分 $\int_{1}^{\infty} f(x)\,dx$ の収束，発散は同時である．

証明 $k \leqq x \leqq k+1$ では $f(k+1) \leqq f(x) \leqq f(k)$ であるから，これを k から $k+1$ まで積分して
$$f(k+1) \leqq \int_{k}^{k+1} f(x)\,dx \leqq f(k).$$
これを $k=1$ から $k=n$ まで加えて
$$\sum_{k=2}^{n+1} f(k) \leqq \int_{1}^{n+1} f(x)\,dx \leqq \sum_{k=1}^{n} f(k).$$
$n \to \infty$ のとき $\sum_{k=1}^{n} f(k)$ が $+\infty$ に発散すれば，上式の左辺が $+\infty$ に発散するので，中辺，すなわち $\int_{1}^{\infty} f(x)\,dx$ も $+\infty$ に発散する．また，$\int_{1}^{\infty} f(x)\,dx$ が $+\infty$ に発散すれば，上式の右辺 $\sum_{k=1}^{n} f(k)$ も $+\infty$ に発散する． □

例題 6.1.1.

(1) $\sum_{n=1}^{\infty} \dfrac{1}{n} = 1 + \dfrac{1}{2} + \dfrac{1}{3} + \cdots = +\infty$

(2) $\sum_{n=1}^{\infty} \dfrac{1}{n^2} = 1 + \dfrac{1}{2^2} + \dfrac{1}{3^2} + \cdots$ は収束する．

解　上の定理で $f(x) = 1/x$, $f(x) = 1/x^2$ とおけばよい． □

定理 6.1.6(自己判定法). $\sum_{n=1}^{\infty} a_n$ を正項級数とする.

(i) $\lim_{n\to\infty} \dfrac{a_{n+1}}{a_n} = \rho$ または (ii) $\lim_{n\to\infty} \sqrt[n]{a_n} = \rho$

が存在するとき($\rho = \infty$ も許す),

[1] $\rho < 1$ ならば $\sum_{n=1}^{\infty} a_n$ は収束する.

[2] $\rho > 1$ ならば $\sum_{n=1}^{\infty} a_n$ は発散する.

注意 $\rho = 1$ のときには収束することもあれば,発散することもある.

証明 まず (i) の場合を証明する.

[1] $\rho < 1$ とする.$\rho < \ell < 1$ なる ℓ に対して,$n \geqq n_0$ ならば $\dfrac{a_{n+1}}{a_n} < \ell$ となる n_0 が存在する.このとき,$a_{n+1} \leqq \ell a_n$ であるから

$$a_n \leqq \ell a_{n-1} \leqq \ell^2 a_{n-2} \leqq \cdots \leqq \ell^{n-n_0} a_{n_0} = \frac{a_{n_0}}{\ell^{n_0}} \ell^n \quad (n \geqq n_0)$$

である.問 6.1.2 より,この右辺の和は収束するから,定理 6.1.4 の [1] より,級数 $\sum_{n=1}^{\infty} a_n$ は収束する.

[2] $\rho > 1$ のときには $\rho > \ell > 1$ なる ℓ に対して,$n \geqq n_0$ ならば $\dfrac{a_{n+1}}{a_n} > \ell$ となる n_0 が存在し

$$a_n \geqq \frac{a_{n_0}}{\ell^{n_0}} \ell^n \quad (n \geqq n_0)$$

を得るが,問 6.1.2 よりこの右辺の和は発散するから,定理 6.1.4 の [1] より,級数 $\sum_{n=1}^{\infty} a_n$ は発散する.

次に,(ii) の場合を証明する.

[1] $\rho < 1$ とする.$\rho < \ell < 1$ なる ℓ に対して,$n \geqq n_0$ ならば $\sqrt[n]{a_n} < \ell$ となる n_0 が存在する.このとき,$a_n < \ell^n$ であるから,$\sum_{n=1}^{\infty} a_n$ は収束する.

[2] $\rho > 1$ とすると,ある番号 n_0 以上の n に対して $a_n > 1$ となり,$\lim_{n\to\infty} a_n = 0$ ではないから,級数 $\sum_{n=1}^{\infty} a_n$ は発散する. □

C．絶対収束

級数 $\sum_{n=1}^{\infty} a_n$ が与えられたとき，その各項をその絶対値でおきかえた級数 $\sum_{n=1}^{\infty} |a_n|$ を考えよう．これは正項級数であり，その収束・発散の判定法についてはすでに多くのことを学んでいるから，もとの級数 $\sum_{n=1}^{\infty} a_n$ の収束の判定法として次の定理は有用である．

定理 6.1.7. $\sum_{n=1}^{\infty} |a_n|$ が収束するならば $\sum_{n=1}^{\infty} a_n$ も収束する．

証明
$$a_n{}^+ = \frac{1}{2}(|a_n| + a_n), \quad a_n{}^- = \frac{1}{2}(|a_n| - a_n)$$

とおく．$0 \leqq a_n{}^+, a_n{}^- \leqq |a_n|$ であり，$\sum_{n=1}^{\infty} |a_n|$ が収束するから，定理 6.1.4 [1] より，$\sum_{n=1}^{\infty} a_n{}^+, \sum_{n=1}^{\infty} a_n{}^-$ は収束する．定理 6.1.1 より $a_n = a_n{}^+ - a_n{}^-$ の和も収束する． □

$\sum_{n=1}^{\infty} |a_n|$ が収束するとき，$\sum_{n=1}^{\infty} a_n$ は**絶対収束**する[3]という．$\sum_{n=1}^{\infty} |a_n|$ は発散するが，$\sum_{n=1}^{\infty} a_n$ は収束するとき，$\sum_{n=1}^{\infty} a_n$ は**条件収束**するという．たとえば，

$$1 - 1/2 + 1/3 - 1/4 + \cdots$$

は例題 6.1.1 より絶対収束はしないが，練習問題 6.1 (B) 3 より収束する．

系 $a_n{}^+, a_n{}^-$ を上の証明のとおりとする．$\sum_{n=1}^{\infty} a_n$ が絶対収束する必要十分条件は，$\sum_{n=1}^{\infty} a_n{}^+, \sum_{n=1}^{\infty} a_n{}^-$ がともに収束することである．このとき，$\sum_{n=1}^{\infty} a_n =$

---

[3] 「収束する」を強調して「絶対に収束する」といっているのではない．各項をその絶対値でおきかえても収束するという意味である．

$$\sum_{n=1}^{\infty} a_n{}^+ - \sum_{n=1}^{\infty} a_n{}^- \text{である}.$$

この節の最初に強調したように，級数を考えるときには足し算の順序を入れ替えてはならないが，絶対収束する場合には，足し算の順序を入れ替えてもよい．

> **定理 6.1.8.** 数列 $\{a_n\}$ を並び替えた数列を $\{b_n\}$ とおく．$\sum_{n=1}^{\infty} a_n$ が絶対収束級数ならば，$\sum_{n=1}^{\infty} b_n$ も絶対収束し，両者の和は一致する．

証明 **Step 1**：$\sum_{n=1}^{\infty} a_n$ が正項級数である場合．その和を s とおく．各 n に対して $b_1, b_2, \cdots, b_n$ を考える．このそれぞれは a_* の何番目かであるが，その番号の一番大きいものを $m(n)$ とおくと

$$\sum_{k=1}^{n} b_k \leqq \sum_{k=1}^{m(n)} a_k \leqq s$$

であるから，定理 6.1.3 より，$\sum_{n=1}^{\infty} b_n$ は収束し，$\sum_{n=1}^{\infty} b_n \leqq s = \sum_{n=1}^{\infty} a_n$ が成り立つ．

$\sum_{n=1}^{\infty} b_n$ が収束することがわかったから，この議論で $\sum_{n=1}^{\infty} a_n$ と $\sum_{n=1}^{\infty} b_n$ の役割を入れ替えることにより $\sum_{n=1}^{\infty} a_n \leqq \sum_{n=1}^{\infty} b_n$ を得る．ゆえに $\sum_{n=1}^{\infty} b_n = \sum_{n=1}^{\infty} a_n$ である．

Step 2：定理 6.1.7 の証明と同様にして $a_n{}^+, a_n{}^-, b_n{}^+, b_n{}^-$ を定義する．$\sum_{n=1}^{\infty} a_n$ が絶対収束するから，前定理の系より $\sum_{n=1}^{\infty} a_n{}^+, \sum_{n=1}^{\infty} a_n{}^-$ が収束し，Step 1 より $\sum_{n=1}^{\infty} a_n{}^+ = \sum_{n=1}^{\infty} b_n{}^+, \sum_{n=1}^{\infty} a_n{}^- = \sum_{n=1}^{\infty} b_n{}^-$ である．再び，前定理の系より $\sum_{n=1}^{\infty} a_n = \sum_{n=1}^{\infty} a_n{}^+ - \sum_{n=1}^{\infty} a_n{}^-, \sum_{n=1}^{\infty} b_n = \sum_{n=1}^{\infty} b_n{}^+ - \sum_{n=1}^{\infty} b_n{}^-$ であるから $\sum_{n=1}^{\infty} a_n = \sum_{n=1}^{\infty} b_n$ である． □

これに反して，$\sum_{n=1}^{\infty} a_n$ が条件収束する場合には，どのような数 α が与えられても，項の順序をうまく入れ替えて，項の順序を入れ替えた級数が α に収束するようにできることが知られている．

******************** **練習問題 6.1** ********************

(A)

1. 次の級数の収束・発散を調べよ．

(1) $\displaystyle\sum_{n=1}^{\infty} \frac{1}{n^2+n}$ (2) $\displaystyle\sum_{n=1}^{\infty} \frac{n}{2n-1}$ (3) $\displaystyle\sum_{n=1}^{\infty} \frac{1}{\sqrt{n^2+1}}$ (4) $\displaystyle\sum_{n=1}^{\infty} \frac{1}{\log(n+1)}$

2. 次の級数の収束・発散を調べよ．

(1) $\displaystyle\sum_{n=1}^{\infty} \frac{\log n}{n}$ (2) $\displaystyle\sum_{n=2}^{\infty} \frac{1}{n(\log n)^\alpha}\ (\alpha > 0)$ (3) $\displaystyle\sum_{n=2}^{\infty} \frac{1}{(\log n)^2}$

(4) $\displaystyle\sum_{n=1}^{\infty} \frac{1}{n 2^n}$

(B)

1. 次の級数の収束・発散を調べよ．

(1) $\displaystyle\sum_{n=1}^{\infty} \frac{1}{n^n}$ (2) $\displaystyle\sum_{n=1}^{\infty} \frac{1}{(\log(n+1))^n}$ (3) $\displaystyle\sum_{n=1}^{\infty} \left(\frac{n}{2n+1}\right)^n$

(4) $\displaystyle\sum_{n=1}^{\infty} \left(1-\frac{2}{n}\right)^{n^2}$

2. 次の級数の収束発散を調べよ．

(1) $\displaystyle\sum_{n=1}^{\infty} e^{-n}(n^2+1)$ (2) $\displaystyle\sum_{n=1}^{\infty} \sin\frac{1}{2^n}$ (3) $\displaystyle\sum_{n=1}^{\infty} \sin^{-1}\frac{1}{3^n}$

3. 正負の項が交互に現れる級数，すなわち，$a_n \geq 0$ として
$$a_1 - a_2 + a_3 - a_4 + \cdots \qquad (*)$$
の形をした級数を**交項級数**という．a_n が単調減少数列であり，$n \to \infty$ のとき 0 に収束するとき，交項級数 $(*)$ は収束する．

ヒント　部分和を s_n とおくと，$s_2 \leq s_4 \leq \cdots \leq s_{2n} \leq s_{2n+1} \leq \cdots \leq s_3 \leq s_1$.

4. 次の不等式や等式を示せ．

(1) $a_k > 0$ とすると $(1+a_1)(1+a_2)\cdots(1+a_n) > 1+a_1+a_2+\cdots+a_n \ (n \geq 2)$.

(2) $0 < a_k < 1$ とすると $(1-a_1)(1-a_2)\cdots(1-a_n) < \dfrac{1}{1+a_1+a_2+\cdots+a_n}$

(3) $\displaystyle\lim_{n\to\infty}(1+x)\left(1+\frac{x}{2}\right)\cdots\left(1+\frac{x}{n}\right) = \begin{cases} \infty & (x > 0) \\ 0 & (x < 0) \end{cases}$

§6.2 関数列・関数項級数

A．関数列

定義 6.2.1. 区間 I で定義された関数の列 $\{f_n(x)\}_{n=1}^\infty$ が与えられているとする．$x \in I$ を固定するごとに数列 $\{f_n(x)\}_{n=1}^\infty$ が収束するとき，x に対してその極限値を対応させる関数 $f(x)$ が定まる：
$$\lim_{n \to \infty} f_n(x) = f(x).$$
この関数 $f(x)$ を関数列 $\{f_n(x)\}_{n=1}^\infty$ の**極限関数**といい，このとき関数列 $\{f_n(x)\}_{n=1}^\infty$ は $f(x)$ に**収束**する[4]という．

定義 6.2.2. 区間 I で定義された関数の列 $\{f_n(x)\}_{n=1}^\infty$ が与えられているとする．次をみたす I で定義された関数 $f(x)$ と実数列 $\{\varepsilon_n\}_{n=1}^\infty$ が存在するとき，関数の列 $\{f_n(x)\}_{n=1}^\infty$ は極限関数 $f(x)$ に**一様収束**するという．
(i) $|f_n(x) - f(x)| \leqq \varepsilon_n$ （すべての $x \in I$ に対して）
(ii) $\varepsilon_n \to 0$ （$n \to \infty$ のとき）．

図 6.1

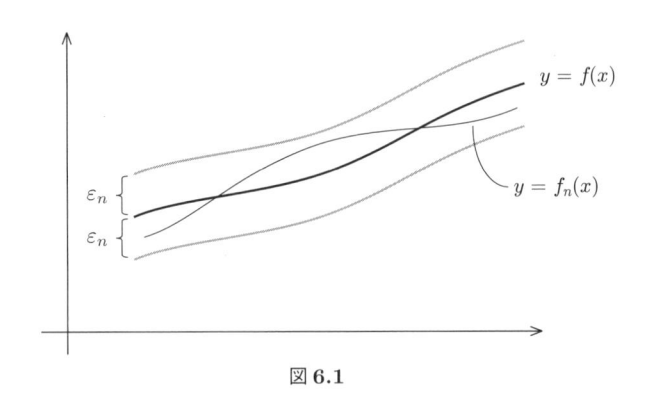

$\{f_n(x)\}$ が $f(x)$ に一様収束するときには，条件の (i) より，$y = f_n(x)$ のグラフは，$y = f(x)$ のグラフの上下 ε_n の巾内にあり，その ε_n が n とともに小さくなっていくのである．一様収束すれば各点収束することは明らかであろう．

逆が真ではないことを次の例が示している．

---

[4] 次に述べる一様収束との違いを強調するときには**各点収束**するという．

例 $I = [0, 1]$, $f_n(x) = x^n$ は

$$f(x) = \begin{cases} 0 & (0 \leqq x < 1) \\ 1 & (x = 1) \end{cases}$$

に各点収束するが一様収束はしない．実際，各点収束することは明らかであろう．

$$|f_n(x) - f(x)| = \begin{cases} x^n & (0 \leqq x < 1) \\ 0 & (x = 1) \end{cases}$$

であるが $x \to 1$ のとき右辺の $x^n \to 1$ であるから，定義の条件 (i) をみたす ε_n は $\varepsilon_n \geqq 1$ でなければならず，条件 (ii) をみたしえない．

上の例では $f_n(x)$ は連続関数であるが，その極限関数 $f(x)$ は連続ではない．しかし，一様収束の場合には次が成り立つ．

定理 6.2.1. 区間 I で定義された連続関数の列 $\{f_n(x)\}_{n=1}^{\infty}$ が $f(x)$ に一様収束するならば，$f(x)$ は I で連続である．

擬証明 $a \in I$, $a + h \in I$ として，$h \to 0$ のとき $f(a+h) - f(a) \to 0$ となることを示せばよい．ε_n を定義 6.2.2 のそれとする．

$$|f(a+h) - f(a)| \leqq |f(a+h) - f_n(a+h)| + |f_n(a+h) - f_n(a)|$$
$$+ |f_n(a) - f(a)|$$
$$\leqq 2\varepsilon_n + |f_n(a+h) - f_n(a)|. \qquad (*)$$

$f_n(x)$ は連続であるから，$h \to 0$ のとき，$|f_n(a+h) - f_n(a)| \to 0$ である．$(*)$ で $h \to 0$ としてから[5]，$n \to \infty$ とすると右辺は 0 に収束するから，左辺も 0 に収束する．　□

B．微分，積分と極限の順序交換

積分と極限の順序交換は，一様収束のときには許される．

---

[5] $h \to 0$ のとき，$(*)$ の左辺がどうなるかについては言及していない．$\lim_{h \to 0} |f(a+h) - f(a)| \leqq 2\varepsilon_n$ と書きたいのだが，この左辺が存在するかどうかは不明．そこをごまかしているので「擬証明」なのである．

定理 6.2.2 (積分と極限の順序交換)．　　有界閉区間 $I = [a, b]$ で定義された連続関数の列 $\{f_n(x)\}_{n=1}^{\infty}$ が $f(x)$ に一様収束するならば

$$\lim_{n\to\infty}\int_a^b f_n(x)\,dx = \int_a^b f(x)\,dx \left(= \int_a^b \lim_{n\to\infty} f_n(x)\,dx\right)$$

が成り立つ．

証明　定理 6.2.1 より，$f(x)$ は連続関数であるから，I 上で積分可能である．ε_n を定義 6.2.2 のそれとする．

$$\left|\int_a^b f_n(x)dx - \int_a^b f(x)dx\right| \leq \int_a^b |f_n(x)dx - f(x)|\,dx \leq \varepsilon_n \int_a^b dx = \varepsilon_n(b-a)$$

は $n \to \infty$ のとき 0 に収束する．　　□

注意　一様収束でない場合には，積分と極限の順序交換は許されない場合がある．たとえば，図 6.2 の $f_n(x)$ がそのような例である．このとき $\lim_{n\to\infty} f_n(x) = f(x) \equiv 0$ である．実際，$x = 0$ ならば $f_n(x) = 0$ であり，$x > 0$ のときは n を十分大きくとれば $3/n < x$ なので $f_n(x) = 0$ である．他方

$$\int_0^1 f_n(x)dx = \triangle \mathrm{P}_n \mathrm{Q}_n \mathrm{R}_n \text{の面積} = 1$$

であるので

$$1 = \lim_{n\to\infty}\int_0^1 f_n(x)\,dx \neq \int_0^1 f(x)\,dx = 0$$

である．

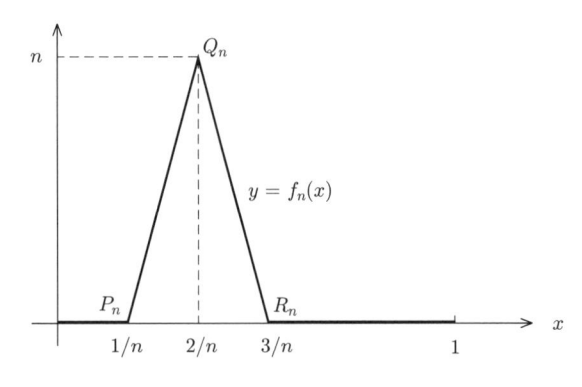

図 6.2

上の定理より次が成り立つ.

定理 6.2.3 (微分と極限の順序交換). 　有界閉区間 $I = [a, b]$ で定義された C^1 級関数の列 $\{f_n(x)\}_{n=1}^{\infty}$ が

(i) 　$\{f_n(x)\}$ は $f(x)$ に各点収束し

(ii) 　$f_n{}'(x)$ は一様収束する

ならば, $f(x)$ は微分可能で
$$\lim_{n\to\infty} f_n{}'(x) = f'(x) \left(= \frac{d}{dx}\lim_{n\to\infty} f_n(x)\right)$$
が成り立つ.

証明 　$f_n{}'(x)$ の極限関数 (すなわち, 証明するべき式の左辺) を $g(x)$ とおく. $f_n{}'(x)$ と $g(x)$ は定理 6.2.2 の仮定をみたすから
$$\int_a^x g(t)\,dt = \lim_{n\to\infty}\int_a^x f_n{}'(t)\,dt = \lim_{n\to\infty}\{f_n(x) - f_n(a)\} = f(x) - f(a)$$
である. 両辺を微分して $g(x) = f'(x)$ を得る. 　　□

C. 関数項級数

区間 I で定義された関数の列 $\{f_n(x)\}_{n=1}^{\infty}$ が与えられているとする. それを項の順に形式的に + の記号で結んだ
$$\sum_{n=1}^{\infty} f_n(x) = f_1(x) + f_2(x) + \cdots + f_n(x) + \cdots \tag{6.2.1}$$
を**関数項級数**という. これの意味も前節と同様に定義する. すなわち, 前から順次足し算を実行して得られる関数列
$$s_1(x) = f_1(x),\ s_2(x) = f_1(x) + f_2(x),\ldots,\ s_n(x) = \sum_{k=1}^{n} f_k(x) \tag{6.2.2}$$
を関数項級数 (6.2.1) の**第 n 部分和**という.

定義 6.2.3. 　各 $x \in I$ を固定するごとに, $\lim_{n\to\infty} s_n(x)$ がある値に収束するとき, x に対してその極限値を対応させる関数 $s(x)$ が定まる. この関数 $s(x)$ を関数項級数 (6.2.1) の **和** といい, このとき, 関数項級数 (6.2.1) は $s(x)$ に**収束する** (または**各点収束**する) という.

さらに，$s_n(x)$ が $s(x)$ に一様収束するとき，関数項級数 (6.2.1) は $s(x)$ に **一様収束** するという．

また，$\lim_{n\to\infty} s_n(x)$ が発散するとき，関数項級数 (6.2.1) は **発散** するという．

D．項別微分，項別積分

関数列の収束の場合と同様に，関数項級数の収束においても一様収束する場合が重要である．関数項級数が一様収束する場合には，定理 6.2.1, 6.2.2, 6.2.3 における $f_n(x)$, $f(x)$ を $s_n(x)$, $s(x)$ におきかえることにより次の定理が成り立つことがわかる．

定理 6.2.4. 各項 $f_n(x)$ が区間 I で定義された連続関数である級数 $\sum_{n=1}^{\infty} f_n(x)$ が $s(x)$ に一様収束するならば，$s(x)$ は I で連続である．

定理 6.2.5 (項別積分). 各項 $f_n(x)$ が有界閉区間 I で定義された連続関数である級数 $\sum_{n=1}^{\infty} f_n(x)$ が $s(x)$ に一様収束するならば，
$$\sum_{n=1}^{\infty} \int_a^b f_n(x)\,dx = \int_a^b s(x)\,dx \left(= \int_a^b \sum_{n=1}^{\infty} f_n(x)\,dx\right)$$
が成り立つ．

定理 6.2.6 (項別微分). 各項 $f_n(x)$ が有界閉区間 $I = [a, b]$ で定義された C^1 級関数であるとする．

(i) $\sum_{n=1}^{\infty} f_n(x)$ は $s(x)$ に各点収束し，

(ii) $\sum_{n=1}^{\infty} f_n{}'(x)$ は一様収束する

ならば $s(x)$ は微分可能で
$$\sum_{n=1}^{\infty} f_n{}'(x) = s'(x) \left(= \frac{d}{dx} \sum_{n=1}^{\infty} f_n(x)\right)$$
が成り立つ．

E．ワイエルシュトラスの優級数定理

関数項級数が一様収束することの判定法としては次のワイエルシュトラス[6]の優級数定理が使い勝手がよい．その説明の前に少し準備をしておく．

定理 6.2.7. 級数 $\sum_{n=1}^{\infty} a_n$ が収束している（その極限を s とおく）とき，任意の自然数 m に対して，級数 $\sum_{k=m}^{\infty} a_k$ も収束し，
$$\sum_{k=m}^{\infty} a_k = s - \sum_{k=1}^{m-1} a_k \to 0 \ (m \to \infty)$$
である．

証明 自然数 m を固定すると，$n \geq m$ のとき
$$\sum_{k=m}^{n} a_k = \sum_{k=1}^{n} a_k - \sum_{k=1}^{m-1} a_k$$
であり，$n \to \infty$ のとき右辺第1項は s に収束し第2項は n によらないから，左辺も収束し
$$\sum_{k=m}^{\infty} a_k = s - \sum_{k=1}^{m-1} a_k$$
である．ここで $m \to \infty$ とすると右辺 $\to 0$ である． □

定理 6.2.8. 与えられた関数項級数
$$\sum_{n=1}^{\infty} f_n(x) \tag{$*$}$$
に対して，各項をその絶対値でおきかえた関数項級数
$$\sum_{n=1}^{\infty} |f_n(x)| \tag{$**$}$$
が一様収束するとき，もとの $(*)$ も一様収束する．

---

[6] Weierstrass

証明 $(**)$ の和を $\bar{s}(x)$ とおくと，一様収束の定義より

$$\text{(i)} \quad 0 \leqq \bar{s}(x) - \sum_{k=1}^{n} |f_k(x)| \leqq \varepsilon_n \tag{\dagger}$$

$$\text{(ii)} \quad \varepsilon_n \to 0 \ (n \to \infty)$$

をみたす数列 $\{\varepsilon_n\}$ が存在する．

定理 6.1.7 より $(*)$ は収束する．その和を $s(x)$ とおく．定理 6.2.7 を最初 $(*)$ に，次いで $(**)$ に適用し，最後に $(\dagger)$ を使って

$$\left| s(x) - \sum_{k=1}^{n} f_k(x) \right| = \left| \sum_{k=n+1}^{\infty} f_k(x) \right| \leqq \sum_{k=n+1}^{\infty} |f_k(x)|$$

$$= \bar{s}(x) - \sum_{k=1}^{n} |f_k(x)| \leqq \varepsilon_n \to 0 \ (n \to \infty)$$

を得る． □

定義 6.2.4. $(**)$ が一様収束するとき $(*)$ は絶対一様収束するという．

定理 6.2.9 (ワイエルシュトラスの優級数定理)．$\{f_n(x)\}$ を区間 I で定義された関数列とする．次の 2 条件

(i) $|f_n(x)| \leqq M_n \ (x \in I)$, (ii) 級数 $\displaystyle\sum_{n=1}^{\infty} M_n$ は収束する．

をみたす数列 $\{M_n\}$ が存在するとき，関数項級数 $\displaystyle\sum_{n=1}^{\infty} f_n(x)$ は I で絶対一様収束する．

証明 $x \in I$ を固定すると仮定 (ii) と比較定理（定理 6.1.4）より，$\displaystyle\sum_{n=1}^{\infty} |f_n(x)|$ は各点収束する．その和を $\bar{s}(x)$ とおく．

$$0 \leqq \bar{s}(x) - \sum_{k=1}^{n} |f_k(x)| = \sum_{k=n+1}^{\infty} |f_k(x)| \leqq \sum_{k=n+1}^{\infty} M_k$$

であるが，$\varepsilon_n = \displaystyle\sum_{k=n+1}^{\infty} M_k$ とおくと，仮定 (ii) と定理 6.2.7 より $\varepsilon_n \to 0 \ (n \to \infty)$ であるから，$\displaystyle\sum_{n=1}^{\infty} |f_n(x)|$ は一様収束する． □

******************** 練習問題 6.2 ********************

(A)

1. $1 + x + x^2 + \cdots + x^n + \cdots = \begin{cases} \dfrac{1}{1-x} & (|x| < 1) \\ \text{発散} & (|x| \geqq 1). \end{cases}$

   また，$0 < a < 1$ とすると，$|x| \leqq a$ においては上の収束は一様である．

2. $f_n(x) = \dfrac{1}{1 + n^2 x^2}$ を $[0, 1]$ で考える．

   (1) $\lim_{n \to \infty} f_n(x)$ を求めよ．

   (2) 上の収束が区間 $[0, 1]$ において一様収束であるかどうかを調べよ．

3. $f_n(x) = nx(1-x)^n$ $(0 \leqq x \leqq 1)$ とするとき，

   (1) $\lim_{n \to \infty} f_n(x)$ を求めよ．

   (2) 上の収束は区間 $[0, 1]$ における一様収束かどうかを調べよ．

4. (1) 級数 $\sum_{n=1}^{\infty} \dfrac{x}{1 + n^2 x^2}$ は $(-\infty, \infty)$ で各点収束することを示せ．

   (2) この級数は $[1, \infty)$ で一様収束する．

(B)

1. $f_n(x) = \dfrac{nx}{1 + n^2 x^2}$ とするとき，

   (1) $\lim_{n \to \infty} f_n(x)$ を求めよ．

   (2) 上の収束が区間 $[0, 1]$ において一様収束であるかどうかを調べよ．

2. $f_n(x) = nx e^{-nx^2}$ とするとき，

   (1) $\lim_{n \to \infty} f_n(x)$ を求めよ．

   (2) 上の収束が $(-\infty, \infty)$ において一様収束であるかどうかを調べよ．

3. 次の関数項級数は，それぞれ与えられた区間で一様収束するか．

   (1) $\sum_{n=1}^{\infty} \dfrac{1}{n^2 + x^2}$ $(-\infty < x < \infty)$ (2) $\sum_{n=1}^{\infty} x e^{-nx}$ $(0 \leqq x < \infty)$

4. $|a| < 1$ とする．

   (1) 関数項級数 $\sum_{n=1}^{\infty} a^n \sin nx$ は区間 $[0, 2\pi]$ で一様収束することを示せ．

   (2) 等式 $(1 - 2a\cos x + a^2) \sum_{n=1}^{\infty} a^n \sin nx = a \sin x$ を示せ．

   (3) 等式 $\displaystyle\int_0^{2\pi} \dfrac{\sin x \cdot \sin mx}{1 - 2a\cos x + a^2} \, dx = \pi a^{m-1}$ を証明せよ．

(4) 等式 $\sum_{n=1}^{\infty} na^n \cos nx = \dfrac{a(1+a^2)\cos x - 2a^2}{(1-2a\cos x + a^2)^2}$ を示せ.

5. $0 \leqq x \leqq 1$ で考える.
$$g_n(x) = x^n - x^{n+1}, \quad f_{2n-1}(x) = g_n(x), \quad f_{2n}(x) = -g_n(x)$$
とおく. このとき, 次を示せ.

(1) $\max\limits_{0 \leqq x \leqq 1} g_n(x) \to 0 \; (n \to \infty \text{ のとき})$.

(2) $\sum_{n=1}^{\infty} f_n(x)$ は一様収束し,

(3) $\sum_{n=1}^{\infty} |f_n(x)|$ も収束するが,

(4) $\sum_{n=1}^{\infty} |f_n(x)|$ は一様収束しない.

---

§6.3 巾級数

A. 巾級数[7]

前節で調べた関数項級数のうちとくに, c, a_n を定数として
$$\sum_{n=0}^{\infty} a_n(x-c)^n = a_0 + a_1(x-c) + a_2(x-c)^2 + \cdots + a_n(x-c)^n + \cdots$$
の形をしたものを (c を中心とする) **巾級数**という. 以下, $c=0$ の場合:
$$\sum_{n=0}^{\infty} a_n x^n = a_0 + a_1 x + a_2 x^2 + \cdots + a_n x^n + \cdots \tag{6.3.1}$$
の性質を調べる.

> **定理 6.3.1.** 巾級数 (6.3.1) がある点 $x = x_0 \neq 0$ で収束しているならば, 任意の $b\,(0 < b < |x_0|)$ に対して, (6.3.1) は $|x| \leqq b$ において絶対一様収束している (とくに $|x| < |x_0|$ において絶対収束している).

---

[7] x^n の形のものを x の巾という. x^n 自身は x の n 乗というのが一般的であるが, x の n 乗巾ということもある. この「巾」という語はいまでも「多項式を降巾の順に整理する」という表現の中に残っている. 巾級数とは, $x-c$ の巾の定数倍を項とする関数項級数のことである.

証明 級数 $\sum_{n=0}^{\infty} a_n x_0{}^n$ は収束しているから定理 6.1.2 より，$a_n x_0{}^n \to 0$ ($n \to \infty$ のとき) であり，$|a_n x_0{}^n|$ は有界数列である（練習問題 2.6 (B) 1）．$|a_n x_0{}^n| \leqq M_0$ とおく．$|x| \leqq b$ において

$$|a_n x^n| \leqq |a_n x_0{}^n| \left|\frac{x}{x_0}\right|^n \leqq M_0 \left(\frac{b}{|x_0|}\right)^n$$

であり，$M_n = M_0 (b/|x_0|)^n$ は定理 6.2.9 の仮定をみたしているので，巾級数 (6.3.1) は $|x| \leqq b$ において絶対一様収束している． □

系 巾級数 (6.3.1) がある点 $x = b$ で発散しているならば $|x| > |b|$ なるすべての x においてそれは発散している（$x = -b$ での収束，発散は不明）．

B．収束半径

上の定理とその系より，巾級数 (6.3.1) が収束する点 a でその絶対値が大きいぎりぎりのものを探すことにより，各巾級数は次の性質をもつ数 r ($0 \leqq r \leqq \infty$) をもつことがわかる．

[1] $0 < r < \infty$ のときは，巾級数 (6.3.1) は $|x| < r$ において絶対収束しており，任意の $0 < r' < r$ に対して $|x| \leqq r'$ において絶対一様収束している．また，$|x| > r$ なる任意の x においては発散している．

[2] $r = \infty$ のときは，巾級数 (6.3.1) は任意の x において絶対収束しており，任意の $0 < r' < \infty$ に対して $|x| \leqq r'$ において絶対一様収束している．

[3] $r = 0$ のときには，巾級数 (6.3.1) は $x \neq 0$ なるすべての x において発散している．

定義 6.3.1. 上の r をその巾級数の**収束半径**[8]という．

注 $0 < r < \infty$ のとき $x = \pm r$ においては級数 (6.3.1) は収束することもあれば発散することもある．

---

[8] 「どこにも円がないのになぜ半径か」という疑問は高学年で習う「（複素）関数論」で解決するであろう．

収束半径の求めかたを述べよう．

定理 6.3.2 (収束半径)．
(i) $\displaystyle\lim_{n\to\infty}\left|\frac{a_{n+1}}{a_n}\right|=\ell$ または (ii) $\displaystyle\lim_{n\to\infty}\sqrt[n]{|a_n|}=\ell$
が存在するとき ($\ell=\infty$ も許す)，収束半径は $1/\ell$ で与えられる（ただし，$1/0=\infty$, $1/\infty=0$ と約束する）．

証明 正項級数

$$\sum_{n=0}^{\infty}|a_n x^n|=|a_0|+|a_1 x|+|a_2 x^2|+\cdots+|a_n x^n|+\cdots \quad (*)$$

の収束発散を定理 6.1.6 の (i) の場合を使って調べる．

(i) を仮定しよう．

$$\rho=\lim_{n\to\infty}\left|\frac{a_{n+1}x^{n+1}}{a_n x^n}\right|=|x|\lim_{n\to\infty}\left|\frac{a_{n+1}}{a_n}\right|=|x|\ell.$$

ゆえに，$0<\ell<\infty$ のときは，

$\rho=|x|\ell<1$ すなわち $|x|<1/\ell$ ならば $(*)$ は収束し，

$\rho=|x|\ell>1$ すなわち $|x|>1/\ell$ ならば $(*)$ は発散する．

したがって，収束半径は $r=1/\ell$ である．

$\ell=\infty$ のときは，$(*)$ が収束するのは $x=0$ のときのみであり，$\ell=0$ のときは，どんな x に対しても $(*)$ は収束する．

(ii) の場合も同様に定理 6.1.6 の (ii) の場合を使って証明できる． □

問 6.3.1. 仮定 (ii) の場合の定理を証明せよ．

C．項別微分，項別積分

巾級数

$$f(x)=\sum_{n=0}^{\infty}a_n x^n=a_0+a_1 x+a_2 x^2+\cdots+a_n x^n+\cdots \quad (6.3.2)$$

を考える．

定理 6.3.3 (項別微分). 巾級数 (6.3.2) の収束半径を $0 < r \leqq \infty$ とする.このとき,次式の最右辺の収束半径も r であり,$|x| < r$ において $f(x)$ は微分可能であり,次の等式が成り立つ.

$$f'(x)\left(=\sum_{n=0}^{\infty}(a_n x^n)'\right) = \sum_{n=1}^{\infty} n a_n x^{n-1}. \tag{6.3.3}$$

証明 (6.3.3) の右辺の巾級数の収束半径を r' とおく.この巾級数と $g(x) = \sum_{n=0}^{\infty} n a_n x^n$ とは,一方が収束する x においては他方も収束するから,両者の収束半径は一致する.

Step 1: $|a_n x^n| \leqq |n a_n x^n|$ $(n \neq 0)$ であるから,$g(x)$ が収束する x においては $f(x)$ も収束し,$r' \leqq r$ である.

Step 2: $r' = r$ を示すために,$r' < r$ を仮定して矛盾を導く.$r' < x_1 < x_2 < x_3 < r$ とする.$\sum_{n=0}^{\infty} n|a_n|x_1^n$ は発散するから,$0 < \alpha < 1$ に対して $\sqrt[n]{n|a_n|}\, x_1 \geqq \alpha$ となる n は無限個ある.実際,そのような n が有限個だとしてその最大の番号を n_0 とおくと,$n \geqq n_0 + 1$ ならば $n|a_n|x_1^n < \alpha^n$ となり $\sum_{n=0}^{\infty} n a_n x_1^n$ が収束することとなるからである.$\alpha = x_1/x_2$ とおくことにより $\sqrt[n]{n|a_n|}\, x_2 \geqq 1$,すなわち

$$|a_n|x_3^n \geqq \left(\frac{x_3}{x_2}\right)^n \frac{1}{n}$$

となる n は無限個あることがわかる.$x_3/x_2 > 1$ に注意すると,例題 1.1.4 の $n \ll a^n$ より,$n \to \infty$ のとき上式の右辺は ∞ に発散するから,$|a_n|x_3^n \to 0$ ではありえない.

他方,$0 < x_3 < r$ であるから $\sum_{n=0}^{\infty} a_n x_3^n$ は収束し,$a_n x_3^n \to 0$ $(n \to \infty)$ である.ゆえに矛盾を得たから $r' = r$ である.

Step 3: $r_1 < r'$ とすると,(6.3.3) の右辺の巾級数は $|x| \leqq r_1$ では絶対一様収束し,そこでは定理 6.2.6 より項別微分可能であるから (6.3.3) が成り立つ. □

系 1　上の定理の仮定のもとでは，$f(x)$ は $|x| < r$ において C^∞ 級であり，何回でも項別微分可能である．

系 2　巾級数 (6.3.2) の収束半径が 0 でないとするとき

$$a_n = \frac{f^{(n)}(0)}{n!} \tag{6.3.4}$$

である．

証明　定理 6.3.3 を繰り返し適用することにより

$$f^{(n)}(x) = n!\, a_n + [(n+1)\cdots 2] a_{n+1} x + [(n+2)\cdots 3] a_{n+2} x^2 + \cdots$$

であるから $x = 0$ を代入して目的の式を得る．　□

系 3 (巾級数展開の一意性)　C^∞ 級関数 $f(x)$ が

$$\begin{aligned}
f(x) &= \sum_{n=0}^\infty a_n x^n = a_0 + a_1 x + a_2 x^2 + \cdots + a_n x^n + \cdots \\
&= \sum_{n=0}^\infty a'_n x^n = a'_0 + a'_1 x + a'_2 x^2 + \cdots + a'_n x^n + \cdots
\end{aligned}$$

と 2 通りに，収束半径が 0 でない巾級数で表されたとすると，すべての係数は一致する．すなわち

$$a_n = a'_n \ (\text{すべての } n)$$

である．

証明　(6.3.4) より明らか．　□

定理 6.3.4 (項別積分)．　巾級数 (6.3.2) の収束半径を $0 < r \leqq \infty$ とする．このとき，次式の最右辺の収束半径も r であり，$|x| < r$ において次の等式が成り立つ．

$$\int_0^x f(t)\,dt \left(= \int_0^x \sum_{n=0}^\infty a_n t^n\, dt \right) = \sum_{n=0}^\infty \frac{a_n}{n+1} x^{n+1}. \tag{6.3.5}$$

証明　(6.3.5) の右辺を $g(x)$，その収束半径を r'' とおく．

$$\left| \frac{a_n}{n+1} x^{n+1} \right| \leqq |a_n x^{n+1}|$$

であるから，(6.3.2) が絶対収束する x に対しては (6.3.5) の右辺も絶対収束し，$r \leqq r''$ である．とくに $r'' > 0$ であるから，$g(x)$ に定理 6.3.3 が適用でき，$r = r''$ と $g'(x) = f(x)$ ($|x| < r$) を得る．後者を 0 から x まで積分し，$g(0) = 0$ に注意すると (6.3.5) を得る． □

D．テイラー展開

$f(x)$ を C^∞ 級関数とする．テイラーの公式 (2.5.1) の剰余項 R_n が $n \to \infty$ のとき 0 に収束するならば，(2.5.1) の右辺は $x - a$ の巾級数の形に書ける：

$$f(x) = \sum_{k=0}^{\infty} \frac{f^{(k)}(a)}{k!}(x-a)^k.$$

この右辺を**テイラー級数**とか，$f(x)$ の**テイラー展開**という．また，$a = 0$ のときをとくに，**マクローリン級数**とか，$f(x)$ の**マクローリン展開**という．

§2.5 B であげたテイラーの公式においては，あとで見るように，[1]～[3] では $-\infty < x < \infty$ において，[4], [5] では $|x| < 1$ において，$n \to \infty$ のとき剰余項は 0 に収束するから次の展開式が成り立つ．

[1] $e^x = 1 + \dfrac{x}{1!} + \dfrac{x^2}{2!} + \cdots + \dfrac{x^{n-1}}{(n-1)!} + \cdots$ ($-\infty < x < \infty$)

[2] $\sin x = x - \dfrac{x^3}{3!} + \dfrac{x^5}{5!} - \cdots + (-1)^{n-1}\dfrac{x^{2n-1}}{(2n-1)!} + \cdots$ ($-\infty < x < \infty$)

[3] $\cos x = 1 - \dfrac{x^2}{2!} + \dfrac{x^4}{4!} - \cdots + (-1)^{n-1}\dfrac{x^{2n-2}}{(2n-2)!} + \cdots$ ($-\infty < x < \infty$)

[4] $\log(1+x) = x - \dfrac{x^2}{2} + \dfrac{x^3}{3} - \dfrac{x^4}{4} + \cdots$ ($|x| < 1$)

[5] $(1+x)^a = 1 + \begin{pmatrix} a \\ 1 \end{pmatrix} x + \begin{pmatrix} a \\ 2 \end{pmatrix} x^2 + \cdots$ ($|x| < 1$)

p.84 の [1] の剰余項 R_n が x を止めて $n \to \infty$ としたときに 0 に収束することを示そう．

$$|R_n| = \frac{|e^{\theta x}|}{n!}|x^n| \leq e^{|x|}\frac{|x|^n}{n!}$$

であるが，例題 1.1.4 より $|x|^n \ll n!$ ($n \to \infty$ のとき) であるから，上式の右辺は x を止めて $n \to \infty$ としたときに 0 に収束する．

$\sin x$, $\cos x$ の展開の剰余項についても,同様にして $n \to \infty$ のときに 0 に収束することが証明できる.

他方,$\log(1+x)$ と $(1+x)^a$ の展開の剰余項が $|x| < 1$ のとき 0 に収束することの証明は難しいので,証明しない.なお,[4] の別証を練習問題 (A) 2 とした.

問 6.3.2. 上の [2], [3] を証明せよ.

例題 6.3.1.
$$\tan^{-1} x = x - \frac{x^3}{3} + \frac{x^5}{5} - \cdots + (-1)^{n-1}\frac{x^{2n-1}}{2n-1} + \cdots \quad (|x| < 1)$$

解 等比級数の収束の理論より
$$\frac{1}{1+x^2} = 1 - x^2 + x^4 - \cdots + (-1)^{n-1} x^{2n-2} + \cdots \quad (|x| < 1)$$
である.これを 0 から x まで積分し,定理 6.3.4 を使えばよい[9]. □

********************* **練習問題 6.3** *********************

(A)

1. (1) $\dfrac{1}{1-x}$ を巾級数に展開せよ.また,そのときの収束半径はいくらか.

(2) 部分分数分解を利用して $\dfrac{1}{1-5x+6x^2}$ を巾級数に展開せよ.また,そのときの収束半径はいくらか.

2. $\dfrac{1}{1+x}$ の巾級数展開を利用して,[4] を証明せよ.

3. 次の巾級数の収束半径を求めよ.

(1) $\displaystyle\sum_{n=1}^{\infty} \frac{1}{\sqrt{n}} x^n$ (2) $\displaystyle\sum_{n=1}^{\infty} \frac{(-1)^n}{n^2} x^n$ (3) $\displaystyle\sum_{n=1}^{\infty} \frac{(-1)^{n+1}}{\log(n+1)} x^n$

4. 次の巾級数の収束半径を求めよ.

(1) $\displaystyle\sum_{n=1}^{\infty} \frac{n^n}{n!} x^n$ (2) $\displaystyle\sum_{n=1}^{\infty} \left(1+\frac{1}{n}\right)^{n^2} x^n$

---

[9] §2.5 で述べた方法だと $\tan^{-1} x$ の n 階導関数の $x = 0$ での値を求めなければならないが,ここで述べた方法だとその必要がない.

(B)

1. 次の巾級数の収束半径を求めよ.

(1) $\displaystyle\sum_{n=0}^{\infty}(-1)^n\frac{(2n)!}{n!}x^{2n+1}$ (2) $\displaystyle\sum_{n=0}^{\infty}\frac{1}{n!}x^{2n}$ (3) $\displaystyle\sum_{n=0}^{\infty}x^{n^2}$

2. 次の巾級数の収束半径を求めよ.

(1) $x+\dfrac{1}{2}\cdot\dfrac{x^3}{3}+\dfrac{1\cdot 3}{2\cdot 4}\cdot\dfrac{x^5}{5}+\dfrac{1\cdot 3\cdot 5}{2\cdot 4\cdot 6}\cdot\dfrac{x^7}{7}+\cdots$

(2) $x+\left(1+\dfrac{1}{2}\right)x^2+\cdots+\left(1+\dfrac{1}{2}+\cdots+\dfrac{1}{n}\right)x^n+\cdots$

3. (1) $y=\sin^{-1}x$ は微分方程式 $(1-x^2)y''-xy'=0$ をみたすことを示せ.

(2) (1) の事実を利用して $y=\sin^{-1}x$ を巾級数に展開せよ.

付録

§A.1　ギリシャ文字

A	α	alpha	アルファ		N	ν	nu	ニュー
B	β	beta	ベータ		Ξ	ξ	xi	グザイ, クシー
Γ	γ	gamma	ガンマ		O	o	omicron	オミクロン
Δ	δ	delta	デルタ		Π	π, ϖ	pi	パイ
E	ϵ, ε	epsilon	イプシロン		P	ρ	rho	ロー
Z	ζ	zeta	ゼータ		Σ	σ	sigma	シグマ
H	η	eta	イータ		T	τ	tau	タウ
Θ	θ	theta	シータ		Υ	υ	upsilon	ウプシロン, ユプシロン
I	ι	iota	イオタ					
K	κ	kappa	カッパ		Φ	ϕ, φ	phi	ファイ
Λ	λ	lambda	ラムダ		X	χ	chi	カイ
					Ψ	ψ	psi	プサイ
M	μ	mu	ミュー		Ω	ω	omega	オメガ

表の見方：たとえば，大文字は Π，小文字には π, ϖ に 2 書体があり，音は pi. 英語読みならパイ（ドイツ語，フランス語読みならピー）．

§A.2　二項定理

■ **順列・組み合わせ** ■　n 個のものから r 個取り出す，取り出しかたの総数を数えよう．最初に a を取り出し 2 つ目に b を取り出すのと，最初に b を取り出し 2 つ目に a を取り出すのとは別のことだと考え，取り出す順番を考慮に入れて数えることを**順列**といい，その総数を $_n\mathrm{P}_r$ で表す．最初に取り出されるものには n 通りの可能性がある．2 番目に取り出されるものは，最初に取り出され

たものを除いて，$n-1$ 通りの可能性がある．以下これをつづけて行なって

$$_n\mathrm{P}_r = n(n-1)(n-2)\cdots(n-r+1) = \frac{n!}{(n-r)!} \qquad (*)$$

を得る．とくに，n 個のものを全部 1 列に並べる方法の総数は $_n\mathrm{P}_n = n!$ 通りある．$(*)$ が $r = n$ のときにも成り立つように $0! = 1$ と約束する．

　他方，選び出した結果にだけ着目して選び出した順番は無視したものを**組み合わせ**といい，その総数を $_n\mathrm{C}_r$ で表す．順列において，選び出した r 個が結果として同じものであるのは，r 個のものを並び替える方法だけ，すなわち，$r!$ 通りある．すなわち，1 個の組み合わせは $r!$ 個の順列から成り立っている．ゆえに

$$_n\mathrm{C}_r = \frac{_n\mathrm{P}_r}{r!} = \frac{n!}{r!(n-r)!}$$

である．

　$_n\mathrm{C}_n = 1$ は明らかである．$_n\mathrm{C}_0 = 1$ と約束する．

> **問 A.2.1.**
> (1) $_n\mathrm{C}_r = {_n\mathrm{C}_{n-r}}$　　(2) $_n\mathrm{C}_r = {_{n-1}\mathrm{C}_r} + {_{n-1}\mathrm{C}_{r-1}}$

■ 二項定理 ■　$(a+b)^n$ を展開しよう．右図の 1 行目から a か b のどちらかを取り，2 行目からも a か b のどちらかを取り，… ということを n 行目までつづけて，それらを掛け合わせたものを項として，その項全部を加えたものが $(a+b)^n$ の展開である．項 $a^{n-r}b^r$ は r 行から b を（残りの $n-r$ 行から a を）取り出してつくられた項であるから $_n\mathrm{C}_r$ 個ある．ゆえに次を得る．

$$\left.\begin{array}{r}(a+b)\\ \times\;(a+b)\\ \vdots\\ \times\;(a+b)\end{array}\right\}n$$

> **定理 A.2.1.**
> $$(a+b)^n = \sum_{r=0}^{n} {_n\mathrm{C}_r} a^{n-r} b^r. \qquad (\mathrm{A.2.1})$$

> **問 A.2.2.** 上式を数学的帰納法により証明せよ．
> **問 A.2.3.** $\displaystyle\sum_{r=0}^{n} {_n\mathrm{C}_r} = 2^n$

§A.3　三角関数

三角関数 $\sin x, \cos x, \tan x$ については高等学校ですでに学んでいる．**加法定理**が成り立つこともすでに学んだとおりであるが，重要事項であるので復習しておこう．

定理 A.3.1（加法定理）．
- [1] $\sin(x \pm y) = \sin x \cos y \pm \cos x \sin y$
- [2] $\cos(x \pm y) = \cos x \cos y \mp \sin x \sin y$
- [3] $\tan(x \pm y) = \dfrac{\tan x \pm \tan y}{1 \mp \tan x \tan y}$

この加法定理から次の3つの定理が導かれる．

定理 A.3.2（積 → 和・差）．
- [1] $\sin x \cos y = \dfrac{1}{2}\{\sin(x+y) + \sin(x-y)\}$
- [2] $\cos x \sin y = \dfrac{1}{2}\{\sin(x+y) - \sin(x-y)\}$
- [3] $\cos x \cos y = \dfrac{1}{2}\{\cos(x+y) + \cos(x-y)\}$
- [4] $\sin x \sin y = \dfrac{1}{2}\{\cos(x-y) - \cos(x+y)\}$

定理 A.3.3（和・差 → 積）．
- [1] $\sin x + \sin y = 2 \sin \dfrac{x+y}{2} \cos \dfrac{x-y}{2}$
- [2] $\sin x - \sin y = 2 \cos \dfrac{x+y}{2} \sin \dfrac{x-y}{2}$
- [3] $\cos x + \cos y = 2 \cos \dfrac{x+y}{2} \cos \dfrac{x-y}{2}$
- [4] $\cos x - \cos y = -2 \sin \dfrac{x+y}{2} \sin \dfrac{x-y}{2}$

定理 A.3.4（倍角 ⟷ 半角）．
- [1] $\sin 2x = 2 \sin x \cos x$
- [2] $\cos 2x = \cos^2 x - \sin^2 x = 2\cos^2 x - 1 = 1 - 2\sin^2 x$

[3] $\sin^2 x = \dfrac{1}{2}(1 - \cos 2x)$

[4] $\cos^2 x = \dfrac{1}{2}(1 + \cos 2x)$

問 A.3.1. 定理 A.3.1 を使って残りの 3 つの定理を証明せよ．

問 A.3.2. a, b を定数とする．α を
$$\cos \alpha = \frac{a}{\sqrt{a^2 + b^2}}, \quad \sin \alpha = \frac{b}{\sqrt{a^2 + b^2}}$$
で定義する．このとき
$$a \sin x + b \cos x = \sqrt{a^2 + b^2} \sin(x + \alpha)$$
である（左辺を右辺のように変形することを**単振動の合成**という）．

§A.4　指数関数

　a^x は高校で習ったと本文 (p.36) に書いたが，本当に諸君たちはその意味を知っているであろうか．$a^3 = a \times a \times a$ であることはよい．次に，$a^{1/3} = \sqrt[3]{a}$，$a^{-3} = 1/a^3$ も知っているであろう．それでは $a^{\sqrt{3}}$ とはどういう意味であろうか．しばらく考えてみよ．実はこれについては高校では習っていないのである．

　さて，a^x の意味を復習しておこう．まず，x が自然数のときには
$$a^x = \underbrace{a \times a \times \cdots \times a}_{x \text{ 個}}$$
と約束する．このとき，自然数 x, y に対して
$$\begin{cases} (1) & a^{x+y} = a^x a^y \\ (2) & (a^x)^y = a^{xy} \end{cases}$$
が成り立つことが容易にわかる（これを**指数法則**という）．実際，

$$(1) \text{ の右辺} = \underbrace{a \times \cdots \times a}_{x \text{ 個}} \times \underbrace{a \times \cdots \times a}_{y \text{ 個}} = \underbrace{a \times \cdots \times a}_{(x+y) \text{ 個}} = (1) \text{ の左辺}$$

であり，

$$(2) \text{の左辺} = \left.\begin{array}{c} \overbrace{a \times \cdots \times a}^{x \text{個}} \times \\ \cdots \times \\ a \times \cdots \times a \end{array}\right\} (y \text{個})$$

は，xy 個の a の積であるから (2) の右辺に等しい．

次に，この 2 式がすべての実数 x, y に対して成り立つように a^x の意味を定めたい．このためには，x が正の有理数 $x = p/q$（p, q は自然数）のときには

(3) $\quad a^{p/q} = \sqrt[q]{a^p} = \sqrt[q]{a^p},$

$x = 0$ のときには

(4) $\quad a^0 = 1,$

そして x が負の有理数 $a = -p/q$（p, q は自然数）のときには

(5) $\quad a^{-p/q} = 1/a^{p/q}$

と約束しなければならないことがわかる（ここまでは中学高校の教科書に詳しく書かれているので読み返すこと）．

そこで，x が有理数のときの a^x を (3) 〜 (5) でもって定義する．このとき，最初の希望どおり，(1), (2) が有理数 x, y について成り立つことが証明できる（その証明は退屈なだけなので省略する）．

以上の結果をもとに，点 (x, a^x) を xy 平面にプロットすると図のようになる．

それは，x が有理数のときにしか点 (x, a^x) はわかっていないのであるから，ぎっしり詰まってはいるが穴だらけのグラフである．この穴だらけのグラフを通る曲線で，連続関数のグラフとなっているものが唯一つ存在することが知られている（証明は難しい）ので，それをグラフとする連続関数を $y = a^x$ と約束する．このとき任意の実数 x, y に対して，指数法則 (1), (2) が成り立つことが証明できる．

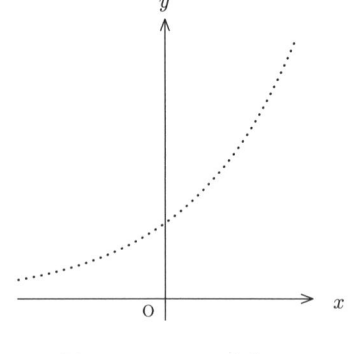

図 **A.1** $\quad a > 1$ のとき

このようにして得られた関数 $y = a^x$ は $-\infty < x < \infty$ を定義域, $y > 0$ を値域とし, $a > 1$ のときは真に単調増加であり, $0 < a < 1$ のときは真に単調減少であることが知られている.

注 「この穴だらけのグラフを通る曲線で, 連続関数のグラフとなっているものが唯一つ存在する」と書いたが, その証明は省略し, 逆にそうならない例を考えることにより, そのイメージをつかむことにしよう.

$$y = \begin{cases} 0 & (x \text{ が負の有理数のとき}) \\ 1 & (x \text{ が正の有理数のとき}) \end{cases}$$

とすると, このグラフを通る曲線で連続関数のグラフとなっているものは存在しない. この場合は $x = 0$ を境にして上下にギャップがあるからである (下図 (a)).

また,

$$y = \begin{cases} 0 & (x \text{ が負の有理数のとき}) \\ 1 & (x \text{ が1以上の有理数のとき}) \end{cases}$$

とすると, このグラフを通る曲線で連続関数のグラフとなっているものは無数に存在する (下図 (b)). 左右にギャップがあるからである.

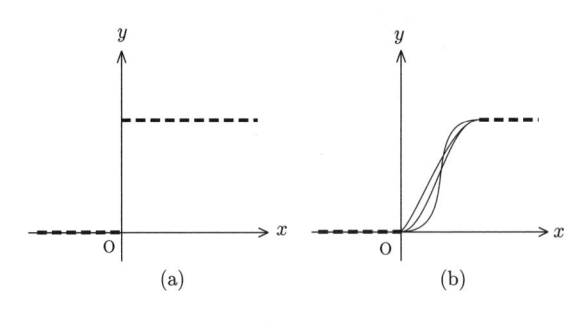

図 A.2

§A.5 直線・平面

ここでは平面の方程式について説明する. その前に xy 平面内の直線の方程式について簡単に復習しておこう.

■ **直線の方程式** ■ xy 平面内の直線の方程式は, 例外を除いては

$$y = ax + b, \quad a, b : 定数 \tag{A.5.1}$$

で与えられる. 例外は y 軸に平行な直線であり, それは $x = c$ と表される. 両

方を含む式は
$$ax + by = c, \quad a, b : 定数, \ a^2 + b^2 \neq 0 \tag{A.5.2}$$
である．この直線を ℓ とおこう．
$$\boldsymbol{a} = (a, b), \quad \boldsymbol{x} = (x, y)$$
とおくと，(A5.2) は
$$\boldsymbol{a} \cdot \boldsymbol{x} = c \tag{A.5.3}$$
と書ける．ベクトル $\boldsymbol{a}$ 上またはその延長線上に点 H を，$\overrightarrow{\mathrm{OH}} = c\boldsymbol{a}/|\boldsymbol{a}|^2$ ととると，点 $\mathrm{P}(x, y)$ から $\boldsymbol{a}$ の延長線上に垂線を下ろしたときの交点が H であるような点 P の全体が直線 ℓ である．ベクトル $\boldsymbol{a}$（およびその定数 $\neq 0$ 倍）は直線 ℓ と直交しているので，ℓ の **法線ベクトル** という．長さ 1 の法線ベクトル
$$\boldsymbol{n} = \pm \left(\frac{a}{\sqrt{a^2 + b^2}}, \frac{b}{\sqrt{a^2 + b^2}} \right)$$
を **単位法線ベクトル** という．直線が (A.5.1) で与えられているときの単位法線ベクトルは
$$\boldsymbol{n} = \pm \left(\frac{a}{\sqrt{1 + a^2}}, \frac{-1}{\sqrt{1 + a^2}} \right)$$
である．

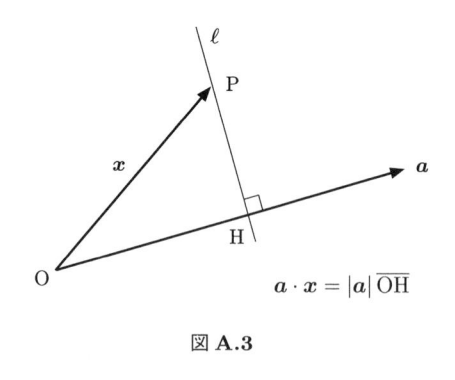

図 A.3

$\boldsymbol{a} \cdot \boldsymbol{x} = |\boldsymbol{a}| \overline{\mathrm{OH}}$

■ **平面の方程式** ■ 空間内の平面 π の方程式も同じアイデアで求まる．原点から平面 π に垂線を下ろし，垂線を m，垂線と平面との交点を H とおくと，平面 π は点 P から m に下ろした垂線が定点 H を通るような点 P 全体である．したがって，平面 π の方程式は，m 上にあるベクトル $\boldsymbol{a} = (a, b, c) \neq \boldsymbol{0}$ を定めて，
$$\boldsymbol{a} \cdot \boldsymbol{x} = 一定,$$
あるいは，成分を使って
$$ax + by + cz = d, \quad a, b, c, d : 定数, \ a^2 + b^2 + c^2 \neq 0 \tag{A.5.4}$$

と書ける．ベクトル $\boldsymbol{a}$（およびその定数 $\neq 0$ 倍）は平面 π と直交しているので，π の**法線ベクトル**という．長さ 1 の法線ベクトル

$$\boldsymbol{n} = \pm \left(\frac{a}{\sqrt{a^2+b^2+c^2}}, \frac{b}{\sqrt{a^2+b^2+c^2}}, \frac{c}{\sqrt{a^2+b^2+c^2}} \right)$$

を**単位法線ベクトル**という．

平面 π が xy 平面に垂直であるという例外的な場合を除いて，$c \neq 0$ であるから，式 (A.5.4) は両辺を c で割って

$$z = ax + by + c$$

の形に書ける．このときの単位法線ベクトルは

$$\boldsymbol{n} = \pm \left(\frac{a}{\sqrt{1+a^2+b^2}}, \frac{b}{\sqrt{1+a^2+b^2}}, \frac{-1}{\sqrt{1+a^2+b^2}} \right)$$

である．

§A.6　定理 1.3.6，1.3.7 の証明

この節は，興味のある学生だけが，第 4 章の学習を終えたあとに読めばよい．

■ **何が問題か？** ■　定理 1.3.6 の証明においては，扇形 OAB の面積が $x/2$ であることを使っている．このことは，単位円の面積が π であることから導かれるが，それでは，単位円の面積が π であることはどのようにしてわかるのであろうか．曲がった図形の面積は，第 4 章で習ったように積分を使って定義されるので，第 2 章の段階では，単位円の面積が π であるということは証明されていないので，使ってはならない．

■ **証明に何を使ってもよいか，何を使ってはいけないか？** ■　われわれは，定理 1.3.6 を使って定理 1.3.7 を証明し，それを使って，三角関数や逆三角関数の導関数や積分を計算した．また

$$\int \sqrt{1-x^2}\, dx = \frac{1}{2} \left(x\sqrt{1-x^2} + \sin^{-1} x \right) + C \qquad (*)$$

のように積分の答えとして逆三角関数がでてくる公式も，逆三角関数の導関数に関する公式から導いた．これらはすべて，定理 1.3.6 を使って導かれたもの

であるから，定理 1.3.6 の証明に使ってはならない[1].

そこで，三角関数や逆三角関数の導関数や積分を具体的に計算する公式はまだ知らないが，それ以外の事項，とくに導関数や積分に関する抽象的な理論についてはすでに学んでいるという立場に立つことにする．

■ **定理 1.3.7 の証明** ■ 本文とは逆に，定理 1.3.7 を先に証明する．定理 1.3.7 は

$$\frac{d}{d\theta}\sin\theta\bigg|_{\theta=0} = 1 \qquad (A.6.1)$$

と同値であるので，これを証明する．

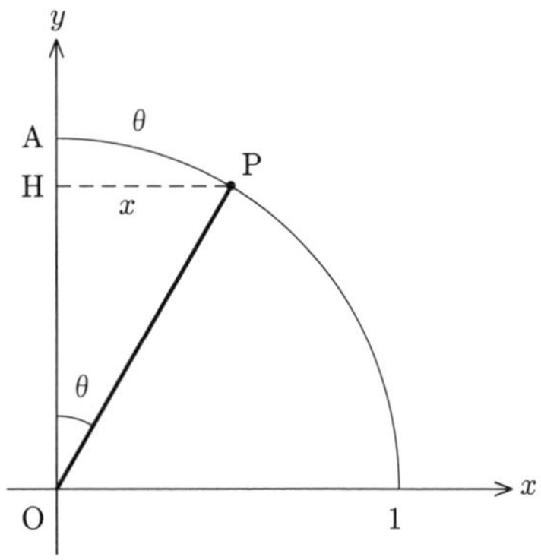

図において $x = \sin\theta$ である．

さて，円弧の方程式は $y = f(x) = \sqrt{1-x^2}$ であり，

$$1+f'(x)^2 = 1+\left(\frac{-x}{\sqrt{1-x^2}}\right)^2 = \frac{1}{1-x^2}$$

であるから，$\theta =$「弧 AP の長さ」は定理 4.5.2 [2] より

$$\theta = \int_0^x \frac{1}{\sqrt{1-x^2}}\,dx$$

図 A.4

である．いまの説明では上式は $0 \leqq x < 1,\ 0 \leqq \theta < \pi/2$ で成り立つ式であるが，左，右ともに x の奇関数であるから，$-1 < x < 0,\ -\pi/2 < \theta < 0$ でも成り立つことがわかる．

両辺を x で微分して

$$\frac{d\theta}{dx} = \frac{1}{\sqrt{1-x^2}}$$

であるから，逆関数の微分法の公式を使って

$$\frac{dx}{d\theta} = \left(\frac{d\theta}{dx}\right)^{-1} = \sqrt{1-x^2} = \cos\theta \quad (-\pi/2 < \theta < \pi/2). \qquad (**)$$

$\theta = 0$ を代入して，(A.6.1) が示される．

■ **定理 1.3.6 の証明** ■ 定理 1.3.7 が証明されれば，それを使って sin や cos の連続性が得られ (p.32 参照) 三角関数の導関数が求まる (定理 2.2.4 参照)

---

[1] もし，(∗) を使ってよいなら，単位円の面積が π であることはすぐにわかるのだが．

のは本文に書いたとおりである．

　定理 1.3.6 は §2.3 B で述べた方法で簡単に求まる．各自試みよ．

解答

【 】内はヒントや略解, 解説など.

第 1 章

練習問題 1.1

(A)

1. (1) -3 (2) 0 (3) 発散 (4) $1/2$

2. 1

3. $4/3$

5. (1) 誤 (2) 誤 (3) 正 (4) 誤

9. $\dfrac{1}{e}$ 【$\left(\dfrac{n-1}{n}\right)^n = \left[\left(\dfrac{n}{n-1}\right)^n\right]^{-1} = \left[\left(1+\dfrac{1}{n-1}\right)^{n-1}\cdot\left(1+\dfrac{1}{n-1}\right)\right]^{-1} \to [e\cdot 1]^{-1} = 1/e$】

10. $a>1$ のとき a, $a=1$ のとき $1/2$, $1>a>0$ のとき 0

(B)

1. (1) $a>1$ のとき 1, $a=1$ のとき 0, $1>a>0$ のとき -1
(2) $a>b$ のとき 1, $a=b$ のとき 0, $a<b$ のとき -1

2. c 【$c^n \leqq a^n+b^n+c^n \leqq 3c^n$ と例題 1.1.2】

練習問題 1.2

(A)

1. (1) $1/3$ (2) $+\infty$ (3) $1/2$ (4) $1/4$
(5) $m>n$, $a_0 b_0 > 0$ のとき ∞, $m>n$, $a_0 b_0 < 0$ のとき $-\infty$, $m=n$ のとき a_0/b_0, $m<n$ のとき 0
(6) 1

(B)

1. $a = 1/2$, 極限値 $3/8$

練習問題 1.3

(A)

1. (1) 0　　(2) 2　　(3) 2
2. (1) b/a　　(2) 1　　(3) $-9/2$ 【前問 (3) の結果を使用】
3. (1) 1　　(2) 2　　(3) 1/2
4. (1) 2/3　　(2) 0　　(3) 0
5. 【(1) $y = -x$ とおくと $(1+1/x)^x = (1-1/y)^{-y} = \left[\left(\dfrac{y-1}{y}\right)^{-1}\right]^y$. 以下練習問題 1.1 (A) **9.** の解法を参照せよ.　　(2) $x = 1/y$ とおけ. $x \to 0$ のとき $y \to +\infty$ ではなく, $y \to \pm\infty$ であることに注意.　　(3) $\dfrac{\log(1+x)}{x} = \log(1+x)^{\frac{1}{x}}$.　　(4) $y = e^x - 1$ とおけ.】
6. (1) e^{-1} 【$x = 1+h$】　　(2) e^a 【重要】　　(3) e　　(4) e　　(5) e^a
7. (1) $\pi/2$　(2) $\pi/6$　(3) $\pi/4$　(4) $\pi/2$　(5) $-\pi/3$　(6) $5\pi/6$　(7) $\pi/4$
8. (1) 【$\theta = \sin^{-1} x$ とおけ.】

(B)

1. (2) 【$\lim_{x \to a} |f(x)| = |f(a)|$ を示せばよい.】
2. 【最大値・最小値の存在(定理 1.3.4)と中間値の定理(定理 1.3.3)】
3. 【中間値の定理】
4. 【中間値の定理】
6. (1)

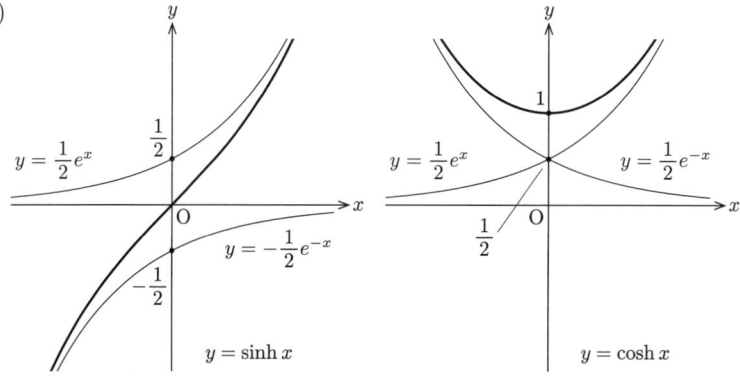

$y = \sinh x$　　　　　　　$y = \cosh x$

(2) $x = \log(y + \sqrt{y^2+1})$, $x = \dfrac{1}{2} \log \dfrac{1+y}{1-y}$　($|y| < 1$)

(3) $x = \log(y + \sqrt{y^2-1})$　($y \geqq 1$)

272　解　答

9. a は整数, $f(n\pi) = (-1)^{(a+1)n} a$

──────────── 第 2 章 ────────────

練習問題 2.1

(A)

1. ～ **5.** 【「定義」とは？】
5. 微分可能で $f'(0) = 0$

練習問題 2.2

(A)

2. (1) $\dfrac{-2x}{(1+x^2)^2}$　　(2) $(\cos x + \sin x)e^x$　　(3) $2x\cos(x^2)$　　(4) $\dfrac{1}{x\log|x|}$

3. (1) $\dfrac{\cos x}{2\sqrt{1+\sin x}}$　　(2) $\dfrac{1}{\sin x}$　　(3) $\dfrac{1}{\sqrt{a^2-x^2}}$

4. (1) $\dfrac{x}{\sqrt{x^2+A}}$　　(2) $\dfrac{1}{x^2-a^2}$　　(3) $\dfrac{1}{\sqrt{x^2+A}}$　　(4) $2\sqrt{a^2-x^2}$

5. (1) $p(p-1)\cdots(p-n+1)a^n(ax+b)^{p-n}$

(2) $\dfrac{1}{2}\left(3^n\cos\left(3x+\dfrac{\pi}{2}n\right)+\cos\left(x+\dfrac{\pi}{2}n\right)\right)$

または $\displaystyle\sum_{k=0}^{n} {}_nC_k 2^{n-k}\cos\left(x+\dfrac{\pi}{2}k\right)\cos\left(2x+\dfrac{\pi}{2}(n-k)\right)$

(3) $\dfrac{n!(n+x)}{(1-x)^{n+2}}$　【例題 2.2.2 (3)】

6. (1) $x^2\sin\left(x+\dfrac{n\pi}{2}\right)+2nx\sin\left(x+\dfrac{(n-1)\pi}{2}\right)+n(n-1)\sin\left(x+\dfrac{(n-2)\pi}{2}\right)$

(2) $2^{n/2}e^x\sin\left(x+\dfrac{n\pi}{4}\right)$　【問 A.3.2 より $\sin x + \cos x = \sqrt{2}\sin(x+\pi/4)$】

(B)

1. (1) $-\dfrac{2a^2\left(a^2+\sqrt{a^4-x^4}\right)}{x^3\sqrt{a^4-x^4}}$　　(2) $\left(\cos x\log x + \dfrac{\sin x}{x}\right)x^{\sin x}$　　(3) $\dfrac{1}{\sin x}$

(4) $\dfrac{\sqrt{a^2-b^2}}{2(a+b\cos x)}$　　(5) $\left[-\dfrac{\log(a^x+b^x)}{x^2}+\dfrac{(\log a)a^x+(\log b)b^x}{x(a^x+b^x)}\right](a^x+b^x)^{1/x}$

3. $\dfrac{dy}{dx} = -\tan t,\quad \dfrac{d^2y}{dx^2} = \dfrac{1}{3a\cos^4 t \sin t}$

4. $\dfrac{dy}{dx} = \dfrac{\cosh t}{\sinh t},\quad \dfrac{d^2y}{dx^2} = -\dfrac{1}{a(\sinh t)^3}$

練習問題 2.3

(A)

1. (1) $x=-1$ で極小値 -11【$x=2$ では極値ではない.】
   (2) $x=-1$ で極小値 $-1/e$ (3) $x=0$ で極大値 1
   (4) $x=3/2$ で極大値 $3\sqrt{3}/4$
   (5) $x=0$ で極小値 4【導関数は単調増加】
3. (1)【第 1 の不等式はすべての x について成り立つし, 証明もやさしい. 第 2 の不等式の証明では第 1 の不等式を使え.】

(B)

1. 極小値をとる.【有効な定理はない. 定義に帰れ. $\sin(1/x)\geqq -1$】
2. 【微分係数の定義は $\displaystyle\lim_{h\to 0}\frac{f(c+h)-f(c)}{h}$. この $\dfrac{f(c+h)-f(c)}{h}$ に平均値の定理を.】
3. 【ともに難問】
4. 【(4) は $a_n\leqq r<1$ として矛盾を.】
5. 【(1) $f^{(k)}(x)=P_k(x)(x^2-1)^{n-k}$, P_k : 多項式. または, $f(x)=(x+1)^n\cdot(x-1)^n$ にライプニッツの公式を.】
6. 【解法 1: $f(x)=A(x-a_1)(x-a_2)\cdots(x-a_n)$. 解法 2: まず, $f'(a_i)\ne 0$ を示す. 次に, $f'(a_i)$ と $f'(a_{i+1})$ が同符号なら a_i と a_{i+1} の間に $f(x)=0$ となる x があることを示す.】
7. 【(2) 数学的帰納法は次の形でも使えることに注意: ① $n=1,2$ で正しい. ② $n=k-1,k$ で正しいならば $n=k+1$ で正しい, の 2 つを証明すればよい.】
   【(4): (1), (3) より $H_{n+1}(a_i)=-H_n'(a_i)$. 次に前問を使え.】
   【(5): $H_{n-1}(x)=0$ が相異なる実数解 $a_1<a_2<\cdots<a_{n-1}$ をもつとすると, (2), (3) と問 6 より, 区間 $(-\infty,a_1)$, $(a_1,a_2),\cdots,(a_{n-2},a_{n-1}),(a_{n-1},\infty)$ において $H_n(x)$ は右から順に増加, 減少を繰り返す. また $H_n(a_{n-1})>0$ とすると矛盾.】

練習問題 2.4

(A)

1. (1) $1/3$ (2) $1/6$ (3) e (4) -2 (5) 0【ロピタルの定理は使えない】

(B)

1. (1) $-e/2$ (2) 1 (3) $\sqrt{ab}$ (4) $-1/3$ (5) 0

2. $\min\{\alpha, \beta\}$

練習問題 2.5

(A)

2. (1) $1 + x + x^2 + \cdots + x^{n-1} + R_n$, $R_n = \dfrac{1}{(1-\theta x)^{n+1}} x^n$. (マクローリンの定理を使わなければ, $R_n = \dfrac{1}{1-x} x^n$).

(2) $1 + x^2 + x^4 + \cdots + x^{2(n-1)} + R_{2n}$ 【n 階導関数については例題 2.2.2 ではあるが, それを使わないもっと簡単な方法を考えよ.】

3. (1) n : 奇数のときは $1 + \dfrac{x^2}{2!} + \cdots \dfrac{x^{n-1}}{(n-1)!} + R_n$, $R_n = \dfrac{\sinh(\theta x)}{n!} x^n$

n : 偶数のときは $1 + \dfrac{x^2}{2!} + \cdots \dfrac{x^{n-2}}{(n-2)!} + R_n$, $R_n = \dfrac{\cosh(\theta x)}{n!} x^n$

(2) 【$|\cosh x|, |\sinh x| \leqq e^{|x|}$】 (3) 【例題 1.1.4 より $\lim\limits_{n\to\infty} \dfrac{a^n}{n!} = 0$.】

4. (1) $1 + \sum\limits_{j=1}^{n-1} (-1)^j \dfrac{2^{2j-1}}{(2j)!} x^{2j} + R$, $R = R_{2n-1} = (-1)^n \dfrac{2^{2n-2}}{(2n-1)!} \sin(2\theta x) x^{2n-1}$

または $R = R_{2n} = (-1)^n \dfrac{2^{2n-1}}{(2n)!} \cos(2\theta x) x^{2n}$

【$\cos^2 x = (1 + \cos 2x)/2$】

(B)

1. 【$f(a \pm h) = f(a) \pm f'(a)h + (1/2)f''(a + \theta_\pm h)h^2$】

2. $a = 2/3$, $b = 1/6$ 【$\log(1+x) = x - (1/2)x^2 + (1/3)x^3 + O(x^4)$, $(1+bx)/(1+ax) = (1+bx)(1 - ax + a^2 x^2 + O(x^3)) = 1 + (b-a)x + a(a-b)x^2 + O(x^3)$】

練習問題 2.6

(A)

1. 1.105

2. 0.30

第 3 章

練習問題 3.1

(A)

1. E の内点の全体 $= \{(x,y) \mid |x+y| < 1\}$, E の外点の全体 $= \{(x,y) \mid |x+y| > 1\}$, E の境界点の全体 $= \{(x,y) \mid |x+y| = 1\}$, E は開集合ではない.

2. (1) (4) 開集合かつ領域 　　(2)(3) 開集合ではあるが領域ではない
3. (1) 0　　　(2) 0　　　(3) 0　　　(4) 収束しない　　　(5) 0

(B)

1. (1) 0　　　(2) 0　　　(3) 収束しない
2. (1) 0　　　(2) 0

練習問題 3.2

(A)

1. (1) $f_x = 5x^4y^2 + 9x^2y$, $f_y = 2x^5y + 3x^3 + 3y^2$

　(2) $f_x = \dfrac{-y}{(x-y)^2}$, $f_y = \dfrac{x}{(x-y)^2}$

　(3) $f_x = \dfrac{x}{\sqrt{x^2+y^2}}$, $f_y = \dfrac{y}{\sqrt{x^2+y^2}}$　　(4) $f_x = \dfrac{-y}{x^2+y^2}$, $f_y = \dfrac{x}{x^2+y^2}$

2. (1) $f_x = -\dfrac{x}{\sqrt{x^2+y^2}}e^{-\sqrt{x^2+y^2}}$, $f_y = -\dfrac{y}{\sqrt{x^2+y^2}}e^{-\sqrt{x^2+y^2}}$

　(2) $f_x = \dfrac{-y}{\sqrt{x^2(x^2-y^2)}}$, $f_y = \dfrac{x}{\sqrt{x^2(x^2-y^2)}}$

　(3) $f_x = \dfrac{2y}{(x+y)^2}\log\dfrac{y}{x} - \dfrac{x-y}{x(x+y)}$, $f_y = \dfrac{-2x}{(x+y)^2}\log\dfrac{y}{x} + \dfrac{x-y}{y(x+y)}$

　(4) 原点以外では $f_x = \dfrac{y(y^2-x^2)}{(x^2+y^2)^2}$, $f_y = \dfrac{x(x^2-y^2)}{(x^2+y^2)^2}$

　　原点では $f_x = f_y = 0$

3. (1) $z = 2x + y - 2$　　(2) $z = 2x + 5y - 6$

4. (1) $f_{xx} = y^2 e^{xy}$, $f_{xy} = f_{yx} = (1+xy)e^{xy}$, $f_{yy} = x^2 e^{xy}$

　(2) $f_{xx} = \dfrac{2(y^2-x^2)}{(x^2+y^2)^2}$, $f_{xy} = f_{yx} = \dfrac{-4xy}{(x^2+y^2)^2}$, $f_{yy} = \dfrac{2(x^2-y^2)}{(x^2+y^2)^2}$

　(3) $f_{xx} = \dfrac{\log y}{x^2(\log x)^3}(\log x + 2)$, $f_{xy} = f_{yx} = -\dfrac{1}{xy(\log x)^2}$, $f_{yy} = -\dfrac{1}{y^2 \log x}$

　　$[\log_x y = \dfrac{\log y}{\log x}]$

5. (1) $a^m b^n e^{ax+by}$　　(2) $\alpha(\alpha-1)\cdots(\alpha-m-n+1)(1+x+y)^{\alpha-(m+n)}$

　(3) $a^m b^n e^{ax}\cos\left(by + \dfrac{\pi}{2}n\right)$　　(4) $(-1)^n \sin\left(x - y + \dfrac{\pi}{2}(m+n)\right)$

7. (1) $dz = (\cos y - y\cos x)dx - (x\sin y + \sin x)dy$

　(2) $dz = \dfrac{x}{\sqrt{x^2-y^2}}dx - \dfrac{y}{\sqrt{x^2-y^2}}dy$

　(3) $dz = 2xy\cosh(x^2y)dx + x^2\cosh(x^2y)dy$

(B)

1. 【$x \neq 0$ で C^1 級であることは明らか．問題は $x = 0$ でどうかということ．$f_y = 0$, $f_x(x,y) = 2x\sin(1/x) - \cos(1/x)\,(x \neq 0)$, $f_x(0,y) = 0$.】
2. (1) (2) 全微分可能，よって，偏微分可能 【$f_x(0,0) = f_y(0,0) = 0$】
3. (1) 偏微分できない【$(f(h,0) - f(0,0))/h = \sin|h|/h \to \pm 1 \,(h \to \pm 0$ のとき).】
   (2) 偏微分可能だが全微分は不可能

練習問題 3.3

(A)

1. (1) 1　　(2) $\dfrac{-12\sin 4t}{5 + 3\cos 4t}$
2. (1) $z_u = \dfrac{-\sin v \cos u}{\sin^2 u + \sin^2 v}$, $z_v = \dfrac{\sin u \cos v}{\sin^2 u + \sin^2 v}$

   (2) $z_u = \dfrac{v}{\sqrt{1-(uv)^2}}\left(\cos^{-1}(uv) - \sin^{-1}(uv)\right)$,

   $z_v = \dfrac{u}{\sqrt{1-(uv)^2}}\left(\cos^{-1}(uv) - \sin^{-1}(uv)\right)$

   (3) $z_u = \dfrac{2u}{u^2+v^2}$, $z_v = \dfrac{2v}{u^2+v^2}$

(B)

1. 【$u_\eta = 0$】
2. (2) $u_{\xi\eta} = 0$
5. $r^2 \sin\theta$

練習問題 3.4

(A)

1. (1) 停留点 $(3,2)$ で極小値をとる
   (2) 停留点は $(0,0)$ と $(3,3)$，前者では極値をとらず，後者では極小値をとる
   (3) 停留点 $(1,1)$ で極小値をとる
   (4) 停留点は $(0,0)$ と $(2/3, 2/3)$，前者では極値をとらず，後者では極小値をとる
2. (1) $1 + x + \dfrac{1}{2}x^2 - \dfrac{1}{2}y^2 + \dfrac{1}{6}x^3 - \dfrac{1}{2}xy^2 + \dfrac{1}{4!}x^4 - \dfrac{1}{4}x^2y^2 + \dfrac{1}{4!}y^4 + R_5$

   (2) $1 + (ax+by) + \dfrac{1}{2!}(ax+by)^2 + \dfrac{1}{3!}(ax+by)^3 + \dfrac{1}{4!}(ax+by)^4 + R_5$

(3) $x\left(\log 2 + \dfrac{y}{2} - \dfrac{1}{2}\dfrac{y^2}{2^2} + \dfrac{1}{3}\dfrac{y^3}{2^3}\right) - \dfrac{x^3}{3!}\left(\log 2 + \dfrac{y}{2}\right) + R_5$

【$\log(2+y) = \log 2(1+y/2)$】

(B)

1. (1) 停留点は $(0,0), (0,\pm 1), (\pm 1, 0), (\pm 1/2, \pm 1/2)$(複号は全組み合わせ), $(\pm 1/2, \pm 1/2)$(複号同順)で極小値,$(\pm 1/2, \mp 1/2)$(複号同順)で極大値.その他では極値をとらない.

(2) 停留点は $(0,0)$,極値をとらない.【$H = 0$ だから工夫を要する.】

(3) 停留点は $(0,0), (\sqrt{2}, -\sqrt{2}), (-\sqrt{2}, \sqrt{2})$,前者では極値をとらず,後二者では極小値.【$(0,0)$ では $H = 0$】

2. 【$\angle$AOB$= x$, $\angle$BOC$= y$ とおけ.】

3. 【同上】

練習問題 3.5

(A)

2. (1) $z_x = -\dfrac{c^2 x}{a^2 z}, z_y = -\dfrac{c^2 y}{b^2 z}$ (2) $z_x = -\dfrac{x^2 - y}{z^2}, z_y = -\dfrac{y^2 - x}{z^2}$

3. (1) $\dfrac{dy}{dx} = -\dfrac{x - z}{y - z}, \dfrac{dz}{dx} = -\dfrac{y - x}{y - z}$

(2) $\dfrac{dy}{dx} = -\dfrac{x^2 - 1 - z^2}{y^2 - z^2}, \dfrac{dz}{dx} = -\dfrac{y^2 - x^2 + 1}{y^2 - z^2}$

(B)

1. (1) $u_x = -\dfrac{x - v}{u - v}, u_y = -\dfrac{y - v}{u - v}, v_x = -\dfrac{u - x}{u - v}, v_y = -\dfrac{u - y}{u - v}$

(2) $u_x = -\dfrac{x - a}{u}, u_y = -\dfrac{y - a}{u}, v_x = -\dfrac{a}{v}, v_y = -\dfrac{a}{v}$

3. (1) $y' = \dfrac{e^y}{2 - y}, y'' = \dfrac{3 - y}{(2 - y)^3} \cdot e^{2y}$ (2) $y' = \dfrac{x + 2y}{2x - y}, y'' = \dfrac{5(x^2 + y^2)}{(2x - y)^3}$

(3) $y' = -\dfrac{b^2 x}{a^2 y}, y'' = -\dfrac{b^4}{a^2 y^3}$

4. $\dfrac{|ap + bq + cr + d|}{\sqrt{a^2 + b^2 + c^2}}$

第 4 章

練習問題 4.1   積分定数 $+C$ は省略する.

(A)

1. (1) $\dfrac{2}{3}\left((x+1)^{3/2} - x^{3/2}\right)$ (2) $x\sin x + \cos x$

(3) $-\dfrac{1}{3}x^2\cos 3x + \dfrac{2}{9}x\sin 3x + \dfrac{2}{27}\cos 3x$ (4) $(x^2 - 2x + 2)e^x$

2. (1) $\dfrac{1}{a(\alpha+1)}(ax+b)^{\alpha+1}$ ($\alpha \neq -1$ のとき), $\dfrac{1}{a}\log|ax+b|$ ($\alpha = -1$ のとき)

(2) $(1/10)(x^2-2)^5$ 【展開してから積分したのでは大変】

(3) $\log(e^x + e^{-x})$ (4) $-(1/x)(\log x + 1)$

3. (1) $\dfrac{2}{27}(3x-2)\sqrt{3x+1}$ (2) $\dfrac{x^4}{4}\left[\log x - \dfrac{1}{4}\right]$ (3) $\dfrac{1}{3}(\log x)^3$

(4) $\log|\log x|$

4. (1) $\log|\sin x|$ (2) $x\sin^{-1}x + \sqrt{1-x^2}$ (3) $\dfrac{3}{28}(x-1)^{4/3}(4x+3)$

(4) $\tan^{-1}e^x$

7. (1) $x\tan^{-1}x - \dfrac{1}{2}\log(x^2+1)$ (2) $x\log(x^2+1) - 2x + 2\tan^{-1}x$

(3) $\dfrac{1}{2}\left(x^2\tan^{-1}x - x + \tan^{-1}x\right)$ (4) $\dfrac{1}{5}(2x+3)^{3/2}(x-1)$

8. (1) $-\dfrac{1}{2}\log|x| - \dfrac{1}{6}\log|x+2| + \dfrac{2}{3}\log|x-1|$ (2) $\log\left|\dfrac{x+1}{x+2}\right| - \dfrac{1}{x+1}$

(3) $\dfrac{1}{4}\log\left|\dfrac{x-1}{x+1}\right| - \dfrac{1}{2}\tan^{-1}x$ 【まずは, $t=x^2$ とおいて部分分数展開を】

(4) $\log\dfrac{\sqrt{x^2+1}}{|x|} - \dfrac{1}{2}x^{-2}$

9. (1) $\dfrac{1}{2}x^2 + x - \dfrac{2}{x-1} + 2\log|x-1|$ (2) $\dfrac{2}{x+1} + \log\dfrac{\sqrt{x^2+1}}{|x+1|} + \tan^{-1}x$

(3) $\dfrac{1}{2}\tan^{-1}x^2$. $\dfrac{1}{2}\left[\tan^{-1}(\sqrt{2}x-1) - \tan^{-1}(\sqrt{2}x+1))\right]$ も可.

(4) $\dfrac{-1}{2(x+1)} + \dfrac{1}{4}\log\left|\dfrac{x+3}{x+1}\right|$

(B)

2. (1) $-2\left(1+\tan(x/2)\right)^{-1}$

(2) $-\left(x + \dfrac{1}{\tan x}\right)$ 【定石通り $t = \tan(x/2)$ とおき $\tan(x/2) - 1/\tan(x/2) = -2/\tan x$ に注意. $t = \tan x$ とおくとやさしい.】

(3) $\dfrac{1}{2}\log\dfrac{\sin^2 x}{1+\sin^2 x}$

3. (1) $\tan(x/2)$　　(2) $\log|\tan(x/2)+1|$
　　(3) $x\tan x/2 (= \dfrac{x\sin x}{1+\cos x})$　【難問．分母分子が逆のミスプリントではない．半角公式により，与式 $= x(\tan(x/2))' + \tan(x/2)$】

4. (1) $\tan x - x$　【定石通り $t=\tan(x/2)$ とおけばものすごい計算．下の問 **8.** のヒント参照】
　　(2) $\dfrac{1}{2}\log\left|\dfrac{\tan x+1}{\tan x-1}\right|\left(=\dfrac{1}{2}\log\left|\dfrac{\cos x+\sin x}{\cos x-\sin x}\right|\right)$
　　(3) $\dfrac{1}{2}\log\dfrac{\sqrt{x^2+1}-1}{\sqrt{x^2+1}+1} = \dfrac{1}{2}\log\left(1-\dfrac{2}{\sqrt{x^2+1}+1}\right)$

5. (1) $x(\sin^{-1}x)^2 + 2\sqrt{1-x^2}\sin^{-1}x - 2x$　【$t=\sin^{-1}x$ とおく．または，1 が掛けられていると見る．】
　　(2) $2\sqrt{x+1}\sin^{-1}x + 4\sqrt{1-x}$　　(3) $\dfrac{x}{2} - \tan^{-1}\left(3\tan\dfrac{x}{2}\right)$

6. (1) $\tan^{-1}\sqrt{\dfrac{x-1}{2-x}} - \sqrt{(2-x)(x-1)}$　【$t=\sqrt{\dfrac{x-1}{2-x}}$ とおく．
積分 $= \displaystyle\int t\dfrac{dx}{dt}dt = tx - \int x(t)dt$ に注目すれば，$x'(t)$ を計算する必要はない．】
　　(2) $\dfrac{2}{3}\sqrt{x^3+1} + \dfrac{1}{3}\log\left(\dfrac{\sqrt{x^3+1}-1}{\sqrt{x^3+1}+1}\right)$

7. (1) $\dfrac{1}{4}\tan^{-1}\dfrac{x}{2} - \dfrac{x}{2(x^2+4)}$　　(2) $-\sqrt{\dfrac{2}{3}}\tan^{-1}\left(\sqrt{\dfrac{2}{3}}\sqrt{\dfrac{3-x}{x-2}}\right)$
　　(3) $\dfrac{1}{3}\log|x-1| - \dfrac{1}{6}\log(x^2+x+1) - \dfrac{1}{\sqrt{3}}\tan^{-1}\dfrac{2}{\sqrt{3}}\left(x+\dfrac{1}{2}\right)$
　　【こんな簡単な式の積分がこんなに複雑！】

練習問題 4.2

(A)

1. (1) $\dfrac{1}{2}\log 2$　　(2) $2\log 2 - 1$　　(3) $2(1+\log(2/3))$　　(4) π

2. (1) $\log 2 - \dfrac{1}{2}\log 3$　　(2) $-\dfrac{1}{2}\log 3$　　(3) $(1-13e^{-4})/4$　　(4) $\dfrac{3}{8}\pi$

3. (1) $2/3$　　(2) $\log 2$　　(3) $1/6$　　(4) $1/\log 2$　　(5) $\pi/4$

4. (1) $8/3$　　(2) $\log(5/3)$　　(3) $(\pi/24)(1-1/\sqrt{3})$　　(4) $(\pi/2)^2 - 2$

5. 【定理 A.3.2】

6. (1) 【部分積分】　　(2) 【$I(0, m+n)$ は簡単に求まる．】

280　解　答

(B)

1. (1) $\pi/4 - 1/2$　　(2) $\pi/(3\sqrt{3})$

(3) $\pi/2 - \log 2$　【被積分関数 $= x\left(\tan\dfrac{x}{2}\right)'$. $t = \tan\dfrac{x}{2}$ も可.】

2. (1) $\tan 2x = \dfrac{2\tan x}{1 - \tan^2 x}$　　(2) 2　【$4\dfrac{\tan \pi/8}{1 - \tan^2 \pi/8}$ が出れば (1) を使う.】

(3) $\dfrac{\pi}{4} - \tan^{-1}\dfrac{1}{\sqrt{2}}$　【(1) より $\tan(\pi/8) = \sqrt{2} - 1$】

3. (1) 【$1 <$ 被積分関数 $< \sqrt{2}$】　　(2) 【$(1-x)^{1/3} <$ 被積分関数 < 1】

5. (3) 【$\displaystyle\int_0^\pi (x - \pi/2) f(\sin x)\, dx = 0$】

9. 【$f(a) = 0$ なる $a \in [0, 1]$ が存在する. $\displaystyle\int_0^a x f(x)\, dx + \int_a^1 x f(x)\, dx$ の各項を評価せよ.】

練習問題 4.3

(A)

1. (1) 収束 $\pi/2$　　(2) 収束 $\pi/2$　　(3) 収束 $-1/4$　　(4) 発散
2. (1) 収束 $42^{1/4}$　　(2) 収束 2　　(3) 収束 $1/2$　　(4) 発散
3. (1) 収束 $\pi/2$　　(2) 収束 1　　(3) 収束 $\dfrac{1}{ab(a+b)}\dfrac{\pi}{2}$

(4) 収束 $\dfrac{a}{a^2 + b^2}$　【例題 4.1.4】　　(5) $1 - \log 2$

4. 【繰り返し部分積分をして, x^n の n を小さくしていけ.】
5. 【繰り返し部分積分をして, $(\log x)^n$ の n を小さくしていけ.】

(B)

1. (1) 収束　　(2) 収束　　(3) 収束　　(4) 収束　【部分積分をして, 分母を x^2 に】

練習問題 4.4

(B)

1. 質量を m, 空気抵抗の比例係数を k, 重力加速度を g とおくと, 最高点に達するまでの時間は $\dfrac{m}{k}\log\left(\dfrac{kv_0 + mg}{mg}\right)$.　【微分方程式は $mx'' = -kx' - mg$. $v = x'$ とおけ. 最高点では $v = 0$.】

2. 船の質量を m とおくと, 静止するまでの時間は ∞, その間に進む距離は $\dfrac{m}{b}\log\dfrac{a + bv_0}{a}$

解　答　281

【微分方程式は $mv' = -av - bv^2$. これを解いて, $\dfrac{m}{a}\log\dfrac{bv+a}{v} = t + C$, $t = 0$ で $v = v_0$ であることより $C = \dfrac{m}{a}\log\dfrac{bv_0+a}{v_0}$.】

3. $(2 + \sqrt{2})t_0$　【容器の底面積を S, 穴の面積を a, 比例計数を k, 水の高さを x とおくと, 微分方程式は $Sx' = -ak\sqrt{x}$】

4. $y = a\log\dfrac{a + \sqrt{a^2 - x^2}}{x} - \sqrt{a^2 - x^2}$　【微分方程式は $y' = -\dfrac{\sqrt{a^2 - x^2}}{x}$】

練習問題 4.5

(A)

1. $2\pi a$
2. 3π　【$S = \displaystyle\int_0^{2\pi} y\dfrac{dx}{dt}dt$】
3. 8
4. $(3/2)\pi$
5. 1　【$S = 4\displaystyle\int_0^{\pi/4} \dfrac{1}{2}r^2 d\theta$】
6. $\pi/4$
7. $\pi/4$

(B)

1. 2π
2. $3/2$
3. $\dfrac{1}{2}\left\{\beta\sqrt{\beta^2+1} - \alpha\sqrt{\alpha^2+1} + \log\left(\dfrac{\beta+\sqrt{\beta^2+1}}{\alpha+\sqrt{\alpha^2+1}}\right)\right\}$

──────── 第 5 章 ────────

練習問題 5.1

(A)

2. $\{(x,y) \mid y \leqq x \leqq \sqrt{y},\ 0 \leqq y \leqq 1/4\} \cup \{(x,y) \mid y \leqq x \leqq 1/2,\ 1/4 \leqq y \leqq 1/2\}$
3. $\{(x,y) \mid 0 \leqq y \leqq x+1,\ -1 \leqq x \leqq 0\} \cup \{(x,y) \mid x \leqq y \leqq 1,\ 0 \leqq x \leqq 1\}$
4. 縦線集合 $\{(x,y) \mid -\sqrt{1-x^2/4} \leqq y \leqq \sqrt{1-x^2/4},\ -2 \leqq x \leqq 2\}$
　横線集合 $\{(x,y) \mid -2\sqrt{1-y^2} \leqq x \leqq 2\sqrt{1-y^2},\ -1 \leqq y \leqq 1\}$

282　解　答

練習問題 5.2

(A)

1. (1) 4　　(2) $\log(16/15)$　　(3) $1/2$　　(4) $(1/2)(e-1)^2$
2. (1) $(1/2)\pi^2+2$　　(2) $-1/3$　　(3) 1　　(4) $1+(3/8)\pi$
3. (1) $1/18$　　(2) $1/12$　　(3) $4/5$　　(4) $3/8$
4. (1) $(1/2)e^2-3/2$　　(2) $16\log 2-3/2$　　(3) $(1/6)(1-\log 2)$　　(4) $1/\pi$

(B)

1. (1) $4/3$　　(2) $(4/15)(\sqrt{2}+1)$　　(3) $2e-4$　　(4) $-243/40$
2. 【積分順序を交換し，x と y を入れ替え，元の式に加えて 2 で割れ．】
3. 【積分順序を交換し，x での積分を実行，その後部分積分】
4. $F'(x)=f(x,x)+\displaystyle\int_a^x \frac{\partial f}{\partial x}(x,t)\,dt$ 【$g(u,v)=\displaystyle\int_a^u f(v,t)dt,\ u=x, v=x$ とおけ．】

練習問題 5.3　　図は省略

(A)

1. (1) $D=\{(x,y)\,|\,0\leqq y\leqq 1-x,\ 0\leqq x\leqq 1\},\ \varphi_1(x,y)\equiv 0,\ \varphi_2(x,y)=x$
　　(2) $D=\{(x,y)\,|\,0\leqq x\leqq y\leqq 1\},\ \varphi_1(x,y)\equiv 0,\ \varphi_2(x,y)=x+y$
　　(3) $D=\{(x,y)\,|\,x^2+y^2\leqq 1\},\ \varphi_1(x,y)\equiv 0,\ \varphi_2(x,y)=1-x^2-y^2$
2. (1) $D=\{(y,z)\,|\,0\leqq y\leqq 1-z,\ 0\leqq z\leqq 1\},\ \psi_1\equiv 0, \psi_2=1-(y+z)$
　　(2) $D=\{(y,z)\,|\,|y|+|z|\leqq 1\},\ \psi_1=-1+|y|+|z|, \psi_2=1-(|y|+|z|)$
3. (1) $D=\{(x,y)\,|\,1-x\leqq y\leqq 1,\ 0\leqq x\leqq 1\},\ \varphi_1\equiv 0, \varphi_2=x+y-1$
　　(2) $D=\{(x,y)\,|\,0\leqq y\leqq \sqrt{1-x^2},\ 0\leqq x\leqq 1\},$
　　　$\varphi_1\equiv 0, \varphi_2=\sqrt{1-x^2-y^2}$
　　(3) $D=\{(x,y)\,|-\sqrt{x-x^2}\leqq y\leqq \sqrt{x-x^2},\ 0\leqq x\leqq 1\},$
　　　$\varphi_1\equiv 0, \varphi_2=\sqrt{1-x^2-y^2}$
4. (1) $1/24$　　(2) $5/24$　　(3) 0 【計算しなくてもわかるかな】

(B)

1. (1) $(1/2)(\log 2-5/8)$　　(2) $1/120$　　(3) $2/15$
2. 【積分順序の交換】
　　【一般化：
$$\int_0^x dx_n \int_0^{x_n} dx_{n-1}\cdots \int_0^{x_1} f(t)\,dt = \frac{1}{n!}\int_0^x (x-t)^n f(t)dt$$
と，$n+1$ 回の積分が 1 回の積分になる．】

練習問題 5.4

(A)

1. (1) $2\pi \log 2$ (2) $\pi(2a^2 \log a - a^2 + 1)$ (3) $\pi\left(1 - e^{-a^2}\right)$ (4) $\pi \sin a^2$

2. (1) 3   (2) $\dfrac{\pi^2}{32} \log \dfrac{3}{2}$ (3) $\dfrac{5}{2}\pi$ (4) $\dfrac{3}{4} \log 2$

3. (1) $\dfrac{32}{9}$ (2) $\dfrac{3}{32}\pi$ (3) $\dfrac{\pi}{6} - \dfrac{2}{9}$ (4) $\dfrac{1}{70}$

(B)

1. (1) $\dfrac{3}{64}$ (2) 2   (3) e (4) $\dfrac{1}{10}$

2. (1) π (2) $\dfrac{\pi^2}{4}$ (3) $\dfrac{\pi}{16}$ (4) $\dfrac{5\pi}{64}$

練習問題 5.5

(A)

1. (1) $2 \log 2$ (2) 1   (3) $(e-1)/2$

2. (1) $\pi/4 + (1/2) \log 2$ (2) $\pi/2$ (3) 2π (4) $-\pi$

3. (1) $r > 2$ (2) $r < 1$

(B)

1. (1) $3/2$
  (2) $2/\sqrt{3}\pi$ 【$x^2 + xy + y^2 = (x + y/2)^2 + (3/4)y^2$, $u = x + y/2$, $v = (\sqrt{3}/2)y$】

2. (1) $\dfrac{1}{2} \log(1 + \sqrt{2})$ (2) $(1/2)(1 - \cos 1)$ (3) $(1/4)(e - 1/e)$
  (4) $\log(1 + \sqrt{2})$

3. (1) $1/2$ (2) $-1/2$

4. (2) $I_n = (b_n - a_n)/(2(a_n + b_n))$
  (3) (i) $1/6$ (ii) $-1/4$ (iii) $-1/2$ (iv) $1/2$

練習問題 5.6

(A)

1. $\dfrac{4}{3}\pi abc$

2. $\dfrac{\pi}{2}$

284   解   答

3. $\dfrac{\sqrt{2}}{3}$ 【$V = \iint_D (x^3 + y^3)\,dxdy$ とおいたとき $D = \{(x,y)\,|\,x^2 + y^2 \leqq 1,\ x^3 + y^3 \geqq 0\} = \{(x,y)\,|\,x^2 + y^2 \leqq 1,\ x + y \geqq 0\}$】

4. $4\pi a^2$

5. $\pi(3 - \sqrt{3})$ 【$\sqrt{1 - \dfrac{1}{2}\sqrt{3}} = \dfrac{1}{2}(\sqrt{3} - 1)$】

6. $\dfrac{2}{3}\pi(2\sqrt{2} - 1)$

7. $\dfrac{16}{3}$

(B)

1. $\pi\{a\sqrt{a^2 + 1} + \log(a + \sqrt{a^2 + 1})\}$
2. $\dfrac{28}{3}\pi$ 【回転体】
3. $\dfrac{4}{7}$
4. $4a^2$
5. $\dfrac{\pi}{2}$

練習問題 5.7

(A)

1. $I_1 = \displaystyle\int_C (x^2 + y^2)\,dx,\ I_2 = \displaystyle\int_C (x^2 + y^2)\,dy$ とおく.

   (1) $I_1 = -\dfrac{2}{3},\ I_2 = \dfrac{2}{3}$ (2) $I_1 = -1,\ I_2 = 1$ (3) $I_1 = -\dfrac{4}{3},\ I_2 = \dfrac{4}{3}$

   (4) $I_1 = -\dfrac{1}{3},\ I_2 = \dfrac{1}{3}$

2. $1/6$

(B)

1. $b < |a|$ のときは 0, $b > |a|$ のときは 2π. 【被積分関数は原点以外では C^1 級であり, 原点が円周 C の外にあるときにはグリーンの定理が使える. 原点が円周 C の内部にあるときには, 原点を中心とする小さな円 C_ε で, C 内にあるものを考え, C_ε と C で囲まれた領域 D においてグリーンの定理を使う. C_ε 上での線積分は極座標を使えば求まる.】

第 6 章

練習問題 6.1

(A)

1. (1) 収束　　(2) 発散　　(3) 発散　　(4) 発散
2. (1) 発散　　(2) $\alpha > 1$ のとき収束, $\alpha \leqq 1$ のとき発散　　(3) 発散　　(4) 収束

(B)

1. (1) 〜 (4) すべて収束　【(4)：定理 6.1.6 の条件 (ii)】
2. (1) 〜 (3) すべて収束　【(2), (3)：$0 < x < \pi/2$ では $(2/\pi)x < \sin x < x$】
4. 【(3) $x > 0$ のときは (1) を使う．$x < 0$ のときは (2) を使うのだが，条件 $0 < a_k < 1$ がみたされるように工夫する必要がある．】

練習問題 6.2

(A)

2. (1) $\displaystyle\lim_{n\to\infty} f_n(x) = \begin{cases} 0 & (x \neq 0 \text{ のとき}) \\ 1 & (x = 0 \text{ のとき}) \end{cases}$　　(2) 一様収束しない
3. (1) $\displaystyle\lim_{n\to\infty} f_n(x) = 0$　【$x = 0,\ x = 1,\ 0 < x < 1$ のときに分けて考えよ．】
　　(2) 一様収束しない　【$f_n(x)$ の最大値を考えよ．】

(B)

1. (1) $\displaystyle\lim_{n\to\infty} f_n(x) = 0$　　(2) 一様収束しない
2. (1) $\displaystyle\lim_{n\to\infty} f_n(x) = 0$　　(2) 一様収束しない
3. (1) する　　(2) しない
4. (1) 【$|\sin x| \leqq 1$】　　(4) 【(3) を微分】

練習問題 6.3

(A)

1. (1) $\dfrac{1}{1-x} = 1 + x + x^2 + \cdots$　　収束半径は 1

　　(2) $\dfrac{1}{1 - 5x + 6x^2} = \dfrac{3}{1 - 3x} - \dfrac{2}{1 - 2x} = \displaystyle\sum_{n=0}^{\infty}(3^{n+1} - 2^{n+1})x^n$　　収束半径は $1/3$

3. (1) 1　　(2) 1　　(3) 1

4. (1) $1/e$ (2) $1/e$

(B)

1. (1) 0   【$x^{2n+1} = x \cdot x^2,\ x^2 = t$】   (2) ∞ 【$t = x^2$】
  (3) 1   【$0 < x < 1$ のとき収束, $x > 1$ のとき発散】

2. (1) 1   【項別微分した式が見やすいか】   (2) 1

3. (2) 上の **2**. (1) の級数が答え   【(1) の式の両辺を n 回微分し $x = 0$ を代入すると $y^{(n+2)}(0) = n^2 y^{(n)}(0)$. これと $y^{(0)}(0) = 0,\ y'(0) = 1$ より $y^{(n)}(0)$ を求め, 定理 6.3.3 の系 2 を使え. なお, $\sin^{-1} x$ の巾級数展開を求めるには, $\dfrac{1}{\sqrt{1-x^2}}$ を巾級数展開し, 項別積分を行なうという方法もある.】

微積分表

x の範囲が空白になっているところは実軸全体を意味する．また，n は整数を，α は実数を表し，$a > 0, A \neq 0$ とする．

微分の表

f	f'	x の範囲
x^n	nx^{n-1}	
x^α	$\alpha x^{\alpha-1}$	$x > 0$
$\sin x$	$\cos x$	
$\cos x$	$-\sin x$	
$\tan x$	$\dfrac{1}{\cos^2 x}$	
$\sin^{-1} x$	$\dfrac{1}{\sqrt{1-x^2}}$	$-1 < x < 1$
$\cos^{-1} x$	$-\dfrac{1}{\sqrt{1-x^2}}$	$-1 < x < 1$
$\tan^{-1} x$	$\dfrac{1}{1+x^2}$	
e^x	e^x	
$\log|x|$	$1/x$	$x \neq 0$
x^x	$x^x(\log x + 1)$	$x > 0$
$\sinh x$	$\cosh x$	
$\cosh x$	$\sinh x$	
$\tanh x$	$\dfrac{1}{(\cosh x)^2}$	

積分の表

不定積分には積分定数は省略する．

関数	不定積分	x の範囲
$x^n\ (n \neq -1)$	$\dfrac{1}{n+1}x^{n+1}$	
$x^\alpha\ (\alpha \neq -1)$	$\dfrac{1}{\alpha+1}x^{\alpha+1}$	$x > 0$
$\dfrac{1}{x}$	$\log|x|$	$x > 0,\ x < 0$
e^{Ax}	$\dfrac{1}{A}e^{Ax}$	
$\sin x$	$-\cos x$	
$\cos x$	$\sin x$	
$\sinh x$	$\cosh x$	
$\cosh x$	$\sinh x$	
$\dfrac{1}{x^2+A^2}$	$\dfrac{1}{A}\tan^{-1}\dfrac{x}{A}$	
$\sqrt{x^2+A}$	$\dfrac{1}{2}\left(x\sqrt{x^2+A} + A\log|x+\sqrt{x^2+A}|\right)$	
$\dfrac{1}{\sqrt{x^2+A}}$	$\log|x+\sqrt{x^2+A}|$	
$\sqrt{a^2-x^2}$	$\dfrac{1}{2}\left(x\sqrt{a^2-x^2} + a^2\sin^{-1}\dfrac{x}{a}\right)$	$|x| < a$
$\dfrac{1}{\sqrt{a^2-x^2}}$	$\sin^{-1}\dfrac{x}{a}$	$|x| < a$
$\log x$	$x\log x - x$	$x > 0$

記号表

C

C^n 級, 54, 105
${}_nC_r$, 261
$\cos^{-1} y$, 34
$\cosh x$, 40
$\cot x$, 151

D

$\triangle f$, 117
$\dfrac{\partial f}{\partial \boldsymbol{n}}$, 111
$df\ (= dz)$, 107
$\dfrac{D(x_1, \cdots, x_n)}{D(u_1 \cdots, u_n)}$, 112
$\dfrac{\partial(x_1, \cdots, x_n)}{\partial(u_1 \cdots, u_m)}$, 112

E

e, 11

F

f_x, 100
f^{-1}, 29
$f^{(n)}(x)$, 54
$f'(x)$, 47
$f'(x_0)$, 44

G

$\operatorname{grad} f$, 111

J

$J(u, v)$, 203
$J(u, v, w)$, 210

L

$\displaystyle\lim_{n\to\infty} a_n$, 3
$\displaystyle\lim_{x\to a} f(x)$, 19
$\log x, \log_a x$, 37

M

max, 40
min, 40

O

o, O (ランダウの記号), 76, 78

P

${}_nP_r$, 260

S

$\sin^{-1} x$, 33
$\sinh x$, 40

T

$\tan^{-1} y$, 35
$\tanh x$, 40

Y

y', 53
y'', 54
$y^{(n)}$, 54

Z

$\displaystyle\int_a^b f(x)\,dx$, 153
$\displaystyle\int_C P(x,y)\,dx$, 224
$\displaystyle\int f(x)\,dx$, 139
$\displaystyle\iint_D f(x,y)\,dxdy$, 191
$\displaystyle\iint_S F(x,y,z)\,dS$, 222
$\displaystyle\iiint_V f(x,y,z)\,dxdydz$, 201
∇f, 111
$|x|$, 2

索　引

あ

一様収束
　　関数項級数の–, 248
　　関数列の–, 244
陰関数, 129
エルミートの多項式, 71
オイラーの公式, 120
凹, 68

か

開球, 94
開集合, 96
回転, 229
外点, 95
ガウスの定理, 230
各点収束
　　関数項級数が–, 247
　　関数列が–, 244
加法定理
　　三角関数の—, 262
　　双曲線関数の–, 41
関数, 17
関数項級数, 247
Γ 関数, 174, 218
奇関数, 40
基本集合, 189
逆関数, 29
　　–の導関数, 50
逆三角関数, 33
　　–の導関数, 51
境界, 95

極限（値）
　　片側–, 21
　　関数の–, 18
　　数列の–, 3
　　多変数関数の–, 97
　　左–, 21
　　右–, 21
極座標
　　3 次元の–, 120
　　2 次元の–, 98, 114
極小値
　　1 変数関数の–, 65
　　狭義の–, 65, 124
　　多変数関数の–, 123
極大値
　　1 変数関数の–, 65
　　狭義の–, 65, 124
　　多変数関数の–, 123
極値
　　1 変数関数の–, 65, 86
　　多変数関数の–, 123
曲面積, 220
距離, 94
偶関数, 40
区間, 15
　　開–, 15, 16
　　閉–, 15, 16
　　無限–, 16
　　有界–, 15

グラディエント, see 勾配
グラフ, 18
　　多変数関数の–, 97
グリーンの定理, 225, 234
原始関数, 138
広義積分
　　1 変数関数の–, 166
　　重積分の–, 212
交項級数, 243
合成関数, 25
　　–の導関数, 48, 107
　　–の偏導関数, 107
勾配, 111, 229
項別積分, 256
項別微分, 255

さ

三角不等式
　　$\mathbb{R}^N$ での–, 94
　　実数の–, 3
C^∞ 級関数, 55
C^n 級関数, 54
指数関数, 36, 263
指数法則, 263
自然対数, 37
シュヴァルツの不等式, 165
重積分, 188
　　基本集合上の–, 189
　　3 重積分, 200

索引 291

収束, 247
 関数の-, 19
 関数列の-, 244
 級数の-, 236
 広義積分（1 変数）, 166
 広義積分（重積分）, 213
 数列の-, 3
収束半径, 253
順序交換
 積分順序の-, 195
 積分と極限の-, 246
 積分と無限和の-, 248, 256
 微分と極限の-, 247
 微分と積分の-, 198
 微分と無限和の-, 248, 255
条件収束, 241
条件付き極値問題, 133
剰余項, *see* テイラーの定理
ストークスの定理, 232
正項級数, 238
積分可能
 1 変数関数が-, 153
 重積分が-, 191
接線, 45, 46
絶対一様収束, 250
絶対収束, 241
 1 変数の広義積分が-, 170
接平面, 102, 137
線積分, 224
全微分, 102
全微分可能, 102
増加近似列, 213
双曲線関数, 40

た

対数関数, 37
対数微分法, 53
縦線集合, 188
単一閉曲線, 225
単位法線ベクトル
 直線の-, 266
 平面の-, 267
単振動の合成, 263
単調関数, 22
 -減少, 22
 狭義-, 22
 広義-, 22
 真に-, 22
 -増加, 22
 狭義-, 22
 広義-, 22
 真に-, 22
単調数列, 8
 -減少, 8
 狭義-, 8
 広義-, 8
 真に-, 8
 -増加, 7
 狭義-, 8
 広義-, 8
 真に-, 8
端点, 16
値域, 18
置換積分, 140, 160
中間値の定理, 26
底（対数の）, 37
定義域, 17
定積分, 152
テイラー級数, 257
テイラー展開, 257
テイラーの定理
 1 変数関数の-, 80, 162, 257
 多変数関数の-, 122
停留値, 124
停留点, 124
導関数, 47
 高階-, 54
同次
 関数が-, 120
特異点, 130
凸, 68
 上に-, 68
 下に-, 68

な

内点, 95
長さ
 曲線の-, 183
ナブラ
 3 次元の-, 229
 2 次元の-, 111
2 項定理, 261
ネイピア数, 12

は

はさみうちの原理, 5, 20
発散, 229
 関数項級数の-, 248
 関数の-, 19
 級数の-, 236
 広義積分（1 変数）, 166
 広義積分（重積分）, 213
 数列の-, 3
微分
 -可能, 44
 -係数, 44
 -する, 47
比例係数, 42
不定積分, 139
部分積分, 140, 161

部分分数分解, 145
部分和
    関数項級数の-, 247
    級数の-, 236
閉曲線, 179
平均値の定理, 61
    コーシーの-, 62
    積分の-, 159
    第1-, 165
    2変数関数の-, 111
平均変化率, 44
閉集合, 96
閉領域, 96
巾級数, 252
B 関数, 175, 218
変数変換
    積分, 203
偏導関数, 101
    高階-, 105
偏微分可能, 100
偏微分係数, 100
偏微分する, 101
方向微分, 111
法線ベクトル
    直線の-, 266
    平面の-, 267

ま

マクローリン級数, 257
マクローリン展開, 257
マクローリンの定理, 83
未定乗数法, 133
向き
    曲線の-, 224
    曲面の-, 228
無限回微分可能, 54
無限小, 76
    α 位の-, 76
    高位の-, 76
    同位の-, 76
無限大, 78
    α 位の-, 78
    高位の-, 12, 78
    低位の-, 78
    同位の-, 78
面積, 180, 227
    曲面の-, *see* 曲面積
面積分, 222

や

ヤコビアン, 112
ヤコビ行列, 112
ヤコビ行列式, 112
有界関数, 22
    上に有界な-, 22
    下に有界な-, 22
    多変数関数の-, 96
有界数列, 8
    上に-, 8
    下に-, 8
有理関数, 25
横線集合, 189

ら

ライプニッツの公式, 56
ラプラシアン, 117
ラプラス作用素, 117
ランダウの記号
    無限小の-, 76
    無限大の-, 78
リーマン和
    1変数関数の-, 154
    2変数関数の-, 190
領域, 95, 96
累次積分, 193
ルジャンドルの多項式, 70
連結, 96
連鎖律, 108
連続, 24
    1変数関数が-, 24
    片側-, 25
    多変数関数が-, 99
    左-, 25
    右-, 25
連続的微分可能
    1変数関数が-, 54
    多変数関数が-, 105
ロピタルの定理, 72, 73
ロルの定理, 60

わ

和
    関数項級数の-, 247
    級数の-, 236
ワイエルシュトラスの定理, 250
ワリスの公式, 165

著　者

荒井　正治　立命館大学 名誉教授
理学博士（京都大学）

理工系 微分積分学 ── 第3版 ──

2006 年 3 月 30 日	第 1 版	第 1 刷	発行
2007 年 3 月 30 日	第 1 版	第 2 刷	発行
2007 年 12 月 10 日	第 2 版	第 1 刷	発行
2010 年 3 月 10 日	第 2 版	第 3 刷	発行
2011 年 3 月 30 日	第 3 版	第 1 刷	発行
2025 年 3 月 20 日	第 3 版	第 15 刷	発行

著　者　　荒井　正治
発行者　　発田　和子
発行所　　株式会社　学術図書出版社

〒113-0033　東京都文京区本郷5丁目4の6
TEL 03-3811-0889　振替 00110-4-28454
印刷　三松堂（株）

定価はカバーに表示してあります。

本書の一部または全部を無断で複写（コピー）・複製・転載することは，著作権法でみとめられた場合を除き，著作者および出版社の権利の侵害となります．あらかじめ，小社に許諾を求めて下さい．

Ⓒ M. ARAI　2006, 2007, 2011　Printed in Japan
ISBN978-4-7806-0231-9　C3041